DAS BUCH DER FEUERWERKSKUNST

DAS BUCH DER FEU

Farbenfeuer am Himmel Asiens und Europas

ERWERKSKUNST

Herausgegeben von Gereon Sievernich
unter Mitarbeit von Hendrik Budde

DELPHI
Verlegt bei Franz Greno

Die Erarbeitung dieses Buches wurde nachhaltig von der Berliner Festspiele GmbH – aus Anlaß der 750-Jahr-Feier Berlins – gefördert. Der Verlag dankt.

1. Auflage, Dezember 1987.

Reproduktionen G. Mayr, Donauwörth. Satz bei Wagner, Nördlingen. Papier Ikonofix von Zanders. Druck G. Appl, Wemding. Gebunden bei G. Lachenmaier, Reutlingen.
Printed in Germany.
ISBN 3-89190-617-X.

EUROPA

5/2.14 *Feuerwerksbrunnen (1610)*

Erstes Kapitel Gereon Sievernich FEUERWERK IN EUROPA

Vorgeschichte in China

Die Erfindung des Feuerwerks ging der Entdeckung des Schießpulvers, so ist anzunehmen, voraus. In China (und auch in Indien) war Salpeter, welcher den für die Verbrennung notwendigen Sauerstoff birgt, schon in früher Zeit leicht zugänglich. Mit Salpeter brennt eine Flamme, ein Feuer heller. Irgendwann wird man bemerkt haben, daß ein Gemisch von Salpeter und geriebener Holzkohle leicht entflammbar ist, sich gut als Zündmaterial eignet. Bald wird man erkannt haben, daß Eisenspäne ein Feuer Funken sprühen lassen: Bis zur Entdeckung des *Chinesischen Feuers* (Salpeter, Schwefel, Eisenspäne und geriebene Holzkohle) war es dann nicht mehr weit. Noch heute findet in China ein ähnliches Gemisch in Feuerwerkskörpern (friedliche) Verwendung. *Chinesisches Feuer* war leicht entzündbar, aber noch kein Schießpulver. Bald packte man ein ähnliches Gemisch in Bambusrohre und stellte fest, daß diese einfache pyrotechnische Mischung, wenn man sie anzündete, explosionsartig entwich. Später umwickelte man Bambusrohre mit aufgesplittetem Bambus, damit sie höherem Druck standhalten konnten. Pyrotechnische Effekte konnten also bereits sehr früh mit der Zugabe von Salpeter erzielt werden. Für Raketen oder Feuerwerkskugeln aber, noch heute Höhepunkte aller Feuerwerkerei, war die Entdeckung des Schießpulvers Voraussetzung.

Aber erst die experimentierende Suche nach einem *Elixier der Unsterblichkeit* führte taoistische Alchimisten zwischen dem 6. und 9. Jahrhundert zu einer Mischung, die man als Schießpulver bezeichnen konnte. Needham datiert die Entdeckung von *huoyao* (etwa ›Feuerdroge‹), wie es die Chinesen nennen sollten, in die Zeit um das Jahr 850. Die Kenntnis vom richtigen Mengenverhältnis der Zutaten in der Mischung war Voraussetzung. Die älteste, heute aus China bekannte bildliche Darstellung einer Art Flammenwerfer stammt aus dem Jahre 950 (Abb. 10/5). Schon für das 10. Jahrhundert nimmt Needham den Gebrauch von Schießpulver in Bomben und Granaten an. Und wenige Zeit später wird wohl auch die treibende Kraft des Schießpulvers erkannt worden sein: Pfeile (mit Raketen) und andere Gegenstände (mit Kanonen und Gewehren) konnten durch eine Pulverexplosion angetrieben werden, allerdings zu Anfang wohl noch ohne große Durchschlagskraft. Aus dem Jahre 1044 ist der erste Druck eines Rezeptes für Schießpulver bekannt. Die *Erinnerungen aus der östlichen Hauptstadt* (S. 174) beschrieben bereits für das Jahr 1103 ein friedliches Feuerwerk. In der Zeit zwischen dem 10. und 13. Jahrhundert wurde mit Hüllen aus Bronze und Eisen experimentiert. Bei der Belagerung von Kaifeng, der früheren Hauptstadt des nördlichen Song-Reiches (960–1127), durch den Großkhan Ögödei (reg. 1229–41), den dritten Sohn des Tschinggis Khan, verteidigten die Chinesen sich mit »[...] eisernen Töpfen, die mit einem Pulver gefüllt waren und unter donnerndem Krachen explodierten; ihre Feuerwirkung erstreckte sich auf eine Entfernung von 120 Fuß, aber den Donner hörte man 10 Stunden weit. [...] auch bedienten sie sich gewisser Brandpfeile, in denen sich Pulver befand, das im Umkreis von 10 Schritten alles versengte[1].« Um 1280, meint Needham, wurde erfunden, was man Gewehr oder Geschütz nennen kann: Das Schießpulver war zu höherer Explosivität entwickelt und man wußte ungefähr, daß ein kugel- oder zylinderförmiger Gegenstand in einem Rohr (aus Bambus, Holz, Metall oder Stein) einen großen Teil der durch die Explosion frei gewordenen Energie in eine Bewegung mit hoher Durchschlagskraft umsetzen konnte, wenn sein Durchmesser ungefähr dem des Rohres entsprach.

Man hat *Chinesisches Feuer* oder später Schießpulver seit seiner Entdeckung offensichtlich niemals, so ist gegen manche Meinung anzunehmen, nur für friedliche, sondern immer auch für militärische Zwecke genutzt.

Vorgeschichte in Europa

Erdöl, wichtige Zutat für Feuertöpfe, wurde im Altertum an der Erdoberfläche gefunden: Schon Herodot berichtete um 450 v.u.Z. darüber. Der griechische ›Kriegswissenschaftler‹ Aineias (der Taktiker) beschrieb um 360 v.u.Z. antike Feuerwaffen, Brandsätze aus Pech, Schwefel, Werg, Weihrauch und Kienspänen, die, in Feuertöpfen verpackt, geworfen oder geschleudert wurden. Philostratus (170–250) erzählte in seinem Bericht über Alexanders dann schon einige Jahrhunderte zurückliegenden Feldzug nach Indien, wie sich Bewohner einer Stadt mit ›Blitz und Donner‹, Naphta möglicherweise, verteidigt hatten. Es bestand aus Pech, Harz, Schwefel und manchmal auch Salpeter, was explosionsartige Effekte bewirken konnte. Schießpulver aber war dies Gemisch noch nicht. Gefüllt in Tontöpfe, hohle Steine oder Eisentöpfe wurde es auf den Feind geschleudert oder, an Pfeilen befestigt, geschossen. Packte man es in feste Rohre, Geschütze konnte man sie noch nicht nennen, so flog die brennende Masse vielleicht 100 Meter weit. Auch in China war Naphta bekannt, wurde wohl dort auch hergestellt: Needham identifiziert es mit dem chinesischen *shiyu*. Einen der frühesten Hinweise auf eine friedliche Anwendung pyrotechnischer Effekte in der Antike gibt Claudius in einem Bericht über öffentliche Feste im 4. Jahrhundert, zur Zeit des Theodosius.

Byzanz

Das *Griechische Feuer* (Needham identifiziert es mit dem chinesischen *menghuoyu*) mußte oft als Beleg einer frühen Art von Schießpulver dienen – was es nicht war. Kallinikos, ein Baumeister aus Heliopolis in Syrien erfand das *Byzantinische Feuer* (wie es richtiger heißen sollte) in der Zeit um 671: Es bestand aus Schwefel, Steinsalz, Harz, Asphalt, gebranntem Kalk und Donnerstein, war flüssig, hatte einen niedrigeren Entzündungsgrad als Naphta und konnte aus Druckspritzen geschleudert werden. Die Zugabe von gebranntem Kalk war eine wesentliche Entdeckung: Sobald dieser mit Wasser in Berührung kommt, erfolgte eine rasche Erhitzung, was die anderen Materialien schnell entzündete; die dadurch entstehenden Dämpfe explodierten nach Vermischung mit der Luft. Die Byzantiner zerstörten 678 mit diesem flüssigen Feuer eine Belagerungsflotte der Araber vor ihrer Hauptstadt. Um 950 schrieb ein byzantinischer Autor diese Erfindung dem Kaiser Konstantin zu: »Ein Engel, das sage jedem, der dich darüber fragt, ein Engel brachte diese Wundergabe dem ersten christlichen Kaiser Konstantin (im 4. Jh.) und trug ihm auf, dies flüssige Feuer, das aus Röhren Verderben auf die Feinde speit, einzig für die Christen und nur in der christlichen Kaiserstadt Konstantinopel zu bereiten. Niemand, so wollte es der große Kaiser, sollte dessen Zubereitung kennen lernen; kein anderes Volk ...[2].« Aber die ›Feinde der Christen‹ kannten um diese Zeit das flüssige Feuer wohl schon, nutzten es später zur Verteidigung gegen die Kreuzfahrer. Und von Richard Löwenherz ist überliefert, daß er im 12. Jahrhundert bei einem Angriff auf Akko *Griechisches Feuer* einsetzte. So nimmt man denn an, daß Kreuzfahrer ihr Wissen über das flüssige Feuer nach Europa vermittelten.

Noch zu Beginn des 15. Jahrhundert beschrieb Konrad Kyeser in seiner Handschrift *Bellifortis* (entstanden um 1405) das *Griechische Feuer*, für dessen Herstellung er neben anderen Zutaten empfahl: »Nimm das Blut eines rothaarigen Menschen, laß es trocknen, mache es zu Pulver, jedoch darfst

Du es nicht mit Deiner Hand berühren, sondern nur mit einem kupfernen Löffel. Von diesem Pulver nimm 2 Teile[3].«

13. Jahrhundert

Die Araber scheinen wegen ihres seit dem 9. Jahrhundert intensiv betriebenen Handels mit China schon früh die Zusammensetzung von Schießpulver gekannt zu haben. Raketen waren ihnen früher als den Europäern bekannt. Der arabische Botaniker Abdallah Ibn el-Beitar nannte 1240 Salpeter *Schnee von China*. Bei der Eroberung Bagdads durch die Mongolen im Jahre 1258 scheinen mit Raketen besetzte Pfeile schon eine wichtige Rolle gespielt zu haben. In einem 1285 von dem Araber Hassan-al-Rammah Nedschm-eddin herausgegebenen Feuerwerksbuch wurden Salpeter als Grundlage aller Feuerwerkerei, Raketen als *Pfeile von China* bezeichnet. Und Araber vermittelten wohl die Kunst der Herstellung von Schießpulver und Raketen nach Europa.

Folgt man einer Geschichte Polens aus dem 15. Jahrhundert, so begegneten die polnischen Heere bereits 1241 in der Schlacht bei Liegnitz, die sie gegen die Mongolen (damals fälschlich Tartaren genannt) verloren, einem Feuerwerksdrachen. Das soll ein schrecklich angemaltes Feldzeichen gewesen sein, welches an einer langen Stange mitgeführt wurde. In einem entscheidenden Augenblick der Schlacht habe sich der Drachen heftig geschüttelt und fürchterlich stinkenden Rauch und Nebel über das Polenheer ergossen (›vapor, fumus et nebula tam gretidissime exhalavit‹). So seien die Polen kampfunfähig geworden[4].

Der englische Theologe und Philosoph Roger Bacon (um 1219–1292) beschrieb 1242 in *De mirabili potestate artis et naturae* bereits die Herstellung von Schießpulver: »Lass das gesamte Gewicht dreissig sein, jedoch von Salpeter nehme 7 Teile, 5 von jungem Haselholz, und 5 von Schwefel und du wirst so Donner und Zerstörung hervorrufen, wenn du die Kunst kennst[5].« Bacon kannte also die zerstörende und sprengende Kraft, noch nicht jedoch die treibende Kraft des Schießpulvers. Marcus Graecus wußte in der allein erhaltenen lateinischen Ausgabe seines griechischen, nicht später als 1250 verfaßten *Liber ignium ad comburendos hostes* (Buch über Feuer, mit denen man Feinde verbrennen kann) ebenfalls von Schießpulver, Krachern und Raketen zu berichten. Der Kölner Gelehrte Albertus Magnus (1193–1280) schrieb 1265, vermutlich in Kenntnis der Bacon'schen Schriften, in seinem (ihm zugeschriebenen) *Opus de mirabilibus mundi* über Schießpulver und schlug vor, es in eine feste Hülle zu packen, um einen Knall zu erzeugen.

14. Jahrhundert

In Geschützen kam Schießpulver in Europa wohl erst im 14. Jahrhundert zur Anwendung. Der älteste bekannte Beleg für ein Geschütz, es gleicht übrigens dem chinesischen ›Geschütz‹ in Abb. 10/5, findet sich in einer illuminierten, kriegstechnischen, 1326 datierten Handschrift des Theologen Walther von Milemete. Aber eine Verwendung von Schießpulver war damit noch nicht zu beweisen. Der älteste Beweis für den Gebrauch von Schießpulver in einem Geschütz befindet sich in einem französischen Archiv: Ein Dokument belegt die Übergabe von Geschützen und Schießpulver am 11. Juli 1338 durch Thomas Fouques, Verwalter des königlichen Galeerenhauses in Rouen, an Landtruppen. Auf einem Fresko in St. Leonardo zu Lecetto bei Siena kann man eine schwere Steinbüchse erkennen. Im Europa des 14. Jahrhunderts war die Anwendung von Schießpulver in Geschützen also bekannt. Über Berthold Schwarz, den (angeblichen) Entdecker des Schießpulvers und dessen alchimistische Forschungen schrieb 1420 der anonyme Autor des deutschen *Fürwerckbuch*: »Die Kunst hat erfunden ein Mayster hieß Niger Berchtoldus/ ist gewesen einn Nigramanticus/ geborn von kriechen landt dieser ist auch mit grosser Alchimey umbgangen/ sondern als dieselben mayster mit grossen kostlichen kluogen sachen umbgand/ mit silber mit gold/ von dem andern Geschmeid kundent schayden/ und von kostlichen farben so sy machent Also wolt der selb meister Berchtoldus/ ein gold farb prennen und zuo der selben farb gehoert salbeter[6]«. Aber die historische Rolle von Berthold dem Schwarzen (vermutlich der Konstanzer Domherr Berthold von Lützelstein) wie auch seine Lebensdaten sind nicht gesichert. Wenn er existiert haben sollte, kann er nur Verbesserungen erfunden haben.

Die Anwendung einer Rakete als Waffe in Europa verzeichnete zum erstenmal die auf 1379 datierte handschriftliche Chronik des Rafanus de Caresinis. Der erste friedliche Gebrauch von Schießpulver und Feuerwerk wurde für das Jahr 1379 aus Vicenza berichtet. Zur Feier der Versöhnung zwischen Scaligern und den Visconti hatte man am Pfingsttage ein zweistöckiges Gebäude errichtet. Im ersten Geschoß befanden sich, von Schauspielern dargestellt, die Jungfrau Maria, andere heilige Frauen und die Zwölf Apostel. Die Zwölf Apostel beschwörten singend die Ausgießung des Heiligen Geistes: In diesem Moment fuhr zischend und knallend vom Turm des Bischofspalastes eine feurige Taube, wahrscheinlich ein Schnurfeuerwerk, auf die Frauen und Apostel nieder. Nach einer Wiederholung wurden im zweiten Geschoß Kanonenschläge und Schwärmer zur Explosion gebracht[7]. Mysterienspiel mit Feuerwerk, eine frühe Form des Feuertheaters.

Salpeter, Feuerwerk, Schießpulver, Rakete

Ziviles Feuerwerk beruht auf verschiedenen Formen der Anwendung von Feuerwerkskörpern. Bereits die Zutaten Holzkohle und Salpeter reichen aus, um Feuerwerkskörper mit einem leicht brennbaren, explosiven Gemisch zu produzieren. Denn nicht alles Feuerwerk braucht Schießpulver. Die verschiedenen explosiven Gemische werden meist in Kugeln (aus Ton, Eisen, Pappe) oder zylinderförmige Hülsen (aus Bambus, Pappe, Eisen) gepackt. Man unterscheidet rasche, schneller brennende, und faule, langsamer brennende Gemische. Flammenfeuersätze finden für ruhig brennendes Licht oder für Leuchtkugeln Verwendung. Funkenfeuersätze verbrennen mit funkensprühender Flamme. Es gibt feststehende Feuerwerkskörper und andere, welche, durch die entstehenden Gase angetrieben, frei aufsteigen (Raketen), an einer Schnur sich rasch fortbewegen (Schnurfeuerwerk: Drache, Phönix, Walfisch) oder ein Rad schnell um seine Achse bewegen (Drehfeuerwerk, *Girandola*). Durch Zusätze kann man die Farben der Flammen vielfältig verändern.

Die Tatsache, daß eine Explosion in einer Rakete diese bewegen konnte, führte Entdecker und Erfinder auf neue, auch zivil nutzbare Spuren. Mit Explosionen in einem auf der Erde fest verankerten zylinderförmigen Körper ließ sich ja, so fand man bald heraus, zum Beispiel ein Kolben in diesem Zylinder antreiben. Von Leonardo da Vinci ist aus dem Jahre 1508 die Zeichnung und Beschreibung einer Schießpulvermaschine[8] überliefert. Christian Huygens erfand 1673, wahrscheinlich ohne von Leonardos Entdeckung zu wissen, eine Schießpulvermaschine, um für die Wasserkünste in Versailles Wasser mit Kübeln in die Höhe fördern zu können. Im gleichen Jahrhundert experimentierte man mit Dampf statt Schießpulver in Zylindern. Ende des 17. Jahrhunderts war die (unhandliche) atmosphärische Dampfmaschine erfunden. Die Schießpulvermaschine wurde (fast) vergessen. Erst die Erfinder des 19. Jahrhunderts kehrten zum Prinzip der Explosion im zylinderförmigen Körper zurück, nutzten aber statt Schießpulver flüssige Destillate aus dem seit der Antike bekannten Erdöl. Die Folgen sind bekannt. Auch für Wetterraketen oder für die Sprengung von Fels und Erde erwies sich Schießpulver als nützlich. Und noch in den 80er Jahren unseres Jahrhunderts verwenden Raumfähren zusätzliche, mit einer Art Schießpulver gefüllte Raketenzylinder, um die Anziehungskraft der Erde zu überwinden.

Feuerwerker, Büchsenmeister, Artillerieoffiziere

Schon im *Fürwercksbuch* von 1420 wird deutlich, daß Feuerwerker und Büchsenmeister zumindest in Deutschland eine eigenständige Zunft im Heerwesen jener Zeit bildeten. Bald sollten sie neben Fußvolk und Reiterei die dritte Kraft aller militärischen Verbände werden. Zugelassen zur Zunft war nach dem Handbuch von 1420 nur, wer die zwölf Büchsenmeisterfragen beantworten konnte. Die Zunft war gegliedert in Meister, Gesellen und Lehrlinge. Kunst- oder Lust-Feuerwerke waren in Friedenszeiten Aufgabe der Büchsenmeister. Später wurde für Meisterprüfungen ein Lust-Feuerwerk als Meisterstück gefordert, wie es zahlreiche Bilddokumente aus Nürnberg, dem für lange Zeit bedeutendsten Zentrum deutscher Feuerwerkerei belegen (Abb. 5/9 ff.).

Ideale der ritterlichen Formen des Kampfes sollten bald durch Kraft und Macht der Explosionswaffen in Bewunderung für die Ideale der technischen Möglichkeiten ›moderner‹ Kriegsführung verwandelt, Büchsenmeister und Feuerwerker die Ritter der Neuzeit werden. Ab dem 17. Jahrhundert übernahmen Artillerieoffiziere weitgehend ihre Aufgaben. Die Selbstschätzung der Feuerwerker illustrierte Simienowicz mit einem Titelkupfer (Abb. 3/8.1) in seinem 1650 in Amsterdam erschienenen Feuerwerksbuch: Ein Feuerwerkstempel trägt auf dem Giebel die Inschrift »Per hanc ad Auream« (Hierdurch zum goldenen Zeitalter)[9].

Verwunderung und Erschrecken über die nun für den Menschen verfügbare Gewalt, wie sie aus der Anwendung des entdeckten Schießpulvers folgte, suchten nach Sublimation und Legitimation. Für den Gebrauch von Feuerwaffen und Schießpulver fand man sie unter anderem in dem Hinweis auf die Ungläubigen, welche mit schrecklichen Waffen die Christenheit zu bedrohen schienen. Artillerie wurde zum ›Instrument universaler christlicher Herrschaft‹[10]. Deren Anwendung gegen den (zumeist) verwandten und christlichen Nachbarn war eine nur selten bedauerte Nebenwirkung, ihr Einsatz bei Lust-Feuerwerken willkommener Höhepunkt.

Die so schon gut beschäftigten Feuerwerker und Büchsenmeister, später die Artillerieoffiziere, übernahmen auch die Aufgabe, für fürstliche und städtische Auftraggeber (und wohl für jeden, der es bezahlen konnte) als Freude-Produzenten aufzutreten, friedliches Lust-Feuerwerk zu fertigen. Sie waren stolze, von Öffentlichkeit und Herrschern anerkannte Magier, Herrscher über Feuer und alchimistische Mächte, Dirigenten im Krieg und Regisseure repräsentativer Unterhaltung. Die Feuerwerkskünstler waren also für lange Zeit ›Gestalter‹ von Kriegs*kunst* und *Kunst*feuerwerk. So beschrieben viele Feuerwerksbücher, die übrigens bald von Verlegern für ein größeres, eher allgemein interessiertes Publikum entdeckt und gedruckt wurden, sowohl friedliche als auch militärische Anwendung von Feuerwerk.

Lust-Feuerwerke dienten dem Auftraggeber zu einem mehrfachen Zweck: Sie waren nützliche Übungen für Feuerwerker in Friedenszeiten, vertrieben die Langeweile am Hofe, belustigten Adel und Volk, überzeugten beide mit explosiver Kraft vom Glanz feudaler (oder städtischer) Macht. Zugleich erschien der Auftraggeber als Bezwinger des Feuers und, je nach Thema, des Bösen; für das staunende Publikum war er es auch, der den ›Luftraum zum Schauplatz von Wunder‹[11] machen, mit Licht Dunkelheit und Finsternis vertreiben, Himmel und Erde zugleich erleuchten konnte. Der Feuerwerker Franz Helm aus Köln spricht in seiner 1535 beendeten Handschrift von sich durch Raketenkraft selbst bewegenden Sonnen[12]. Daß einige Feuerwerkskörper, wenn sie sich am Himmel öffneten, wie eine Sonne strahlen konnten, war willkommen-prächtige Illustration der Herrschaft eines jeden Sonnenkönigs. 1650 meinte ein Saavreda: »Die kraft vnserer Fürsten ist fewrig/ vnd hat einen Himmlischen vrsprung[13]«. So wie die Rakete, von einem inneren Feuer gespeist, scheinbar aus eigener Kraft in den Himmel stieg, so schien sich der Fürst und Auftraggeber auf seiner Bahn mit der Hilfe eines inneren Feuers zu bewegen, welches ihm nur der Himmel verliehen haben konnte. Aufgabe der Feuerwerker war es, eine Feuerwerkspracht zu fertigen, die der Macht und dem Einfluß der Auftraggeber entsprechen konnte.

Später, mit einem wachsenden Interesse an großzügiger ausgeführten Feuerwerksbauten, kamen Architekten hinzu, die auch bald die Inszenierungen der Feuerwerke gestalteten. Vom 16. bis 18. Jahrhundert Meister der *architectura militaris* und *architectura civilis* zugleich, konnten sie ihre Kenntnisse auch bei Feuerwerksbauten anwenden. Denn häufige Festpraxis war, Schlachten, die ja den zu feiernden Siegen und Friedensschlüssen nun mal vorhergehen mußten, mit aufwendig aus Holz und bemalter Pappe gebauten Schlössern, Festungen und anderen Bauten als Feuerwerk nachzustellen (Abb. 4/5). Ob nun in Mysterienspielen böse Drachen oder in Feuerwerksschlössern, auf Feuerwerkselefanten böse Feinde ihr Unwesen trieben, bekämpft werden mußten, es diente der Illustration des Feindbildes, dem Bedürfnis des Siegers (und meist auch Auftraggebers) nach Repräsentation seiner Gedankenwelt. In ›modernisierten‹ Ritterturnieren wurden Gefechte statt mit Lanzen und Schwertern mit Feuerwerkskörpern nachgestellt (Abb. 7/3.11 f.). Andere Anlässe, die Geburt eines Thronfolgers, Taufe, Hochzeit, Empfänge und Krönungen waren friedlicher, doch Feuerwerkerei blieb Kriegshandwerk. Dagegen spricht auch nicht, daß berühmte Künstler oder Meister der *architectura civilis* sich mit der Feuerwerkerei befaßten: Von Brunelleschi (1377–1446) wird die Beteiligung an einem Feuerwerk in Florenz berichtet, Leonardo da Vinci (1452–1519) soll einen Feuerwerkslöwen gebaut haben, der Barock-Baumeister Balthasar Neumann (1687–1753) – er war übrigens auch gelernter Artillerieingenieur – hat friedliches Feuerwerk inszeniert, Feuerwerksschlösser und -tempel entworfen und gebaut.

Erst im 19. und 20. Jahrhundert konnte sich eine andere Arbeitsteilung zwischen Lust- und Kriegsfeuerwerkern entwickeln.

15. Jahrhundert

Zwischen 1402 und 1405 beschrieb der Begründer der kriegstechnischen Literatur in Deutschland, Conrad Kyeser von Eichstätt (1366 bis nach 1405) in der Handschrift *Bellifortis* (Der Kampfstarke), es sollte für etwa 150 Jahre ein Standardwerk bleiben, im achten Kapitel die Verwendung des Feuers als Waffe, im neunten seine friedliche Verwendung. Neben Dampfbädern erläuterte und illustrierte er auch die chemische und handwerkliche Herstel-

1/1.1 *Schembartläufer mit ›Hölle‹ (um 1540)*

1/1.2 *Schembartläufer schwenkt ein mit Feuerwerkssätzen bewehrtes Reisigwedel (um 1540)*

lung von Raketen. Als Handschrift veröffentlichte ein unbekannter Verfasser um 1420 das erste deutschsprachige *Fürwerckbuch*. Es war damals weit verbreitet und ist heute noch in einigen Exemplaren erhalten. Nach der ersten gedruckten Veröffentlichung 1529 (als Anhang zu einem in Augsburg gedruckten Handbuch für das kaiserliche Heerwesen) wurde es bis ins 17. Jahrhundert, wenn auch manches Mal in veränderter Form, immer wieder herausgegeben. In diesem kleinen Handbuch ist von ›Feuern zu Schimpf und Ernst‹, also Kriegsfeuerwerk und auch von Lust-Feuerwerk die Rede, was auf eine friedliche Anwendung von Feuerwerk in Deutschland bereits im14. Jahrhundert schließen läßt. Schon 1420 schlug ein Joanes Fontana Raketen in Form von fliegenden Tauben, laufenden Hasen und schwimmenden Fischen als Waffen für Luft, Land und Wasser vor. In Wien soll 1438 das erste Lust-Feuerwerk veranstaltet worden sein. Über das erste in Florenz nachweisbare Lust-Feuerwerk berichtete der florentinische Beamte Piero Cennini: Am St. Johannistag, dem Tag der Sommersonnenwende des Jahres 1475 war quer über die Piazza dei Signori vom Palazzo Vecchio aus ein Seil gespannt, auf dem sich ein feuersprühender Drache, ein Hängefeuerwerk bewegte; auf dem Drachen befand sich eine Vase, aus der grüne Zweige herausragten, die oben und unten mit einem Reifen gebündelt waren. Eine der frühesten Abbildungen dieser Art von Feuerwerk findet sich in Vanoccio Biringuccios Buch *De la Pirotechnia* (Abb. 3/6), das 1540 in Venedig erschien. Auf dem unteren Reifen standen drei menschliche Figuren, die in der Luft begannen, ebenfalls Feuer zu sprühen. Feststehende, in die Höhe aufsteigende und sich drehende Feuerwerkskörper *(Girandola)* scheint man zu dieser Zeit bereits gekannt zu haben[14]. Auf der Engelsburg, mit der Burg selbst als ›Feuerwerksaufbau‹, veranstalteten die Römer im Jahre 1481, so wird berichtet, zum ersten Mal eine *Girandola*. *Girandola* nannte man damals den Strahlenkranz, der durch die Explosion sehr vieler, gleichzeitig abgeschossener Raketen gebildet wurde. Eines der frühesten Bilddokumente dieses Festes entstand in den Jahren um 1540 (Abb. 9/1). Bis ins 19. Jahrhundert (s. Kap. 9 der Abb.), oft für lange Zeit unterbrochen, wurde dieses Feuerwerk auf der Engelsburg veranstaltet. In Frankreich soll eines der frühesten Feuerwerke 1497 in der Stadt Amboise gezündet worden sein.

Schembartlauf

Der Schembartlauf[15], eine Nürnberger Fastnachtstradition, ein Mummenschanz, war ursprünglich Privileg der Metzger. Sie hatten das Recht als Wilde Männer, Mohren, Teufel oder Narren verkleidet durch die Straßen zu ziehen. Ende des 15. Jahrhunderts kam die Verwendung von Feuerwerk auf. Die Wilden Männer oder Teufel trugen zuerst ein mit Feuerwerk bewehrtes Reisigbündel (Abb. 1/1.2). Später erfand man eine Hölle hinzu: Eine große Maschine mit Feuerwerk, mal ein Haus, mal ein Schloß, mal ein Schiff, bevölkert von feuerspeienden Krokodilen oder Elefanten oder Drachen, von Menschenfressern, Wilden, Teufeln, und ähnlichen ungeheuren Gestalten. Vor dem Rathaus, zum Abschluß des Festzuges, mußte die Hölle dann gestürmt werden – mit viel Feuerwerk. 1493 scheint zum ersten Mal ein ›Höllenschloß‹ vor dem Rathaus gestürmt worden zu sein. Später, nachdem junge Patrizier den Metzgern das Recht auf Teilnahme am Mummenschanz abgekauft hatten, leistete man sich wohl auch größere, kostspieligere Feuerwerke. 1539 wurde der Schembartlauf vom Rat der Stadt wegen ›grober Ausschweifungen des Pöbels‹ verboten. Die Figur des Wilden Mannes mit einem Feuerwerksbündel scheint auch im England des 17. Jahrhunderts als *Green Man* existiert zu haben: Seine Aufgabe war es, mit Krachern und Feuerstock den Weg für höfische Festzüge freizumachen.

Italien

Aus Rom, Florenz, Venedig, Vicenza wurde bereits im 15. Jahrhundert von aufwendigen Festen mit Feuerwerk berichtet. In Italien entwarfen Architekten die ersten *machina di fuoci*, große Feuerwerksbauten. Der Italiener Vanoccio Biringuccio schrieb in seinem 1572 erschienenen Werk über Artillerie den Florentinern und Venezianern zu, als erste Feuerwerk mit großen Holzbauten und Feuerwerksfiguren ausgerichtet zu haben. Alle wesentlichen Elemente barocker Feuerwerkskunst wurden in Italien entwickelt. Früh schon führte man Mysterienspiele mit Feuerwerk auf, illustrierte das Alte Testament, zum Beispiel den Untergang Sodoms. Später schrieb man Feuerwerksstücke nach antiken Vorlagen: Kampf der Giganten gegen Zeus, Orpheus und Eurydike in der Unterwelt, die Schmiede des Vulkan. Auch ›Dante mit Vergil‹ in der Hölle hielt man für eine geeignete Vorlage, wie überhaupt alle Arten von Höllen als Feuerwerk beliebt waren. Giorgio Vasari (1511–1574) beschrieb in seinen berühmten, 1568 in einer zweiten Auflage erschienenen *Lebensbeschreibungen der ausgezeichneten Maler, Bildhauer und Architekten der Renaissance* mehrfach eine Beteiligung der von ihm porträtierten Künstler an Feuerwerken. In Rom bestimmte die Nähe des Papstes Themen und Termine der Feuerwerker: *Girandola* auf der Engelsburg (aus Anlaß des Tages der Papstwahl), das Fest von Peter und Paul im Juni, Ostern. Das Feuerwerk zum Peter-und-Pauls-Fest wurde meist vor dem Palazzo Colonna oder Palazzo Farnese gefeiert. Aus diesem Anlaß mußte der römische Gesandte des Königs beider Sizilien dem Papst als Lehnsherren den jährlichen Tribut überreichen. Dabei wurde auch ein Schimmel übergeben, der so abgerichtet war, daß er vor dem Papst in die Knie sank. Der Schimmel gab dem Fest den Namen: *Festa della Chinea* (Abb. 9/11). Nach 1788 endete die Tributpflicht der sizilischen Könige, die Feste wurden eingestellt. Erst Mitte des 19. Jahrhunderts wurden am Peter-und-Paul-Tag wieder Feuerwerksfeste (Abb. 9/20 ff.) gefeiert. Ebenfalls im 19. Jahrhundert kamen weltliche, nationale Feuerwerksfeste auf: am Nationalfeiertag zum Beispiel, dem ersten Sonntag im Juni, wurde ein *Festa della Statuta* (Abb. 9/21) ausgerichtet.

Die italienischen Feuerwerker stellten für lange Zeit die ›Avantgarde‹, exportierten Ideen und Techniken in alle europäischen Staaten, blieben bis ins 17. Jahrhundert überlegen. Noch 1730 ließen sich die fünf Brüder Ruggieri aus Bologna in Paris nieder. Sie waren insbesondere in Frankreich und England tätig, erhielten 1748 den Auftrag für ein großes Friedens-Feuerwerk in London, zu dem Händel seine berühmte Musik komponierte, richteten 1766 in Paris den *Jardin Ruggieri* mit Feuerwerk für zahlendes Publikum ein. 1807 erschien in Leipzig die deutsche Übersetzung eines pyrotechnischen Handbuches, welches Claude Ruggieri mit einem Thomas Morel verfaßt hatte. Bis zum Ende des 19. Jahrhunderts war diese italienische Feuerwerksfamilie in Frankreich tätig. Noch heute gibt es eine Firma dieses Namens.

16. bis 18. Jahrhundert

Die Zeit zwischen dem 16. und 18. Jahrhundert kann man als Blütezeit aller elaborierten europäischen Lust-Feuerwerkerei bezeichnen. Techniken und Themen, die Grundlagen für alle zukünftigen friedlichen Feuerwerkereien, waren seit dem 15. und 16. Jahrhundert vor allem in Italien erkundet. Vielfältige Formen von Feuerwerkskörpern waren im Prinzip bekannt und erprobt: Schwärmer, Kanonenschläge, Lichtröhren, Raketen, Sternbutzen oder Lustkugeln, Feuerräder, Schnurfeuerwerke, Feuerwerksräder (s. Kap. 3 der Abb.). Viele Figuren und Tiere, die den europäischen Kosmos bevölkerten, wurden für feuerspeiendes Feuerwerk umgerüstet: Engel, antike Götter und Helden, Mönche, Mohren, Türken, christliche Heilige, Drachen, Elephanten, Löwen, Tauben und Walfische belebten die Feuerwerksschlösser.

So konnten Lust-Feuerwerker, Architekten und Auftraggeber in diesen drei Jahrhunderten auf eine große Zahl technischer Erfindungen zurückgreifen, um Feuerwerke auf dem Wasser, den Theaterbühnen, auf realen und nachgebauten Schlössern oder Burgen mit vielfältigen Variationen und Themen zu veranstalten. Eine schauspielartige Gestaltung der Feuerwerke mit Feuerwerkskämpfen oder -pantomimen *(drama di fuoci)*, im 15. Jahrhundert in den Grundzügen entwickelt, wurde rasch Mode an allen wichtigen Höfen. Als Themenvorräte standen antike und christliche Mythologie, aber auch Türkenkriege und andere militärische Ereignisse für ideelle Plünderungen und Aktualisierungen zur Verfügung. Die Übertragung von Eigenschaften antiker oder christlicher Figuren auf je zeitgenössische Personen war erbeten und begehrt. Der Fürst oder König als Herkules oder als Georg waren zeitweise beliebte Projektionen.

Nach anfänglich verschwenderischen Feuerwerken (Abb. 4/11 ff.) in den Städten des Bürgertums scheint die bürgerliche Tugend der Sparsamkeit Vorrang vor repräsentativer Verschwendung gewonnen zu haben.

Repräsentationssucht der Höfe förderte in der Barockzeit das Feuerwerk als Sinnstiftung, als Zeichen absolutistischer Macht und verschwendbaren Reichtums. Alle bedeutenden europäischen Höfe gaben aus wichtigen Anlässen ein höfisches Fest mit Feuerwerk bei Architekten, Lust-Feuerwerkern und Gartenkünstlern in Auftrag. Elemente barokker Theaterkunst wurden in Feuerwerksschauspielen vereint: Poesie, Musik, Schauspiel, Tanz, Kunst. Hinzu trat die Festarchitektur als ephemer-temporäre, zur Vernichtung bestimmte Baukunst[16]. Aufwendige Programmhefte, sogenannte *Cartelle* wurden gedruckt. Oft wurde ein Dichter beauftragt, eine Darstellung der Ereignisse für die Cartelle oder die das Ereignis verewigenden Kupferstiche zu verfassen (S. 89).

Die Anlässe der Feuerwerksfeste waren vergleichbar: Siege, Friedensschlüsse, Geburtstage, Taufen, Hochzeiten, Krönungen, Empfänge ausländischer Fürsten oder Staatsoberhäupter. Für die großen Städte wie Frankfurt oder Nürnberg scheinen eher kaiserliche Besuche, Siege oder Krönungen (Abb. 6/18) Anlässe für die im Laufe der Zeit nur noch selten erteilten, weil wohl zu kostspieligen Aufträge gewesen zu sein.

Aus Spanien ist für 1501 ein erstes Feuerwerk in Barcelona belegt; Kämpfe zwischen Mauren und Christen waren dort bald ein beliebtes Feuerwerksthema (Abb. 4/11.3). Der älteste Beleg für ein größeres Feuerwerk auf deutschem Boden stammt aus dem Jahre 1506. Aus Anlaß des Reichstages in Konstanz und zu Ehren des Kaisers Maximilian wurden drei Boote auf den See gerudert, beladen mit dreihundertfünfzig Fässern, die mit Feuerwerk gespickt waren. 1519 wurden in Augsburg ähnliche Feuerfässer übereinander getürmt: eine frühe Form von Feuerwerksaufbau. Das älteste erhaltene Bilddokument eines deutschen Feuerwerks (Abb. 4/5), ein Einblattholzschnitt aus dem Jahre 1535, zeigt, wie die Nürnberger die Eroberung von Tunis durch Karl V. feierten. 1548 ließ Herzog August von Sachsen ein Türkenschloß auf der Elbe bauen, damit es mit viel Feuerwerkerei verteidigt und schließlich erobert werden konnte.

Nürnberg wurde im 16. Jahrhundert bald eine der berühmtesten europäischen Ausbildungsstätten für alle Arten von Feuerwerkerei. Das erste deutsche Feuerwerksbuch, welches ausschließlich friedliche Feuerwerkerei beschreibt, veröffentlichte 1560 Johann Schmidlap in Nürnberg. In Stuttgart wurde 1561 zum ersten Male ein Lust-Feuerwerk erwähnt; wahrscheinlich waren Nürnberger Feuerwerker mit der Durchführung beauftragt. Für die 2. Hälfte des 16. Jahrhunderts sind in Berlin Feuerwerke belegt (Abb. 2/1 ff.). Eines der ersten großen Feuerwerke in England wurde 1572 aus Anlaß des Besuches der englischen Königin auf dem Schloß des Earl of Warwick gezündet. Shakespeare erwähnte Ende des 16. Jahrhunderts mehrfach Feuerwerk (s. S. 17).

Aus Anlaß der ›Jülichen Hochzeit‹ veranstaltete Düsseldorf 1585 auf dem Rhein gleich an drei Abenden Schiffsfeuerwerke, vielleicht die ältesten Feuerwerkspantomimen in Deutschland (Abb. 4/1). Der erste Abend zeigte den Fall Adams: Das Böse greift die Menschheit an. Für den zweiten Abend, nach der wohl zu Unrecht Seneca zugewiesenen Fassung der Herkules-Sage gestaltet, hatte man eine Burg des Bösen auf Schiffen errichtet. Zerberus und die Hydra verteidigten sie gegen den angreifenden Herkules, der die ›Hölle‹ (natürlich) erstürmte und die Menschheit rettete. Am dritten Abend zerfleischten sich ein Walfisch und ein Drache stellvertretend für alles Böse der Welt.

1610 erschien eine wichtige, reich illustrierte Handschrift: *Etliche schöne Tractaten von aller-/handt Feüerwercken/ und deren Künstlichen Zubereitung [...]*, herausgegeben von Johann I. von Nassau-Siegen (Abb. 5/2 ff.). Von Callot ist ein Kupferstich aus dem Jahre 1619 überliefert (Abb. 6/37), der eine Feuerwerksschlacht auf dem Arno in Florenz zwischen den Gilden der Färber und Weber darstellt.

Schloßfeuerwerke mit acht Akten beschrieb Joseph Furttenbach in seiner 1627 in Ulm erschienenen *Halinitro-Pyrobolia* (Abb. 7/6). Ein Nürnberger gestaltete im Paris des 17. Jahrhunderts ein Kapitel aus den Hugenottenkriegen, die Einnahme von La Rochelle als Feuerwerk. In Dresden wurde 1650 (und später noch mehrfach) die Eroberung des Goldenen Vließes als Feuerwerk dargestellt (Abb. 6/43). Der polnische Artillerieoberst Casimir Simienowicz veröffentlichte 1650 sein *Artis magnae artilleriae*, worin er auch Feuerwerksaufbauten beschrieb: Triumphbögen, Pyramiden, Pfeiler, Türme, Säulen, Postamente, Fontänen, Kastelle und andere Versatzstücke aus dem damals bekannten europäischen Formenvorrat (Abb. 5/6; 7/8). Er schlug unter anderem auch vor, Ornamente, Sinnbilder und Säulenreihen dem Anlaß entsprechend auszuwählen: zum Beispiel dorische Säulen für männliche Ereignisse, etwa Krieg, jonische und korinthische für Hochzeiten.

Im 18. Jahrhundert beschäftigten sich auch die Enzyklopädisten mit dem *Feux d'Artifice*; unter anderem schlugen sie als Thema für ein Feuerwerk den Kampf der guten gegen die bösen Engel nach Milton's *Paradise Lost* vor. 1749 feierte England den Frieden von Aachen, mit dem im Herbst 1748 der österreichische Erbfolgekrieg mit für England günstigen Bedingungen beendet worden war. Ein öffentliches Feuerwerk am 27. April 1749 im St. James Park sollte Höhepunkt der Friedensfeiern sein. Georg Friedrich Händel schrieb seine berühmte *Music for the Royal Fireworks*, die bereits bei der Generalprobe vor 12 000 Zuschauern großen Erfolg hatte. Für das Ereignis war ein großer Palast gebaut worden. Sechs Monate hatte der italienische Feuerwerker Gaetano Ruggieri für seine Vorbereitungen benötigt. 100 000 Pfund soll das Ereignis gekostet haben. Da jedoch während des Feuerwerks ein Flügel der Aufbauten in Brand geriet, mußte die Uraufführung von Händels Werk abgebrochen werden. 1757 lernten die englischen Eroberer in Indien, in Bengalen die alte Tradition der weißen und bunten Signalfeuer kennen und importierten sie als ›bengalisches Feuer‹ nach Europa.

Aber im 18. Jahrhundert begann auch der Niedergang des Lust-Feuerwerks. Viele Höfe konnten sich die teuren Feuerwerksbauten nicht mehr leisten, weshalb man bereits um 1720 begann, sie durch gemalte ›Feuerwerksbilder‹, manche 80 m lang und 40 m hoch, zu ersetzen.

1/2 *Allegorische Darstellung eines Feuerwerkers (1695)*

1/3 *Romeyn de Hooghe, Imaginäres Feuerwerk in der Kaiserstadt Pekings (1682)*

1/4 *Chinesische Feuerwerkssprengsätze (1764)*

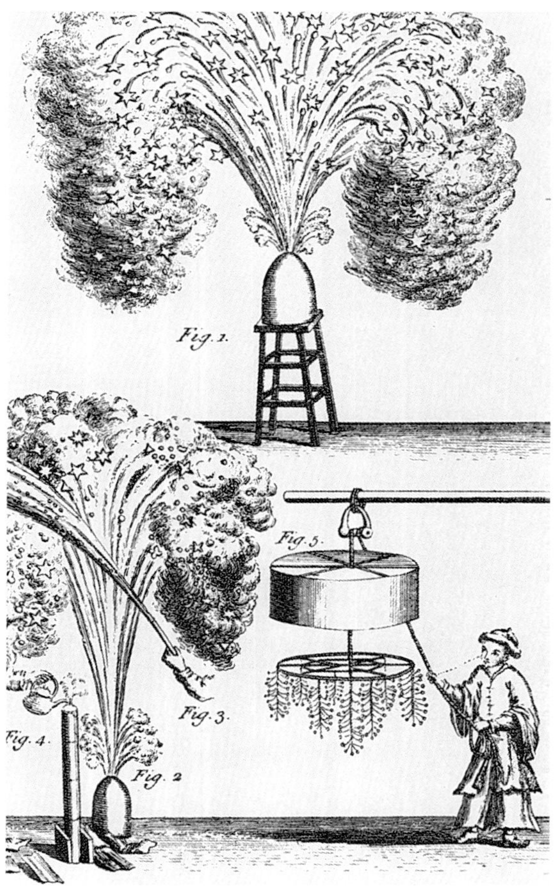

Medea vendicativa. Feuerdrama

Zur Geburt des Thronerben Max Emanuel feierte München 1662 ein churbairisches Freudenfest. Aus diesem Anlaß führte man am Ufer der Isar, auf einer eigens gebauten, 360 Fuß breiten und 70 Fuß hohen Bühne, die auf dem Fluß schwamm, ein *drama di fuoci* nach Text und Idee des italienischen Grafen Bissari auf: *Medea vendicativa* (Die rächende Medea, Abb. 6/15).

Der Verlauf des Feuerdramas läßt sich so darstellen: ›Die beiden *Prologszenen* spielen in den Grotten des Ätna, wo Vulkan mit zwei Gesellen am Amboß arbeitet. Vendetta, die Personifikation der Rache tritt auf, ihren Dolch schwingend, auf einem lebendigen Löwen reitend. In der Luft erscheinen Inganno auf der Ziege Amalthea reitend, ferner Gelosia, Fraude und Lucina. Vom Anblick der Lucina erschüttert stürzt Inganno von der Ziege, die von Lucina zu den Sternen entrückt wird.

Der *erste Akt* beginnt im Vorhof des Palastes, Medea trägt ein Schmuckkästchen, aus dem Feuer hervorsprüht. Jason und Creusa fliehen erschreckt. Der Narr, der in den meisten Szenen komisch-akrobatische Einlagen hat, klettert ängstlich auf die Zinnen des Palastes, von denen ihm ebenfalls Flammen entgegenzüngeln. Die nächsten Szenen spielen im Reiche Plutos, der ›Cittá di Dite‹, aus Dantes Commedia bekannt. Medea wird von Charon auf seinem Nachen herbeigeführt. Der Prospekt öffnet sich, auf ihrem Thron sitzen Pluto und Prosperina. Vor ihnen spielt sich das Drama von Orpheus und Eurydike ab; Orpheus wird von den Höllenflammen in die Flucht geschlagen. Ein Chor von zwölf armen Seelen tanzt auf dem feuerzüngelnden Boden ein Ballett.

Der *zweite Akt* bringt in den ersten Szenen die Geschichte des Phaeton auf einem ›Platz mit antiken Gebäuden‹. Der Himmelsprospekt hat sich geöffnet. Jupiter schleudert mit Blitzen den Phaeton ins Wasser hinab, dessen von vier Pferden gezogener Wagen stürzend Feuer fängt und unter lautem Krachen Häuser und Bäume in Brand setzt. Aus Wolken schauen andere Götter zu. Die zweite Hälfte des zweiten Aktes spielt in einem Tal zwischen feuerflammenden Felsen. Titanen kommen, Steine schleudernd, aus den Felsenkulissen. Der auf dem Pegasus hereinfliegende Perseus bringt sie durch den Anblick der Medusa zum Stehen. Auf den Ruf der Medea erscheint auf seinem Adler Jupiter, der blitzeschleudernd Feuer aus den Steinen schießen läßt und die Titanen in die Flucht schlägt. Ein Ballett von zwölf Frauen, die von Harpyen verfolgt werden, beschließt den Akt.

In einer Felsschlucht mit verfallenem Turm beginnt der *dritte Akt*. In der Luft Medea in ihrem Drachenwagen, umgeben von fliegenden Geistern. Auf der Bühne die beiden Alfane, zwei Riesenweiber, die auf der Szene zuerst als Zwerge erschienen und dann bis zur Höhe der Bühne emporwuchsen. Sie geraten mit Luftgeistern, Furien, Megären und anderen Erscheinungen in Streit. Wieder brechen überall Feuerstrahlen aus, der Turm birst unter Blitz und Donner, und der Himmel selbst gerät in Flammen. Das eigentliche Drama schließt mit einer großen Naumachie. Dazu schwimmt die Schauspielbühne vom Ufer ab und in den Fluß hinein, so daß eine Wasserfläche frei wird. Die Bühne selbst stellt den Platz vor den Mauern von Kolchis dar, mit Soldaten und Frauen. Ganz im Hintergrund ein Feuerwerksplatz mit einem von zwei Pyramiden flankierten Turm. Auf dem Wasser vorn liefern sich zwei große Schiffe eine Schlacht; Tritonen und Meerungetüme greifen schwimmend in den Kampf ein. Die Entscheidung im Kampf bringt ein herbeischwimmendes feuerspeiendes Ungetüm. Den Abschluß des Feuerdramas, in dem in jeder Szene Medea racheschnaubend den großen Feuerwerkszauber veranlaßte, bildet ein großes Schlußfeuerwerk mit Apotheose. Die Bühneninsel mit der letzten Dekoration, der Burg von Kolchis, ist ans Ufer zurückgefahren. Aus Mörsern fliegen Leuchtkugelgarben, von Türmen und Mauerzinnen steigen Raketen und Schwärmer. In Leuchtfeuer glüht die Devise ›Laetamur in uno‹ in der Dekoration auf und vorn erscheinen brennend die Buchstaben M E, die Initialen des Täuflings Max Emanuel[17]‹.

Vergnügungsstätten

In England zeigte man schon im 18. Jahrhundert Feuerwerk nicht nur zur höheren Ehre der Fürsten und Stadtregenten, sondern auch für zahlendes Publikum, in *Pleasure Gardens* und *Amusement Parks*. In den berühmten und seit 1660 der Öffentlichkeit zugänglichen *Vauxhall Gardens* veranstaltete man um 1780 die ersten Feuerwerke für zahlendes Publikum. Zuvor waren schon öffentlich in *Cuper's Gardens* Händels Oper Atalanta mit Feuerwerk aufgeführt, in den *Ranelagh Gardens* bereits 1764 Feuerwerke veranstaltet worden. 1781 führte der k.u.k. privilegierte Kunst- und Lustfeuerwerker Josef Mellina in Wien für zahlendes Publikum ein Feuerwerksdrama über Werthers Zusammenkunft mit Lottchen im Elysium auf. Im Wiener Prater organisierten 1796 geschäftstüchtige Unternehmer eine Vorführung von *Werthers Leiden frei nach Goethe*, dargestellt mit Flammenbildern auf einer fast 120 m langen Gestellwand. In Berlin begann man wohl erst 1838 an der Spree mit öffentlichen Feuerwerken, mit *Treptow in Flammen*.

Lust-Feuerwerk im 19. Jahrhundert

Feuerwerksbauten wurden auch noch im 19. Jahrhundert entworfen. Schinkel etwa zeichnete 1820 einen Entwurf für Feuerwerksbauten im Auftrage der preußischen Gardeartillerie: Die Propyläen mit Quadriga. Aber die enge Bindung der Lust-Feuerwerkerei an Büchsenmeisterei und später die Artillerie begann sich aufzulösen. 1828 zum Beispiel wurde in Preußen die Lust-Feuerwerkerei vom Ausbildungsplan der Artillerie gestrichen und als neuer Betriebszweig dem Geheimen Raketen-Laboratorium in Spandau angeschlossen.

Man entwickelte neue, weniger kostspieligere Formen der Feuerwerkerei für öffentliche Parks und Vergnügungsstätten. Repräsentative Beispiele für die Veränderungen in der Feuerwerkerei des 19. Jahrhunderts lassen sich in der Geschichte der heute noch aktiven Feuerwerkerfamilie Brock aus England finden, deren Tätigkeit sich bereits im 18. Jahrhundert nachweisen läßt. Am 12. Juli 1865 veranstaltete die Firma Brock zum ersten Mal die dann im Europa des 19. Jahrhunderts weithin bekannten Kunstfeuerwerke am *Crystal Palace*. Sie erfand für die Vorstellungen am Crystal Palace die Technik der ›Geschichte in Feuerwerksbildern‹: wichtige Seeschlachten und Kriege und andere, wohl auch friedlichere Motive wurden mit Hilfe von Feuerwerkskörpern, die auf flachen Gerüsten fest montiert waren, ›gezeichnet‹. So konnten etwa die Seeschlacht von Trafalgar, die Schlacht um Sewastopol, der chinesisch-japanische Krieg von 1894/95 einem zahlenden Publikum als ›Geschichte mit Feuerwerksbildern‹ gezeigt werden.

Später erfanden sie nach alten Vorbildern erneut das *Feuerwerksporträt*: 1884 wurde der König der Maori aus Anlaß seines Besuches in London mit Feuerwerk ›gezeichnet‹, dann der Schah von Persien, im Jahre 1920 auch Mary Pickford und Douglas Fairbanks. Bis zu 70 m hoch und 30 m breit konnten diese Feuerwerks-Bilder werden. 1888 raste ein Mann im Asbestanzug mit einem Rahmen von einem hohen Gerüst auf einem Seil in die Tiefe. Während der Fahrt brannte auf dem Rahmen ein Feuerwerksporträt ab: Das *Living Firework* war kreiert, was dann bald – mit Musik – zum *Living Firework Drama* erweitert wurde.

Der Zauber, mit Feuerwerk die Nacht für kurze Zeit zum Tag machen zu können, verlor im 19. Jahrhundert, mit dem Aufkommen neuer Beleuchtungsmittel seine Attraktivität. Erst das Gaslicht, dann elektrisches Licht erlaubten im Prinzip allen Bürgern, Dunkelheit zu jeder gewünschten Zeit zu vertreiben. Festliche Illuminationen, früher komplizierte und aufwendige Unternehmungen, wurden aus dem Aufgabenbereich der Feuerwerker herausgelöst und beinahe für jeden erschwinglich. Feuerwerk war bald reduziert auf relativ preiswertes, populäres Vergnügen.

Von der luxuriösen Lust-Feuerwerkerei, den Feuerwerksbauten und elaborierten Feuerdramen der Barockzeit blieben nur die Feuerwerkskörper selbst und vielleicht noch Feuerräder und Gestelle, an denen sich mehr oder weniger phantasievolle Feuerwerksgeschichten und -porträts zünden ließen. Kriterien für die Qualität eines Feuerwerks waren bald nur noch Lärm, Höhe, Dauer und Farbenspiel. Kunstfeuerwerke als Sinnbilder oder Sinnstiftung waren nicht mehr gefragt.

Und was die Ernst-Feuerwerker mit ihrer Arbeit erreichten, ist soweit bekannt.

1/5 *Symbolische Darstellung der pyrotechnischen Künste (1690)*

Die Stücke / die Mörser und ander Geschütze
So blitzen und krachen wie Donder in Blitze,
Mann Jupiter zornig am Himmel erscheint,
Und alles in Asche zu kehren vermeint
Die Zielen offt mahlen zu widrigem Zwecke,
Zu lustigen Spielen / Zu traurigem Schreke,
Sie weiden die Augen / ergetzen den Muth,
Erschrecken den Hertzen / verletzen das blut,
Wie kan man nicht offte kurtzweilig ansehen
Die Freüde-Feür häuffig in Lüfften aufgehen?
Mann scheinet der Himmel auf Erde zu seyn,
Mann Wasser und Fewer sich mengen gemein.
Mann Kugeln auffliegen mit feürigen glantzen
Mann Sterne bey tausend im Wasser unbdantzen
Raqueten und Kuglen versetzet mit Kunst
Im Wasser behalten helleüchtend Brunst
Hingegen / was könte grausamer erscheinen
Erwecken mehr schrecken / mehr heulen und weinen
Als Kugeln / Granaten / Carcassen und Krüeg.
Sturmfasse / Feür-ballen und Bomben im Krieg?
Die Schlösser und Stätte mit brennen und sengen
Umkehren und alles im grunde versprengen.
Das Gwissen deß Menschen so pfleget zu seyn
Das gute voll Freude / das böse voll Pein
Ein gutes Gewissen / ein täglich Wolleben
Den Himmel auf Erde den Frommen thut geben,
Das böse zerplaget und naget das Hertz
Versprenget und senget mit höllischem schmertz
Den Leibe zu schirmen vom Gschütze fehr fahre
Die Seele zu retten das Gwüssen bewahre.
Gesellschaft der Constaffleren
im Zeug-Hauß zu Zürich Ao 1690

Zweites Kapitel BERLIN UND PREUSSEN

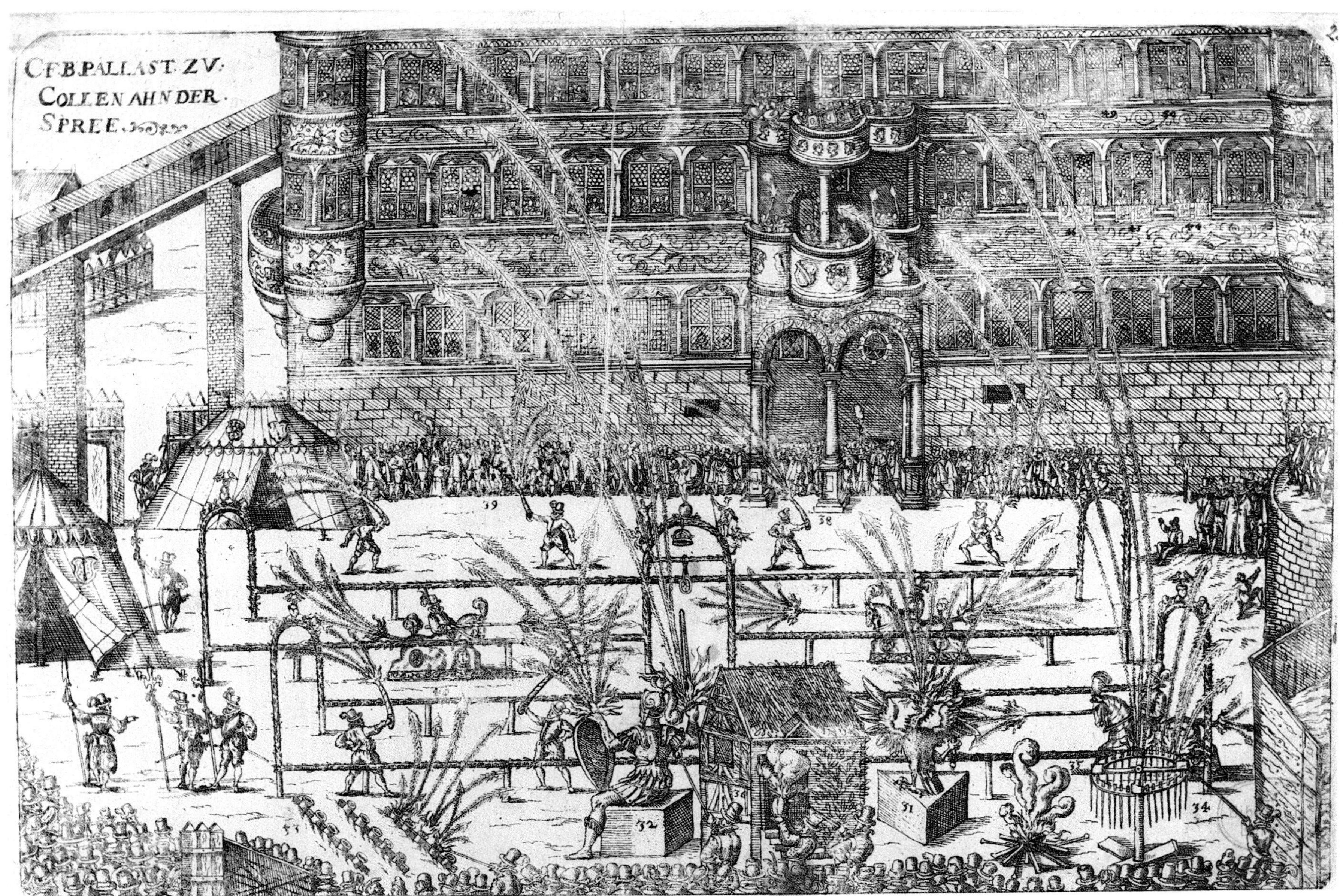

2/1 *›Ware ab Conterfeyung des herlichen freuden feurs so auf dem Christlichen Kindtauffen Johanns Georgen Margraven Von Brandenburg zu Collen an der Spree den 14 Decem Ano 1592 gehalten worden.‹ (1593)*

Beschreibung des Feuerwerks: Gegen Abend aber ward in der vorgedachten Rennbahn / ein Freudenfewr angestellet / welches zwischen 4 und 5. uhr angangen / als nemlich erstlich / war bei dem Judicier Haus ein wolgemachter Adler **[31]** */ welcher mit seinem lincken Fuß auff einem dreyeckichten Pfosten stunde / und mit dem rechten Klawen deß Churfürsten von Brandenburg Keyserlichen Scepter hielte / alles voller Schüsse / darunter dem Chur und Furstlichen Hause Brandenburg zu ehren ein Verß geschrieben gewesen.*
Auff der andern seiten des Judicier Hauses saß ein grosser Held auf einem hohen viereckichten Postament. **[32]** */ alles voller Schüsse / und ausfahrender Fewr / welcher in seiner lincken Hand die Churfurstliche Wappen hielte / und in der rechten ein Schwerd führete. Vor ihm stund ein klein erhaben Postament / daraus hernach Fewr kommen / und die Hand sampt der Wehr verbrennet / welches die alte Römische Historiam von Cajo Mutio fürgebildet / welcher zu Rom uber die Tieber geschwummen / das gentzlichen vorhabens / den König Porsennam / so die Stadt mit gewalt belagert / umbzubringen / weil ihm aber sein fürnemen mißrahten / und er den Cantzler an stat deß Königs erstochen / hat er sein hand sampt dem Schwerdt selber im Fewer verbrennet. Auff dem Postament / da der Helde auffgesessen stunden diese Versi* [Legende des Mucius Scaevola in mehreren Versen]. *Nicht weit darvon waren auch 15. Morsel stücklein eingegraben* **[33].** *Item / Fewrmühlen* **[34]** */ Schlagkugeln / Fewerstangen / fewrige Dusacken / fewrige Peitschen / und etliche hundert Racketlein.*
Als nun dieses alles geordnet / hat der Churfürst von Brandenburg selber ungefehrlich umb 8. Uhr / vom Ercker herab geruffen: Meister Hans / wenn ich ruffe oder pfeiffe / so las es gehen / welches auch ein wenig vor 8. uhren geschahe. Der Churfürst lag in einem Schlaffbeltz und Hirschheuten Mutzen / sampt vielen Fürstlichen Personen / oben in einem Ercker. Da nu das Fewrwerck angangen / und Cajo Mutio die Hand und Schwerd erstlich angezündet ward / gab es viel schläge / schüsse und außfahrende Racketlein hin und wider in dem Schloß / und fuhr sonderlich J. C. F. G. [Ihro Chur Fürstlichen Gnaden] *eines über das Häupt / und waren auch andere Fürstliche Personen nicht gar sicher darvor. Darnach kam es auch an den Adler / welcher viel schüsse und schläge gegeben / hierzwischen wurden auch allerhand Kurtzweilen mit brennenden Rennstangen / Sebeln / Pausianen / Tartschen* **[37-40]** */ und fewrigen Mühlwerck getrieben. Als nun diese kurtzweil fast eine gantze stunde gewehret / hat man auch die vorgemelte funffzehen Morschene Stücklein nach einander mt solchern Gewalt abgehen lassen / das der Erdboden davon erzittert / viel Fenster im Schloß zersprungen / unnd der Schnee von den Dächern herab gefallen / also das die Heerbaucker und Trommeter / so am obersten Ercker stunden / ihr Ampt vor dem Schnee nicht wol verrichten kondten. Doch ist durch Gottes Gnaden / alles one schaden / und mit sonderliche kurtzweil allenthalben abgangen.*

2/4 *Feuerwerk im Jahre 1595 in ›Cöln‹ an der Spree für den König von Dänemark (1596)*

Beschreibung: Von dem Einzug / des Durchleuchtigsten /etc. Fürsten und Herrn / Herrn Christiani gebornen Königs in Dennemarck / zu Berlin / und wie er von ihrer Churf. Gnad. statlich empfangen worden. [. . .] *Den andern folgenden Tag* [im Oktober 1595] */ ist ein herrlich Fewerwerck zwischen dem Schloß und Stall zu gericht worden / als in der Figure zu ersehen / welches anzeigte / zum ersten 3. Wasserpferd / Num.* ***1.*** *und* ***2.*** *und dahinter ein Schiff / Num.* ***3.*** *auff welches schnautze voran gestanden / Neptunus mit der Meergabel in der rechten Hand / Num.* ***4.*** *und die Zeum der Pferd in der lincken Hand / Num.* ***5.*** *in gemeltem Schifflein aber seind zwo Jungfrawen / in eines Menschen größ gesessen / so ein ander umbfangen / darvon die eine das Mercurische signum in der Hand / und die ander ein Columna in dem lincken Arm haltent / Num.* ***6.*** *und* ***7.*** *hinden auff gemelten Schifflein aber / ein runde Kugel / Num.* ***8.*** *als der Weltlauff / und darauff ein groß Bild / als die Fortuna gestellet / Num.* ***9.*** *und an der lincken Hand dieser Fortuna war ein Schnur biß auff den Churfürstlichen Schloßboden gezogen / darauff ein gekrönter Schwan / künstlich bereitet / Num.* ***10.*** *welchen man gleichsam fligend hinauff J. K. W.* [Ihro Königlichen Würden] *zu besondern Ehren hat schweben lassen. Dieweil J. K. W. ein gekrönten Schwan in ihrem Wappen führen / mitlerzeit / dieses nachfolgendes Liedlein J. K. W. zu Ehren / auf allerley Instrumenten auff die Melodey / O holdselig Bild / mit nachfolgenden worten spielen und singen lassen* [. . .] *unnd zum ende diese Lieds / also gar biß auff gemelter lincken handt der Fortuna gefahren / das Fewerwerck angezündet / darauß viel tausent schlege / und außfarende fewren kommen / auch unden am Schiff grosse Kammerstücken / wie Cartaunen loßgangen / Num.* ***11.*** *und* ***12.*** *so ein lange zeit gewehret / und ein Fürstliche Frewde daran zu hören und zu sehen war.*

2/5 *Zeichnung nach Abb. 2/4 (nach 1598)*

2/2 *›Freuden feuer so I.C.F.G. Von Brandenburg zu Cüstrin gehalten den 23 Juny Ano [15]95 uff die gluck selige ankunfft des Margraffen zu Brandenburg und Hertzogen in Preussen & als die Historia Erklert.‹ (1595)*

Beschreibung: *Margraff Johann Sigmund von Brandenburg / etc. unnd Hertzog in Preussen ankunfft unnd einrit zu Cüstrin* [. . .] *Und den folgenden Montag* [23. Juni 1595] *hat ihre Churfürstliche Gnade ein herlich freuden Fewer auffrichten lassen / in form unnd gestalt einer grossen runden Kugel / darauff die gantze Welt sampt den vier Winden gemahlet / zwischen jedern Wind war ein Fewer Stadt mit etlichen hundert schlegen / welches stund auff ein Demant Fundament und oben auff derselbigen Kugel eine grosse wolgezierte Figur / in der gestalt eines Römischen Helden mit dem Gesicht nach dem Chur. Schloß gericht / hat mit dem rechten Arm umbfangen ein grosse Columnam auff welche geschrieben stundt / mit Lateinischen gülden Buchstaben / Fortitudo in expugnabilis: in der Lincke Hand aber ein Eyseren Stab / auf demselbigen Stab eine runde gemachte Sache wie ein Kürbiß / dardurch man das Fewerwerck hat angezündet / unten an demselbigen Staab einen Schildt / darauff auch mit güldenen Buchstaben diese Verslein geschrieben:*

Demant ist fast ein Edelsstein.
Den man nicht kan gantz schlagen klein.
Also eines Mannes Dapfferkeit /
Ob Unfal hat / bestendig bleibt.

Das Fundament aber von diesem Fewerwerck war besetzet mit 40. gewaltigen Cammerstücken / und 12. ein wenig erhöchten Zündtlöchern / dadurch man diese 40. gemeldte Stücke kundte loß schiessen / auch waren hierzu verfertiget allerley ding / als Fewerräder / Fewerstangen / Fewrige Dusaken / Fewrige Peutschen und entliche tausend Ragetlein / Als dieses nu alles von den Obristen Zeugmeister Caspar Schab und seine Mithülffen / wolbestelt und angeordnet / sind hernach etliche Fenster im Schloß mit schwartzen Sammten Decken bekleidet / und J. C. G. ungefehr nach 9. Uhren in einem Schlaffpeltz mit den anwesenden Fürsten / und Herrn an die Fenster gekommen / Als dann hat das freuden Fewer seinen anfang gehabt / und durch die Kürbs der Römer lincken hand das fewerwerck angezündet / Nach dem nun solches ein zeitlang gewehret / hat der Römer mit sampt der Seule / so viel seltzame schlege / schüß unnd auff fahrende Fewer / vom Scheytel an biß auff die Fußsolen von sich außgeworffen / daß es uber die maß wunderbarlich doch lustig anzusehen gewest / Demnach das Fewer aller erst in die Kugel kommen / so in die 8000. schleg gehabt / da hat sich ein Fewrer regnen / Fewer speyen und andere seltzam auffahren erhaben / daß menniglich sich darob erlüstiget / Endtlich hat mann die Cammerstück in dem Fundament abgehen / und auff der Burg die Heertrummen und Trommeten auch erschallen lassen / und mit Fewerstangen / Fewerdusäken / Fewerpeutschen so viel kurtzweil getrieben / das es eine herrliche Lust anzusehen gewesen.

2/3 *Zeichnung nach Abb. 2/2 (1598)*

William Shakespeare

VERLORENE LIEBESMÜH (1590)

ARMADO

Herr, der König ist ein Ehrenmann und mein Freund, ich darf sagen, mein vertrauter Freund, – was zwischen uns vorgeht, schweigen wir davon; ich bitte dich, laß diese Zeremonien, ich bitte dich, bedecke dein Haupt – unter anderen sehr wichtigen und ernsthaften Vorschlägen, und zwar solchen von größter Bedeutung, doch schweigen wir davon – denn ich muß dir sagen, Seine Majestät geruht, sich manchmal auf meine unwürdige Schulter zu lehnen und so mit meinem Auswuchs, meinem Schnauzbart zu spielen. Doch, süßes Herz, schweigen wir davon. Beim Weltall, ich erzähle keine Fabel – seine Hoheit geruht, Armado manche besondere Ehre zu erweisen, einem Soldaten, einem Vielgereisten, einem, der die Welt gesehn, – doch schweigen wir davon. Der eigentliche Kern von allem ist – aber, süßes Herz, ich flehe um Verschwiegenheit –: der König verlangt, ich soll die Prinzessin, sein holdes Täubchen, mit einer gefälligen Darbietung, Prunkschau, einem Aufzug, Mummenschanz oder Feuerwerk feiern. Wohl wissend, daß der Pfarrer und Euer süßes Selbst tüchtig seid für einen derartigen Ausbruch und plötzlichen Erguß der Laune, habe ich Euch verständiget, in der Absicht, Euren Beistand zu erbitten.

2/6 *›Prospect des Feuer-Wercks welches auf den 26ten April A° 1706. Eingefallene Jubilaeum in Franckfurt an der Oder praesentiret worden.‹ (1706)*

2/7 *Feuerwerksbühnen und Wasserfeuerwerk anläßlich der Hochzeit des Kronprinzen Friedrich Wilhelm von Preußen 1706 in Berlin.*

2/8.1 *Feuerwerksaufbauten aus Anlaß der Hochzeit König Friedrichs I. von Preußen und seiner dritten Gemahlin 1708 in Berlin: ›erste Representation‹ (1720)*

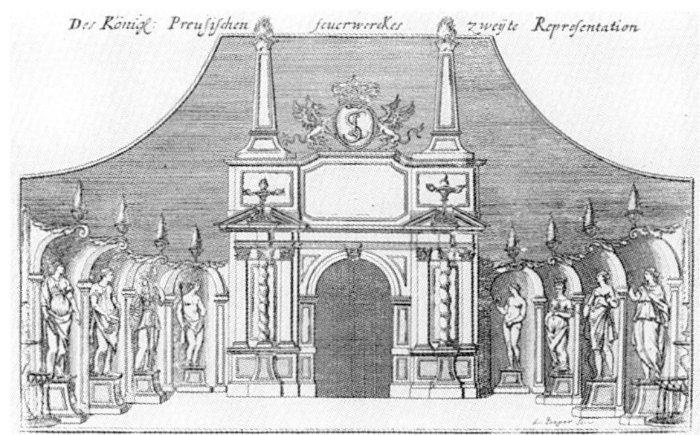

2/8.2 *Feuerwerksaufbauten zur Hochzeit König Friedrichs I. von Preußen und seiner dritten Gemahlin 1708 in Berlin: ›zweyte Representation‹ (1720)*

2/9 *›Dieses Feuerwerck [...] ist den Juny 1728 bei Anwesenheit Seiner Königl. Maj. in Pohlen Friderich August u. Dero Königl. Prinzen, als selbige Dero Visiten des Königs in Preussen Maj. gegeben, zu Charlottenburg praesentiret und verbrand worden.‹*

2/10 *Feuerwerk zur Feier des Friedens von Berlin in der Pfälzerkolonie zu Magdeburg am 19. Juli 1742.*

2/11 *›Dieses Wasser Feuer Werck ist bei der hohen Vermählung Sr. Königl. Hoheit Herrn Adolph Friderichs, Trohnfolgers des Königreichs Schweden, mit Ihro Königl. Hoheit Louisa Ulrica Princessin von Preussen den 21 July 1744 in der gegend des Königl. Preuss. Lust Schlosses Charlottenburg vorgestellt worden.‹*

2/12.1–2 *›Abbildung deß Tempels Janus, welcher in Berlin, den 12. Januarius 1746 gegen den Opern Haus über, representiret wurde, wegen der Publication des Friedens, zwischen Seiner Königlichen Majestät in Preussen, und denen Höffen von Wien und Dresden.‹*

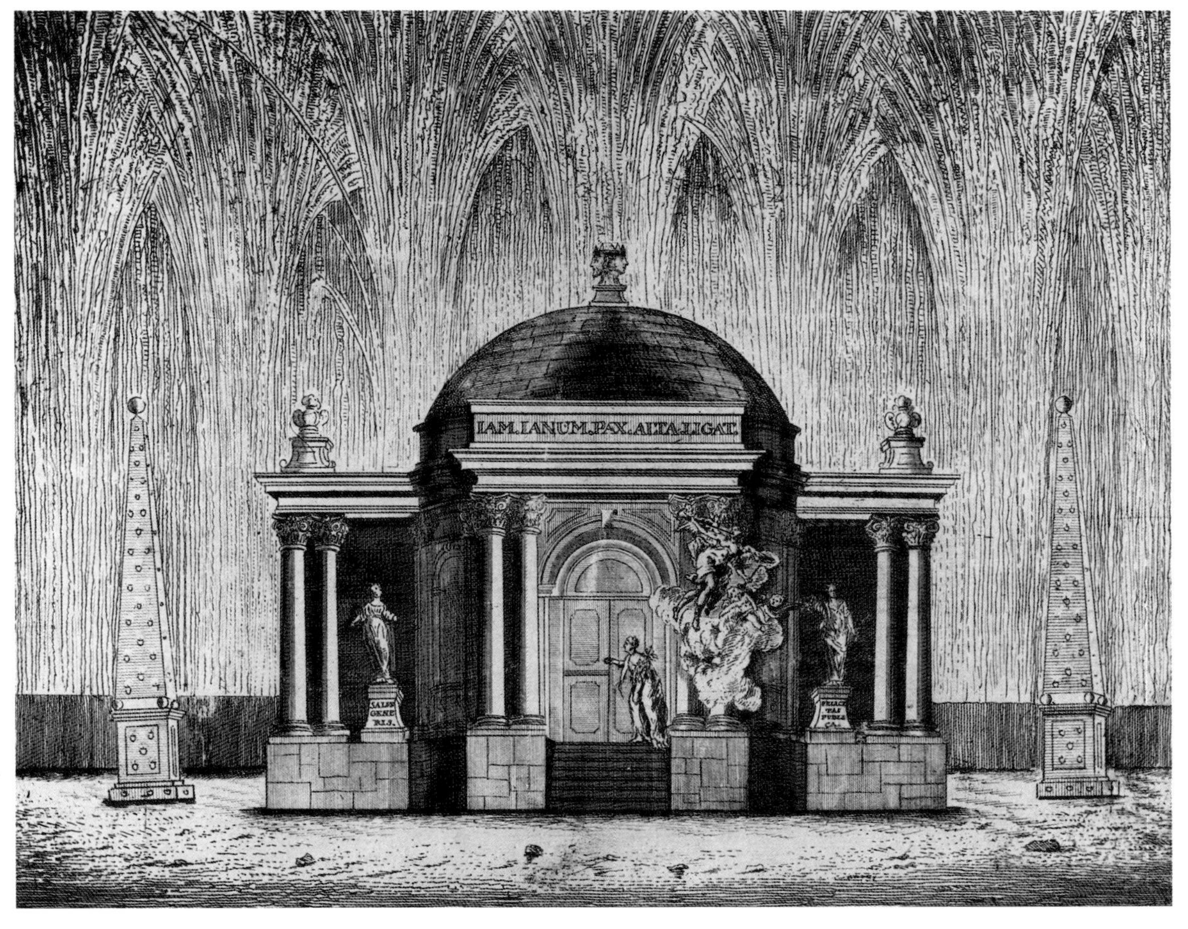

2/12.3 *Feuerwerk und festliche Illumination in Berlin aus Anlaß des Friedens von Dresden: ›Abbildung der Illumination, welche des Printzen in Preussen und Marggraffen zu Brandenburg Carls Königl. Hoheit, den 28ten December 1745 als des Königs Friedrich in Preussen Maj. mit Sieg und Frieden aus Sachsen in hiesiger Residens Stadt glorreich eintraffen vor Dero und des Ritterl. St. Johanniter Ordens Palais vorstellen lassen.‹*

Drittes Kapitel PYROTECHNIK I FEUERWERKSKÖRPER

Matthäus Merian
HOCHZEIT IN WIEN
(1666)

Der erste Theil deß Feuer=Wercks.
Von den beyden Bergen / Etna und Parnassus.

Erstlich erschiene vor dem zu diesem Lust=Feuer erkiestem Freuden=Platze der geflügelte Mercurius mit dem gewöhnlichen Friedens=Zeichen / der Hochzeit=Fackel / in der Hand / daß er / auff Befehl der Götter / die droben entzündete und vorgesehene Käyserliche Vermählungs=Flammen der Erden ankündigen solte / welches geschahe nachdem vorhero Ihre Majest. die neue Käyserin / auß dem Burg=Fenster / durch eine hierzu zugerichtete Raquete / an einer Schnur über die Pastey / ermeldte Fackel selbst anzündete / wodurch solche Freude mit einer grossen Anzahl von ungefähr fünff hundert Raqueten / und auff alle Seyten sich außbreitenden und steigenden Feuern / zu allgemeiner Befrohlockung und Freudenbezeigung der gantzen Welt gleichsam angedeutet und verkündiget ward.

2. Hierauff wurden alsobald / zu Bezeigung der von allen Orten beystimmenden Freude / auff den beyden nächst gelegenen Pasteyen / dreyssig / theils gantze / theils halbe Carthaunen gelöst / welchem donnerndem Knall der lieblichklingende Trompeten=Schall /sampt den Heer=Paucken / deren an unterschiedlichen Orten etliche Reihen gestellt waren / anmuthig miteinstimmete.

3. So dann entzündete sich einer Seyts der Berg Etna mit hellbrennenden Flammen in die Höhe / auch andern hin und wider außfahrenden und krachenden Stern=Kugeln; An welches Berges Flüsse zu unterst die dreyfache Höhe deß Vulcans zu sehen. Worinnen er mit seinen Schmieds=Gesellen allerhand Kriegs=Waffen bereitete / wobey sich abermals etliche solche Lust=Kugeln / und eine Salve von drey tausend Mußqueten=Schüssen / auch anderes Gethön und Rasseln der Waffen hören liesse.

4. Hierauff kam Cupido durch die Lufft der Schmied-Hölen zugeflogen / verjagte von dannen den Vulcan sampt seinen Gesellen / brach die Waffen in Stücken / und schmiedete alsdann daselbst selber den güldenen Mahl=Ring / welchen er / nach der Verfertigung / mitten und hoch in der Lufft / jedermänniglich zur Freude / eine Zeitlang vorwiese / und endlich mit sich nach dem Himmel zuführte / auff daß er daselbst zu ewiger Glückseligkeit verwahret würde.

5. Auff der anderen Seyte erzeigte sich voller Freuden=Flammen der zweyspitzige Berg Parnassus / auff welchem die neun Musen / als Kunst= und Freunden=Göttinnen / ihre erschallende Beystimmung vermittelst einer angenehmen und lieblich klingenden Music / zu erkennen gaben: Wobey der gantze Berg gleichsam als für Freuden entbrannte / und allerhand Bomben / Stern=Kugeln / und andere hell=brennende und über sich steigende Feuer / auch tausend Kugeln mit ihren außfahrenden Schlägen von sich außwarff; welche der Welt angekündigte Freude zum Beschluß dieses ersten Anfangs / der hellklingenden Trompeten= und Heerpaucken Schall noch weiter vermehrte. Hierauff folgte dieses Freuden=Feuers

Zweyter Theil.
Von dem vorder Theil deß Tempels.

Mitten auff dem Platz / wo dieses Lust= und Freuden=Feuer gehalten ward / gleich vornen an / vor dem Tempel / stunde / gleichsam als zu einem Eingang / auff jeder Seyten ein Portal / oder Ehren=Gerüste / von zweyen neben einander auffgerichteten / und mit zierlichen Bogen geschlossenen Säulen / und auff einem jeglichen solcher Portal ein Hertz / eines mit dem Buchstaben L. LEOPOLD, das andere mit dem Buchstaben M. MARGARITA bedeutend / welche / nachdem sie der Hochzeit= oder Vermählungs=Gott hymenaeus angezündet / in hell=reinen Flammen daher brennten / und samt den drunter stehenden Säulen immerzu viel Kunst= und Lust=Feuer von sich spielten.

2. Hierzwischen kamen auß dem Berg Etna eine Anzahl Centauren / oder Roß=Menschen hervor / welche Hercules auff Befehl deß Jupiters mit tapfferem Widerstand / und feurigem Gefechte bestritte / auch endlichen auß dem Felde trieb / und starck verfolgte.

3. Dann war zu sehen auff der rechten Hand vor dem Tempel / ein Thurn / das ErtzHauß Österreich bedeutend / als welches in seinem Wappen / einen solchen Thurn fuhret / und auff der lincken Hand das Spanische Castell / auß deren jedem tausend Raggeten in die Höhe stiegen / wobey sich über dem Thurn zur rechten Hand die Buchstaben V. A. (das ist / Vivat Austria) und über dem zur lincken Hand die Buchstaben V. H. (Vivat Hispania bedeutend) in einem Feuer sehen liessen.

4. Hierauff wurden jeder Seyts 100. Pöler nach einander loßgebrannt / welche so viel Lust=Kugeln / mit etlich tausend Schlägen und Feuer=Sternen von sich in die Lufft außwarfen / so daß man abermals auff der rechten Hand zween Buchstaben V. L. (das ist: Vivat Leopoldus) und auff der lincken Hand V. M. (Vivat Margarita bedeutend) sehen konnte.

Und diese Darstellung ward eben auch wie zuvor die Anleitung / mit frölichem Trompeten=Klang und lustigem Heerpaucken Schall frolokkend beschlossen: Drauff fieng sich an dieses Freuden= und Lust=Feuers.

Dritter Theil.
Von dem Ehe=Tempel selbsten.

Zu äusserst deß Platzes war so dann der Tempel deß Ehe=Gottes Hymenaei zu sehen / zu dessen Beleuchtigung sich eine Anzahl hell=brennender Feuer / auch eine Menge von Feuer=Sternen und anderen Feuren von aussen hervor gaben.

2. Und umb darzuthun und zu erweisen / daß diese Beysammenkunfft im Himmel versehen / und mit allerhand reichen Segen beglückseliget worden / schickte Jupiter seinen Adler von oben herab / auß Ursach / auff dem hierzu auffgerichteten Altar offentliche Freuden=Flammen anzuzünden / welche mit hell=brennendem Glantze daselbsten in die Höhe stiegen.

3. Hierauff erschiene über dem Tempel mitten in den Flammen der Phönix / als ein Sinn=Bild der Röm. Käyserl. Maj. umb Deroselben gegen Dero allerunterthänigste Vasallen und Unterthanen tragende Allergnädigste Vorsorge und Neigung abzubilden.

4. Diesem stimmten mit häuffig auffsteigenden Flammen und Feuren mit bey / die umb und auff dem Tempel stehende Bildnüsse: Pyramiden und Säulen / wodurch die sämmtliche Königreiche und Erbländer vorgebildet waren / die durch solche außwerffende Flammen und Lust=Feuer ihre allgemeine Freude und Frolockung wolten an Tag geben. Und zwar spielten erstlich auß einer jeglichen solchen Statua, oder Bildnus / umb und auff dem Tempel deren 39. waren/ über fünff hundert / und also auß allen zusammen bey zwantzig tausend außfahrende Feuer / oder Raggeten / dann nicht weniger auß denen drey und dreyssig Pyramiden / oder Säulen / ohne die hellen Flammen und Feuer / die zur Beleuchtigung auß den Knöpffen hervor brannten / auß einer jeden solchen Pyramide über sechshundert und funfftzig / und also insgesammt bey zwey und zwantzig tausend / wie ingleichen auch auß den sieben und zwantzig Säulen deß

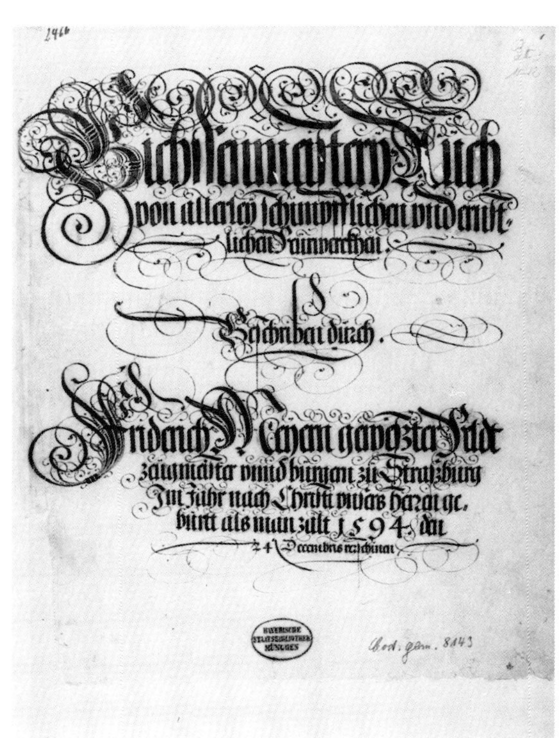

3/1.1 *Titelseite von F. Mayer, ›Bichssenmeistery auch / von allerley schimpfflichen und ernst-/lichen Feuerwerkkhen: Titelseite (1594)*

3/1.2 *F. Mayer, ›Bichssenmeistery auch / von allerley schimpfflichen und ernst-/lichen Feuerwerckhen: Vom Salpeter (1594).*

Tempel=Gebäues / auß jeder in die tausend / und solcher Gestalt auß allen zusammen bey sieben und zwantzig tausend gleichmässige Raggeten und außfahrende Feuer. Über das war besagtes Gebäude noch mit fünff hundert Feuer=Bomben besetzt / deren jede sechs / und also zusammen drey tausend Stern=Feuer / zur Beleuchtung deß gantzen Wercks / in die Lufft zu werffen hatten. Unter solchem Feuer=Spielen stiegen zu beyden Seyten tausend Raggeten auff / und gaben ihre eingesetzte eiserne Schläge in der Lufft von sich.

In Summa / das gantze Gerüste und Gebäude dieses Tempels war angefüllet mit drey und siebentzig tausend allerhand Raggeten / oder außfahrender und steigender Lust=Feuer / deren Freuden=Gethöne letztlich sechs auß denen Pölern steigende Lufft= und Feuer=Kugeln beschlossen.

5. Endlich stiegen zugleich / ausserhalb deß Tempels / drey hundert Raggeten / jede von drey Pfunden in die Höhe / nach welchen die Buchstaben A. E. I. O. U. (Austria Erit In Omne Ultimum bedeutend) in der Lufft zu sehen waren. Weil diese noch brannten / wurden zehen grosse Triumph=Kugeln / auß so viel Pölern / oder Feuer=Mörsern / deren einer das Gewicht zwey hundert / die andere drey hundert Pfund Steine gehalten / geworffen / welche in der Lufft etliche tausend Schläge und Granaten von sich schmissen.

6. Dann waren noch dreissig Raggeten darunter zehen jede funfftzig / die andern zehen hundert / und die letzten zehen jede hundert und funfftzig Pfund im Gewicht hielten.

7. Zum endlichen Beschluß und schließlichem Ende wurden wiederumb auff obgedachten Pasteyen dreyssig / theils gantze / theils halbe Carthaunen gelöset / und das war das Ende dieses Käyserlichen Lust=Feuer=Wercks.

3/2 *Johann I. von Nassau-Siegen (1606–1623), ›Etliche schöne Tractaten von aller-/handt Feüerwercken [. . .] / Anno / 1610‹*

3/2.1 *Titelseite*

Etliche schöne Tractaten von aller handt
ms. germ. fol. 4
Feüerwercken
Undt deren Kunstlichen zubereitungen
Darbey Vollkommener
Bericht Von Salpeter Pulver
undt Racketen machen sampt umbständtlicher
anzeig vieler Außerlesener Sätzen Item Lust:
undt Ernst Feüerwercken in specie, mitt an
gehengten nötigen remediis, wie man uff den
nothfall sich gegen solche Brandtschaden defen
diren moge.
Zusammen bracht
Durch:
Johannen den Eltern,
Graven zu Nassaw Catze
elnbogen Vianden undt Dietz
Herrn zu Beilstein.
Anno
1610.

3/2.2 *›Wie die salpeter laug probirt wurdt‹*

3/2.3 *›Wie der südtt gemachtt, das saltz daraus gehaben wurdt, und die starke laug im wachs stehet‹*

3/2.4 *›Salpeter Siedwerk‹*

3/2.5 *›Hanffstengel kolen zuebrennen‹*

3/2.6 *Zubereitung des Pulvers*

3/2.7 *Mahlen des Pulvers mit der Hand*

3/2.8 *›Wie man die Hilsen zue den rageten ziehen soll‹*

3/2.9 *Abschußvorrichtungen für Feuerwerksraketen*

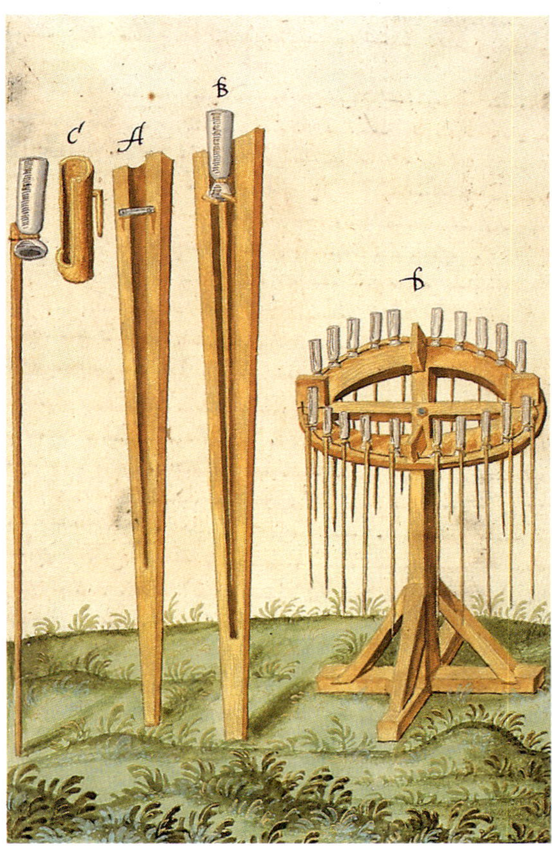

3/2.10 *Abfeuern von Raketen aus der Hand*

3/2.11 *›Ein rädlein, welches so es angezündet wirdt, von sich selbst umblaufft‹*

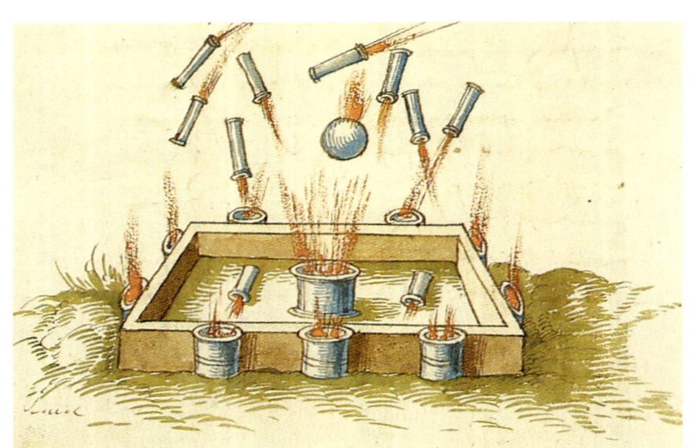

3/3.1 *Feuerwerkskasten (vgl. Abb. 3/3.1)*
3/3.2 *Radfeuer in: ›[Antwerksbuch] Ein Buch [. . .] von salpeter, pulver, schwebell, Kollen. Etlich muster der Brechzeug, Fewerpfeihl [. . .]‹ (16. Jh.)*

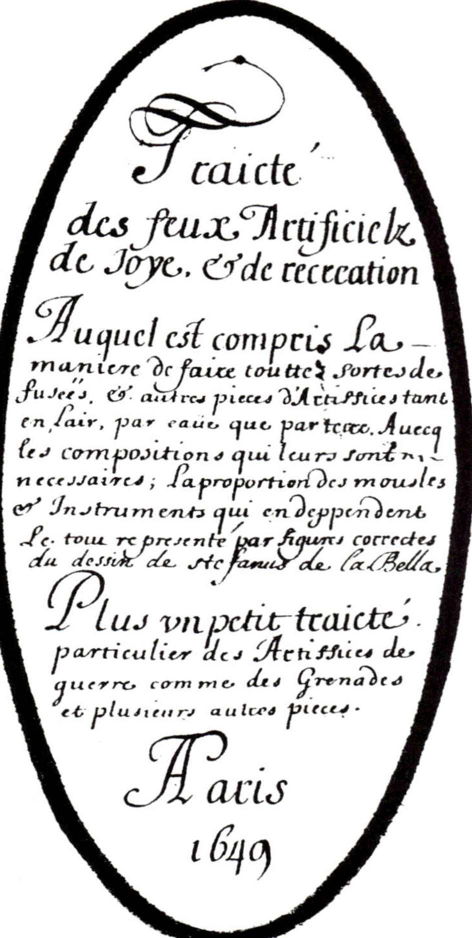

Traicté
des feux Artificielz
de Joye, & de recreation
Auquel est compris la maniere de faire touttes sortes de fusées, & autres pieces d'Artiffices tant en l'air, par eaüe que par terre. Aueq les compositions qui leurs sont necessaires; la proportion des moulles & Instruments qui en deppendent. Le tout represente par figures correctes du dessin de Stefanus de la Bella.
Plus vn petit traicté particulier des Artiffices de guerre comme des Grenades et plusieurs autres pieces.
A Paris
1649

3/4 *Stefano della Bella, ›Traicté des feux artificielz de joye et de recreation‹ (1649)*
3/4.1 *Titelseite*

3/4.2 *Aussieben von Salpeter und Zerstoßen zu Pulver*

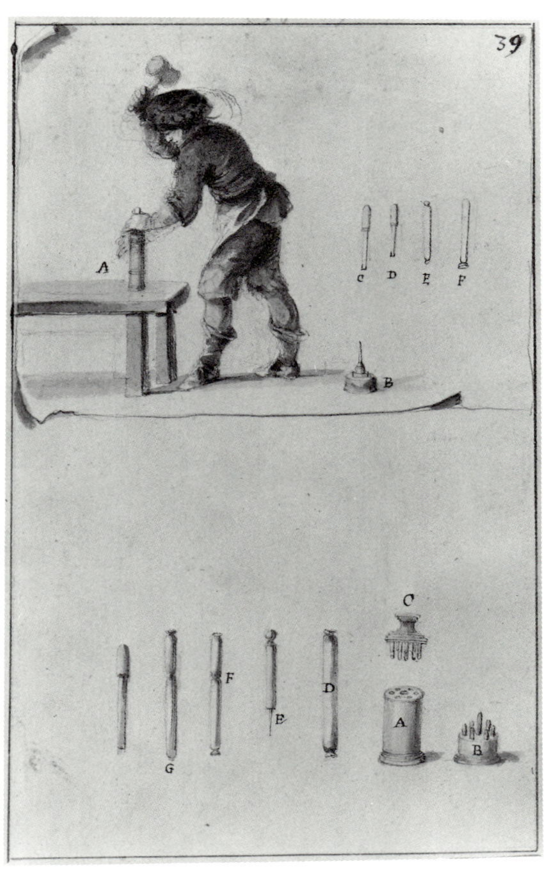

3/4.5 *Herstellung von schlangenförmigen Feuerwerkskörpern*

3/4.6 *Herstellung von sternförmigen Feuerwerkskörpern und Goldregen*

3/4.3 *Pressen von noch feuchter Pappe zur Herstellung einer Kartusche*

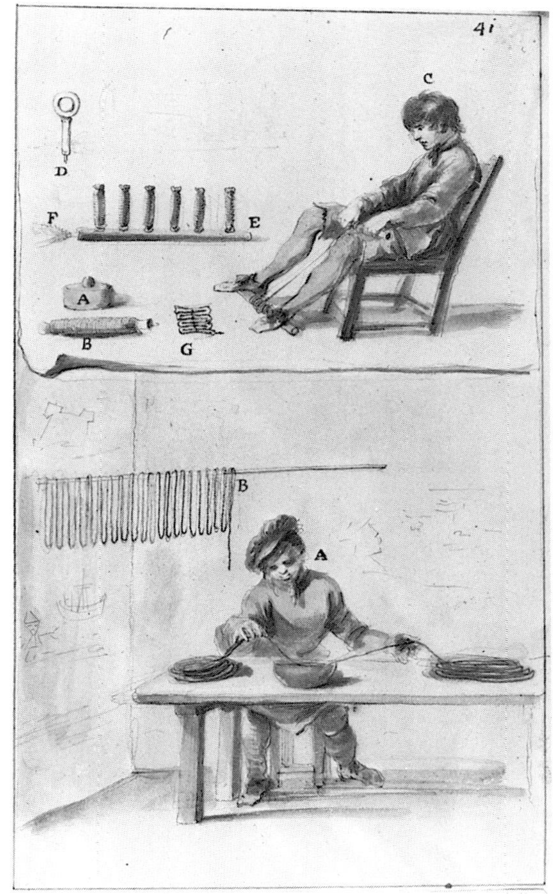

3/4.7 *Aufwickeln von Feuerwerkskörpern genannt ›Würste‹ und Tauchen und Trocknen von Lunten*

3/4.4 *Ziehen einer Raketenhülse aus Pappe*

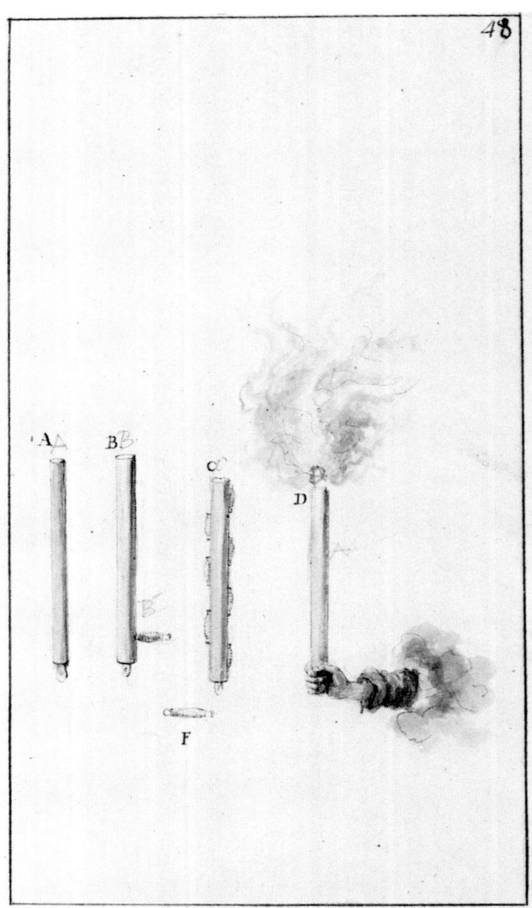

3/4.8 *Raketenbatterien für Salvenzündungen*

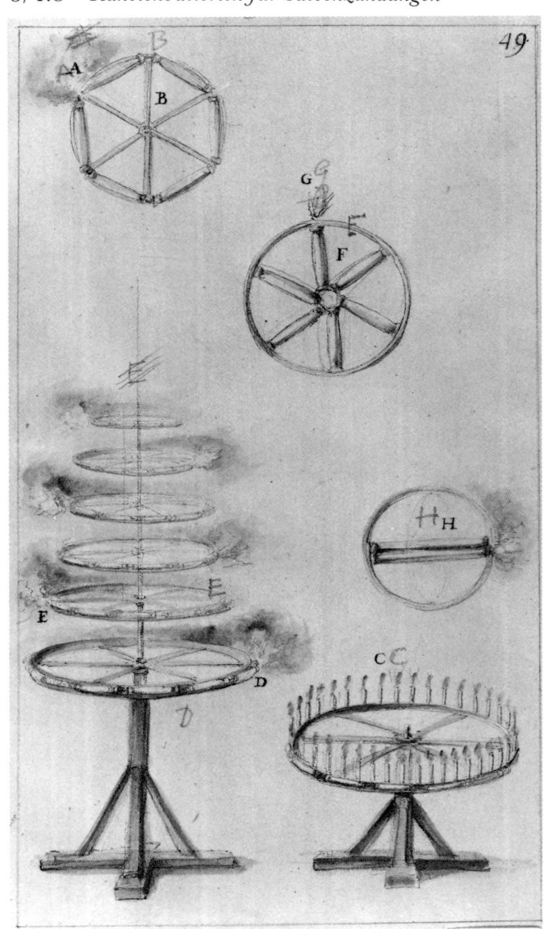

3/4.9 *Waagerechte und senkrechte Radfeuerwerke und eine rotierende Raketenbatterie*

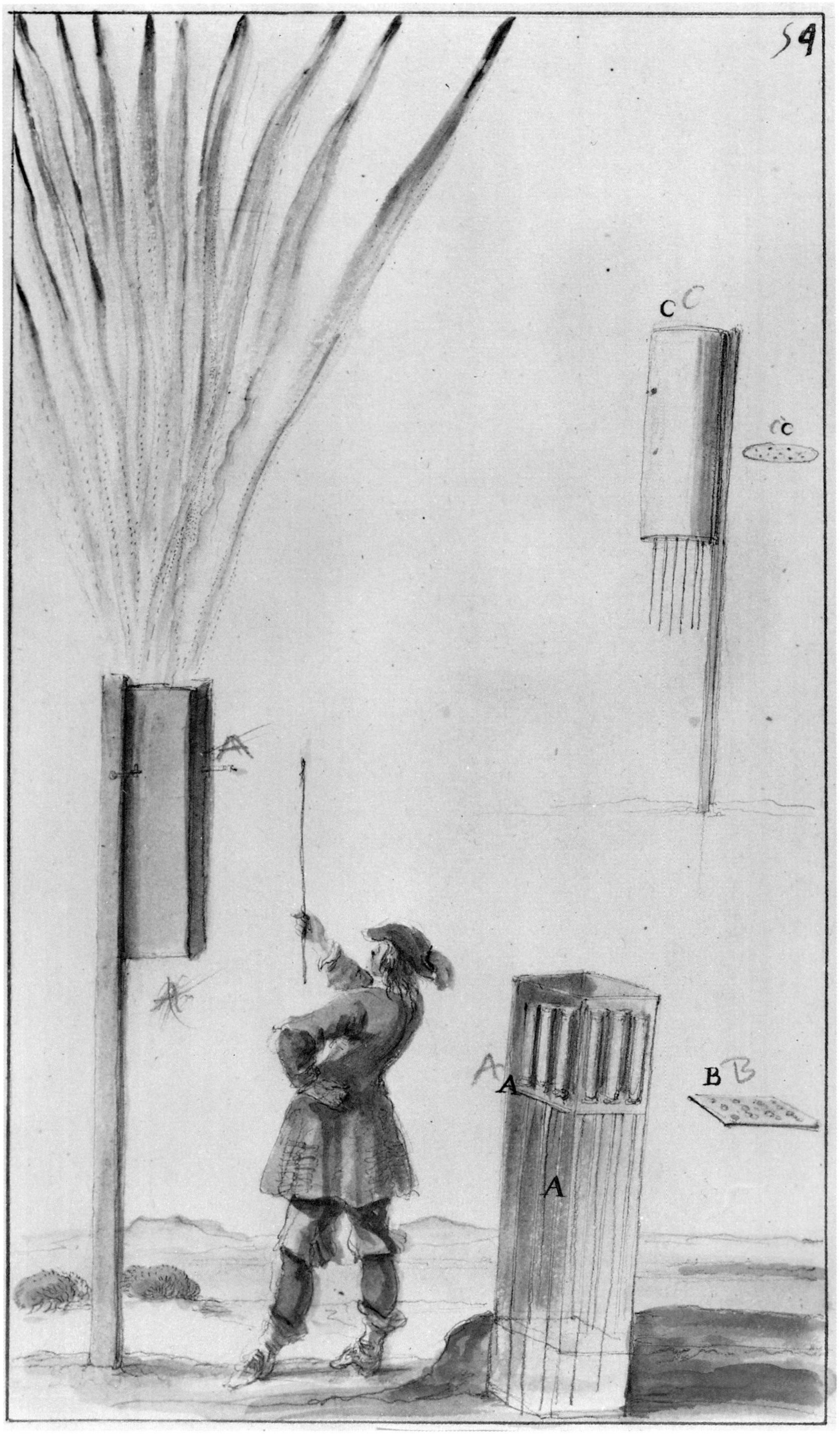

3/4.10 *Zünden einer in einem Holzkasten installierten Raketenbatterie*

3/4.11 *Entzündung einer Stabrakete mit einem Feuerschutzschirm*

3/4.12 *Entzündung eines großen Raketensatzes*

3/4.13 *Feuerwerker, der einen eisernen Hut mit entzündeten Feuersätzen trägt*

3/4.14 *Feuerwerkssätze in einer Kerze versteckt als Scherzfeuerwerk*

3/4.15 *›La Trompe‹: zylindrischer Stab mit Feuersätzen als tragbare Fackel*

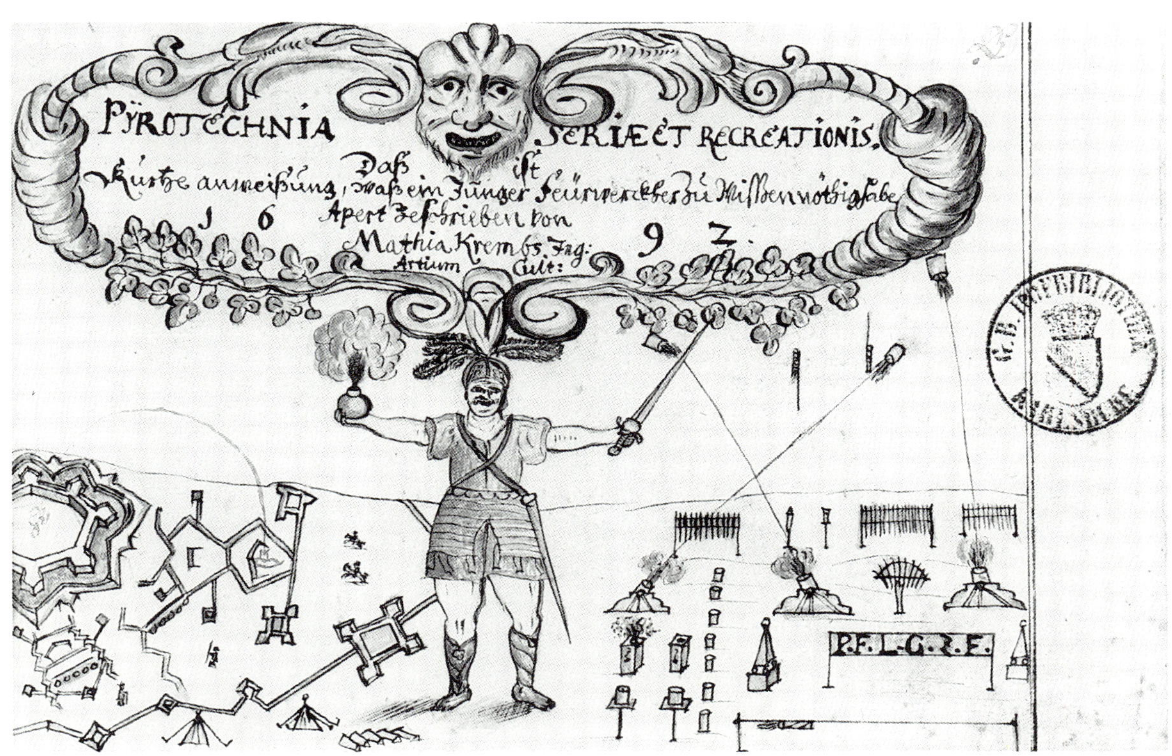

3/5 *Titelseite von Krembs, Mathias, ›Pyrotechnica seriae et recreationis […]‹. 1692*

3/6 *Hängefeuerwerk in: S. Vanoccio Biringuccio, ›De la Pirotechnia.‹ Venedig 1540*

3/8 *Casimiri Simienowicz, ›Ausführliche Beschreibung der grossen Feuerwerck- oder Artillerie-Kunst‹. Frankfurt a. M. 1676*

3/8.1 *Titelseite*

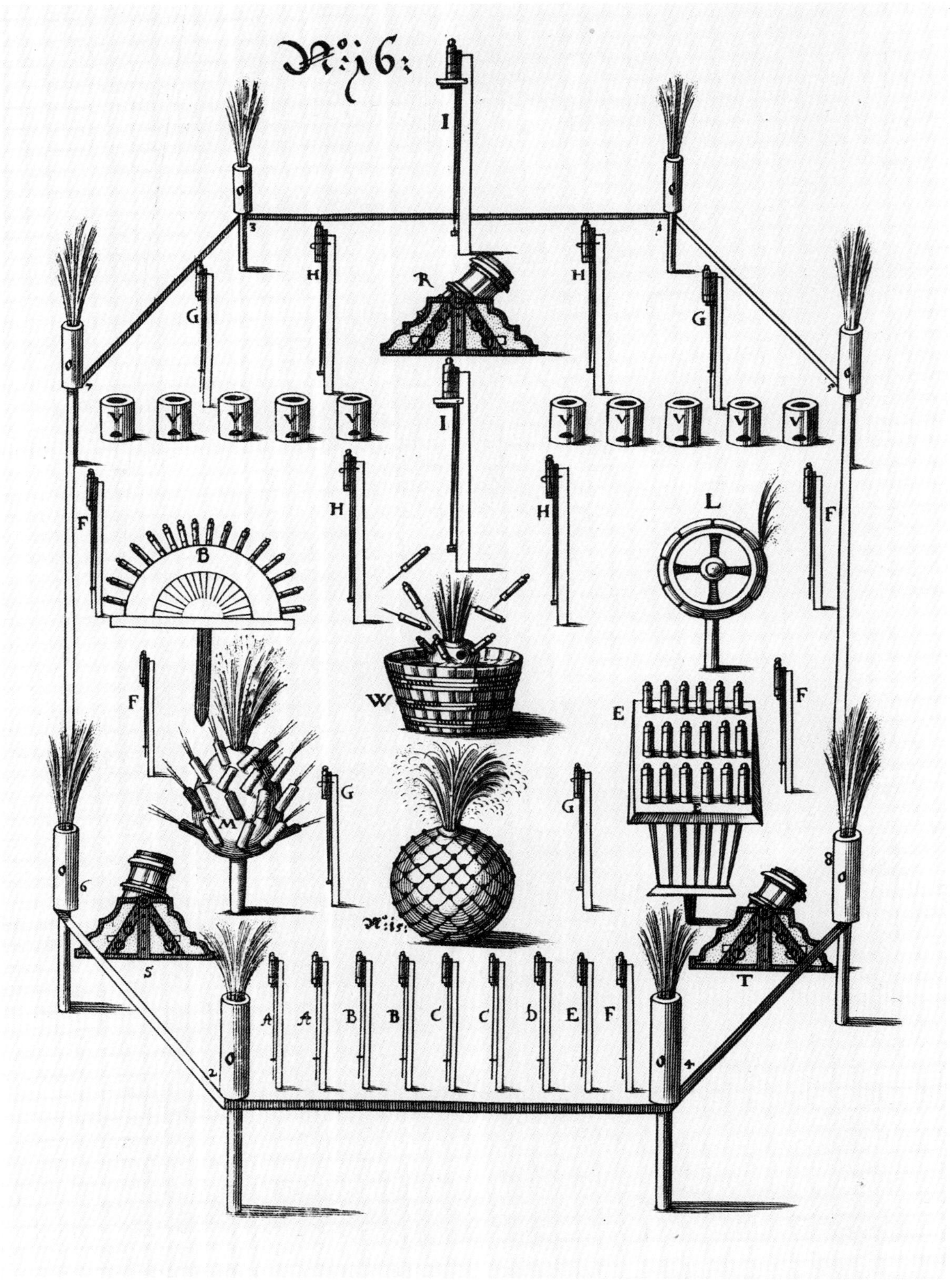

3/7 *Einrichtung eines Feuerwerks in: Joseph Furttenbach, ›Halinitro Pyrobolia. [. . .]‹ Ulm 1627*

Beschreibung: Lustfewr / mit zusammensetzung aller stuck Fewrwercks ***A–I*** *9. Sorten Ragetten* **L** *ein Fewr-Rädlin* **M** *Pumppen mit außfahrenden Ragetten* **V** *10. von dickem Holtz gedrehte Stäck* [zum Abschuß von Kugeln] ***B*** *Ein halbrundts geschnitten doppelts Brett / darzwischen mögen 40. in 50. kleine Ragettlin mit B. sampt ihren Stäblin gelegt / die fahren so wol grad / als nicht weniger beyseits / solcher gestalt / das sie ein gantzes Feldt dardurch mit Fewrmachen uberlaufen* **E** *einander durch löchertes Brett / darauff dann 60. biß 100. Ragettlin E. mit ihren Stäblin auffrecht gesetzt / in ire Schläg mögen sternenfewr gethan / und alle zu gleich in Lufft geschickt / so abermahlen gute opera / und ein schönen Fewrregen machen* **W** *ein Kuffen voller Wasser / in welchen zum ersten die schiessenden / zum andern die mit einem Tempo / drittens die von 2. Tempi außfahrenden Ragetten / Wasserkugel / geworfen werden N° 15 Sturmkugel mit eysern Schlägen* ***S*** *ein Pöler auß welchem ein dergleichen Sturmkugel in die ferne zu werffen* **T** *ein anderer Pöler / darauß ein Kugel mit ausfahrenden Ragetten / in die ferne / und in ein Wasser zu werffen* **R** *der dritte Pöller / auß welchem ein Spräng / oder Regenkugel zu werffen*

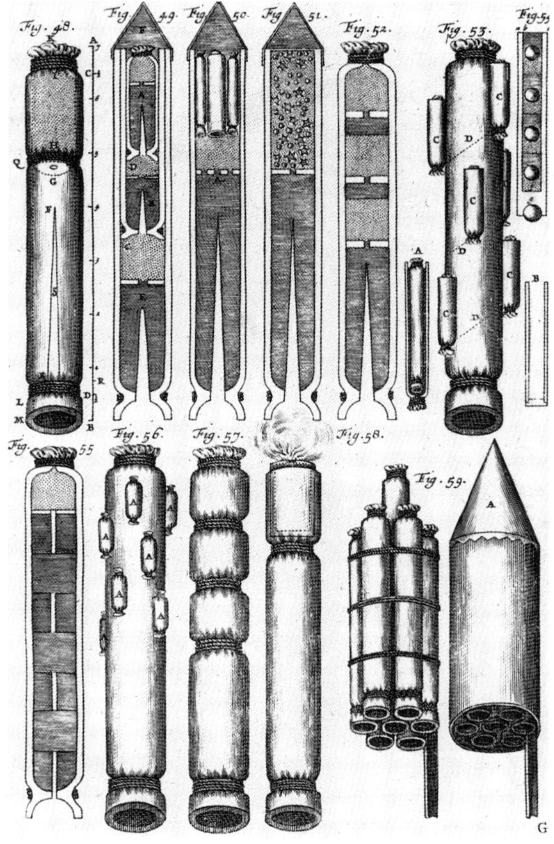

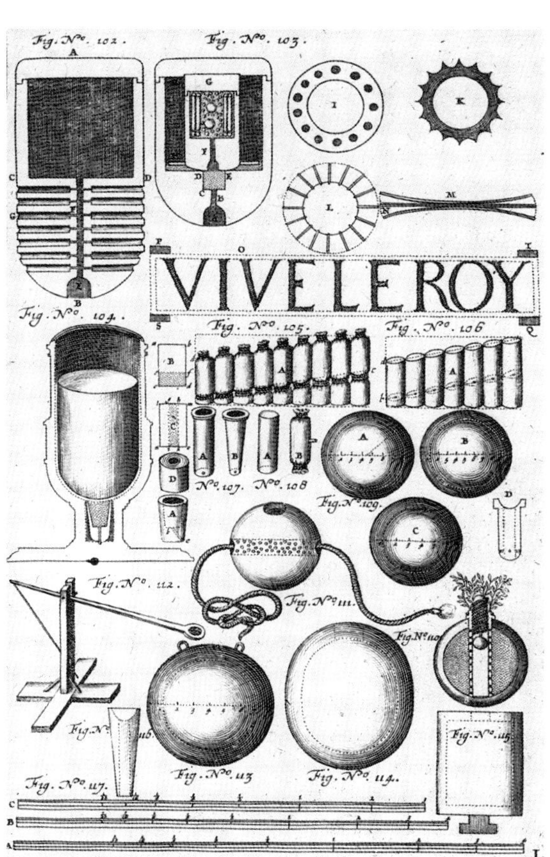

3/8.2 *›Steig Raggeten mit Stäben‹*

3/8.3 *Leuchtschrift, Mörser und Feuersätze*

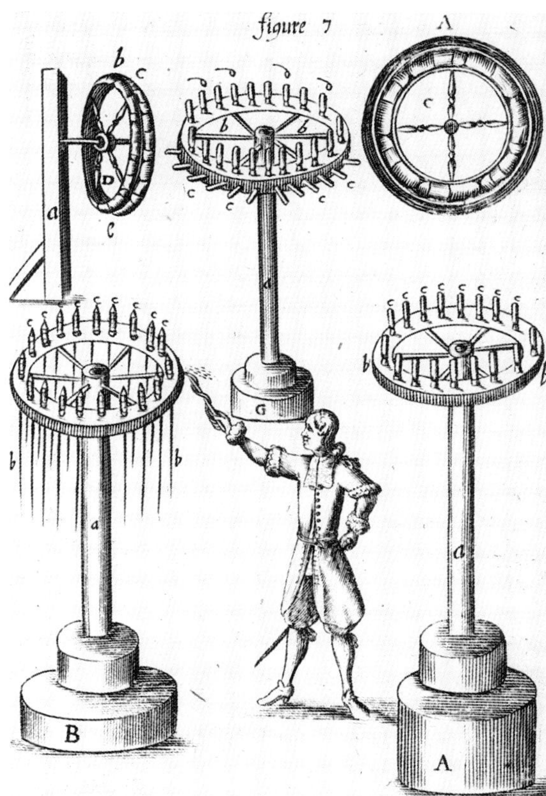

3/9 *Vertikale Radfeuer und horizontal rotierende Raketenbatterien in: Manlyn, ›Pyrotechnia [. . .]‹. Amsterdam 1678*

3/10 *Pyrotechnische Werkstätte in: Amédée François Frezier, ›Traité des feux d'artifice pour le spectacle [. . .]‹. Paris 1715*

3/11.1 *Rakete: ›Vive Le Roi‹ in: Perrinet d'Orval, ›Essay sur le feu d'artifice‹. Paris 1745*

3/11.2 *Feuerrad (vgl. Abb. 3/11.1)*

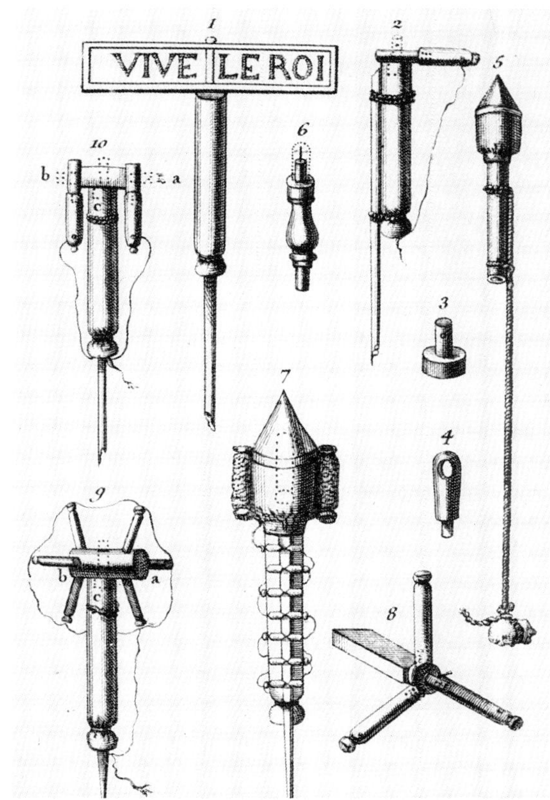

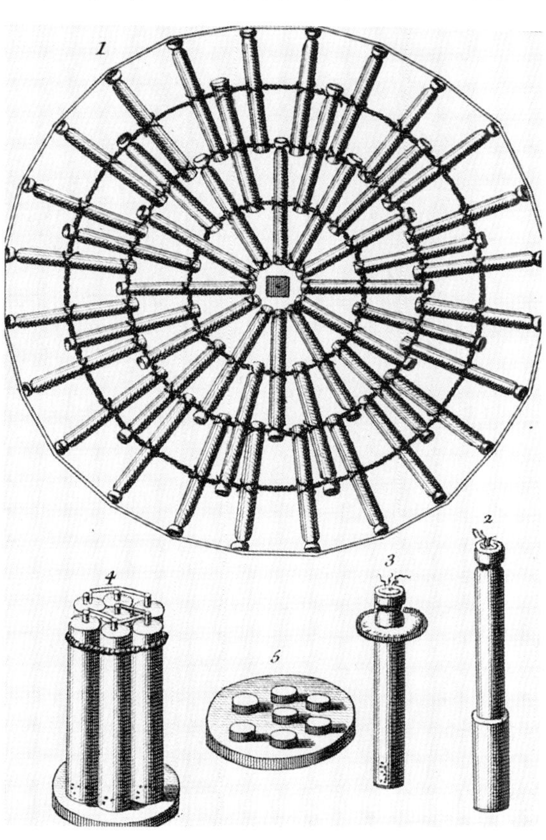

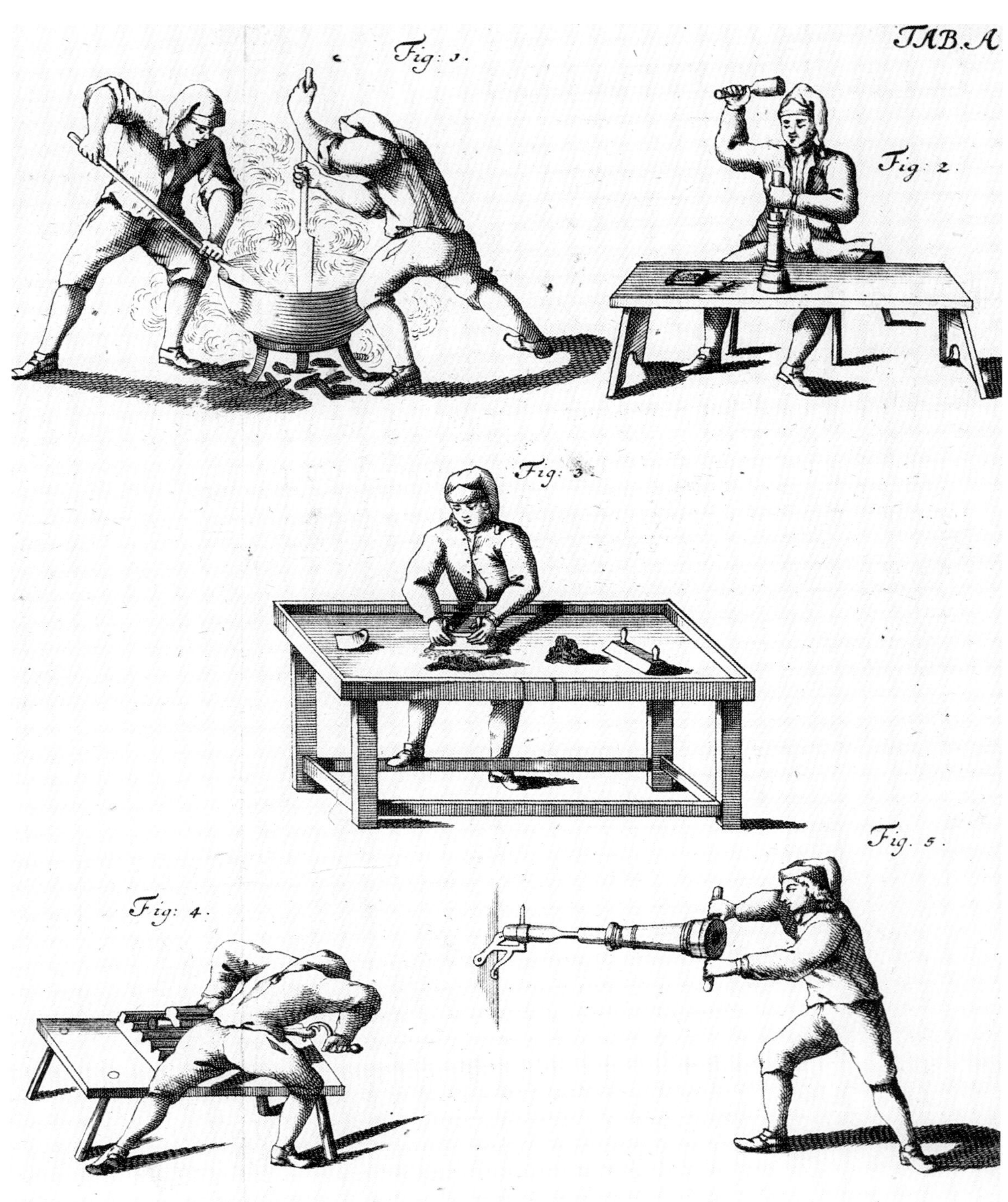

3/12.1 *Tab. A: ›Fig. 1 zeiget, wie der Salpeter gebrochen wird / 2: wie man einen Handschwärmer schläget / 3: wie man einen Saz auf der Reibetafel zurichtet / 4: wie man eine Hülse reutert / 5: wie die Hülse in den Stok geschoben wird‹ in: J. C. Stövesandt, ›Deutliche Anweisung zur Feuerwerkerey . . .‹. Leipzig 1757*

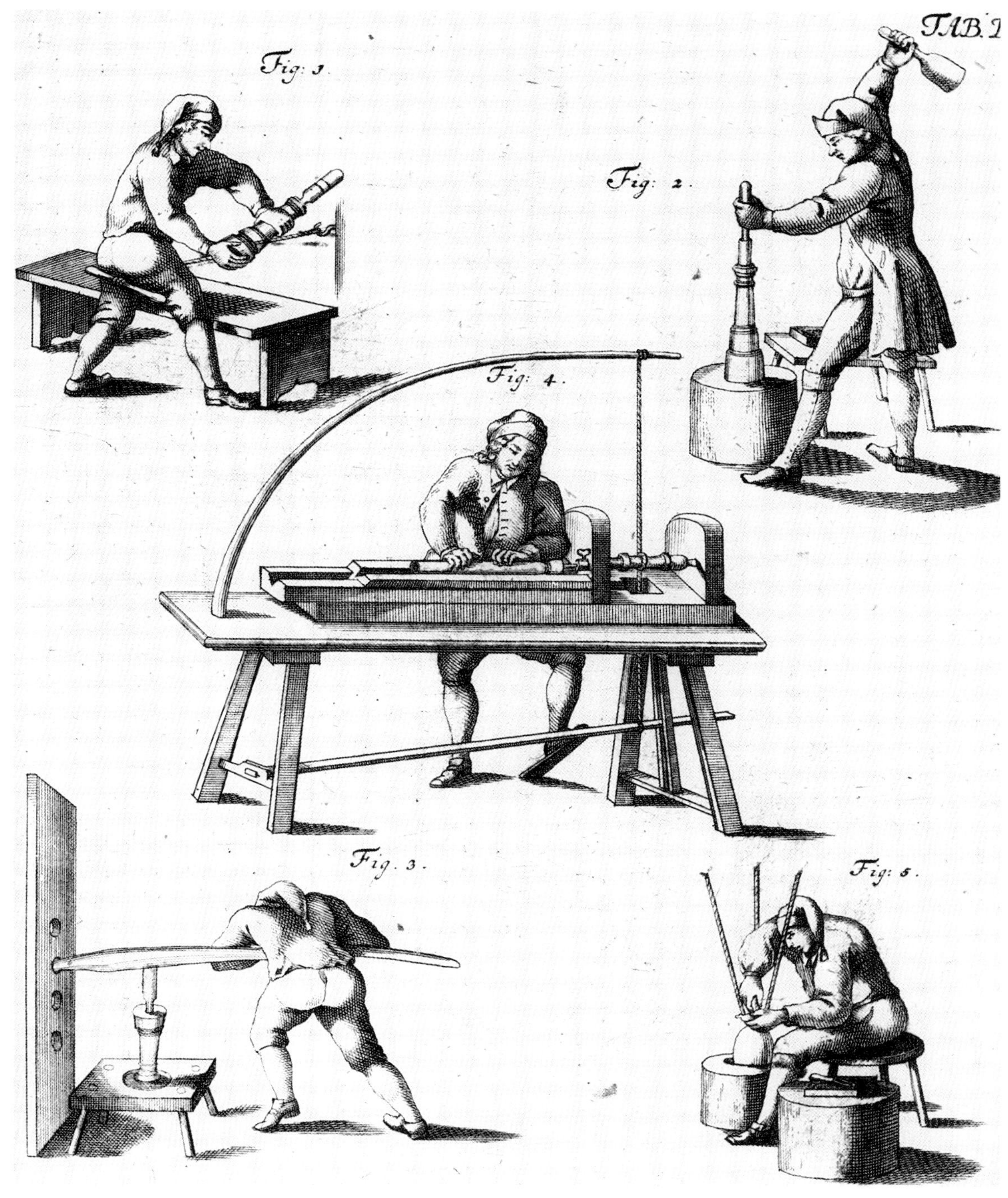

3/12.2 *Tab. B: ›Fig. 1 weiset: wie man das Gewölbe an der hülse würget/ 2: wie eine Raquete geschlagen wird/ 3: wie man die geschlagene Raquete aus dem Stocke bringet/ 4: wie die Raquete auf der Borbank geboret wird/ 5: wie man die Feuer-Leucht- und Brandkugeln hangend stopfet‹ in: J. C. Stövesandt, ›Deutliche Anweisung zur Feuerwerkerey . . .‹. Leipzig 1757*

3/13.1 *Trägerkonstruktionen von Feuerwerkskörpern in: R. Jones, ›A New Treatise on Artificial Fireworks‹, Pl. 4, London 1765*

3/13.2 *Trägerkonstruktionen von Feuerwerkskörpern in: R. Jones, ›A New Treatise on Artificial Fireworks‹, Pl. 6. London 1765*

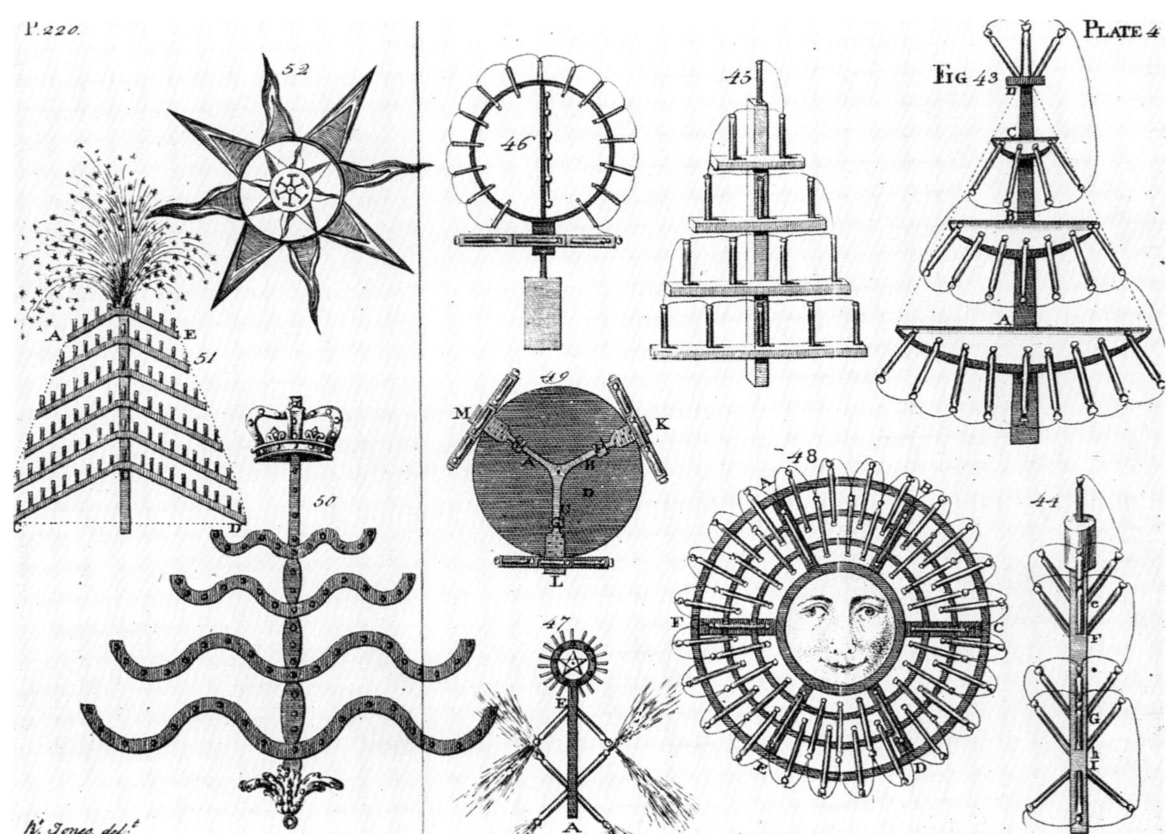

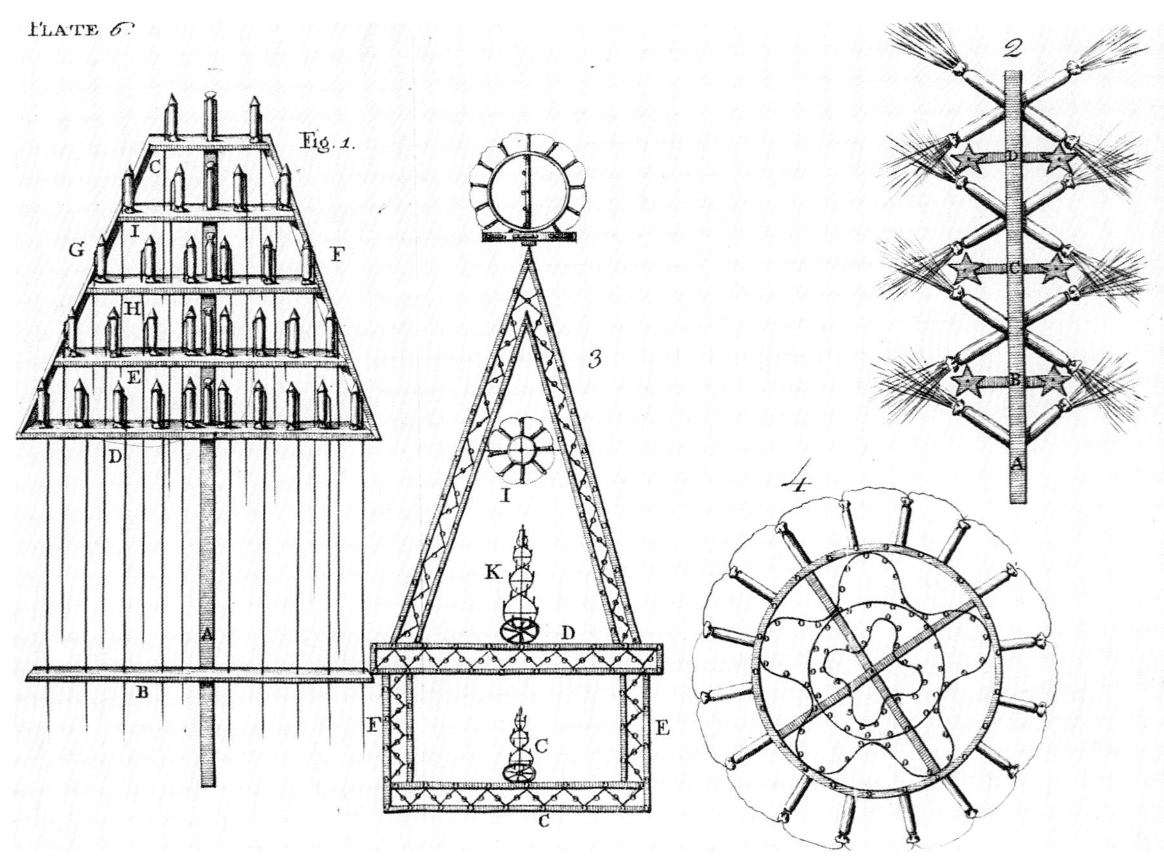

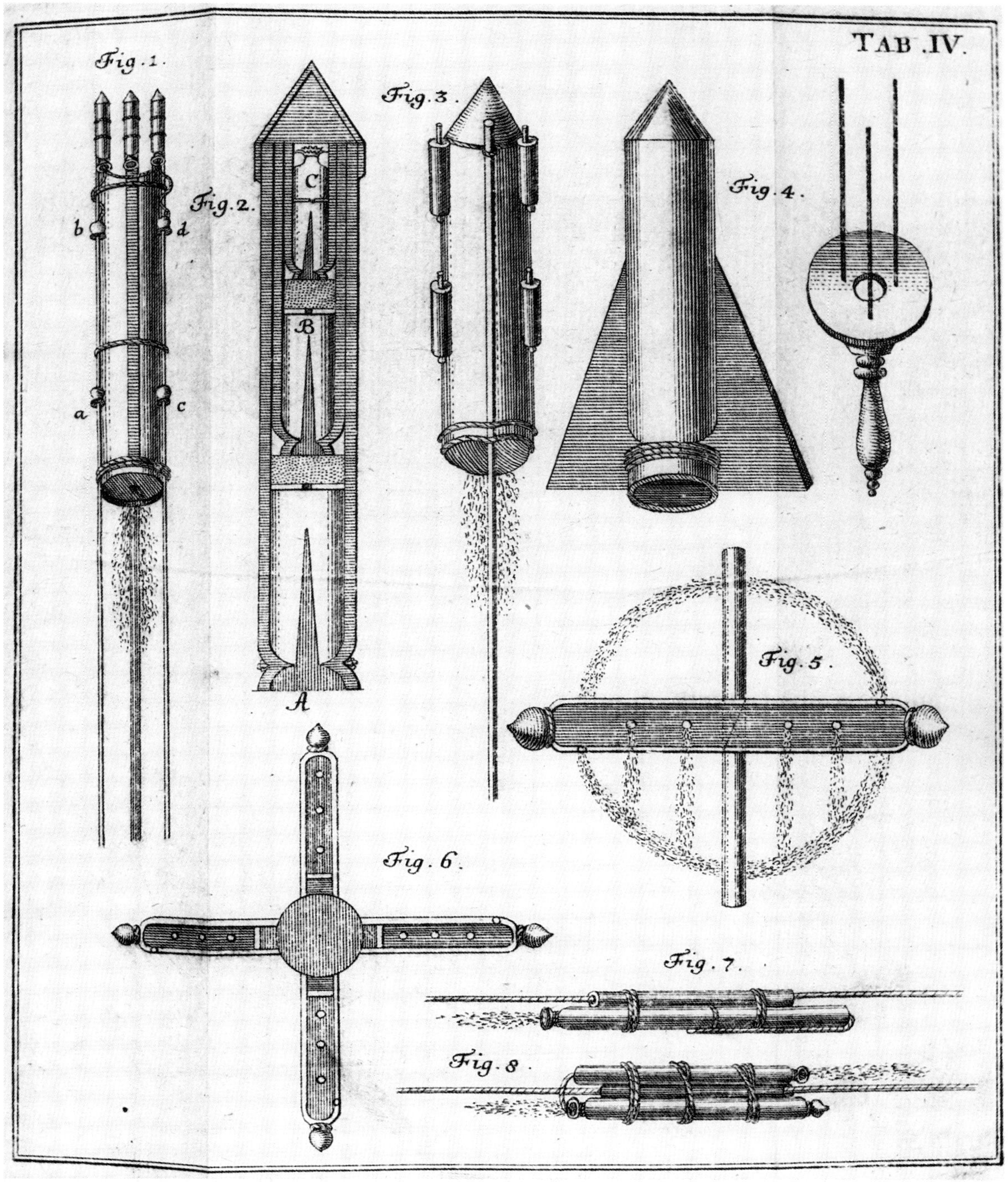

3/14.1 *Tab. IV: Fig. 1: steigende Rakete / die andere steigende auswirft / 2: drey aneinander gesteckte steigende Raketen/ 3: eine Rakete, die im Steigen kleine Raketen auswirft/ 4: Raketen, die ohne Stäbe steigen/ 5: eine Tisch-Rakete, Tourbillon genannt/ 6: ein vierfaches Turbillon/ 7: Schnur-Feuer/ 8: ein Schnur-Feuer, das hin und her lauft, in: J. D. Blümel, ›Gründliche Anweisung zur Lust-Feuerwerkerey‹, Straßburg 1771*

3/14.2 *Tab. VII: Fig. 1: Horizontal-Maschine, in deren Mitte zwo Piramiden sich befinden, und in einander laufen/ 2: Ein umlaufendes Rad, welches sich in eine Cascade oder Wasserfall verwandelt/ 3: Horizontal umlaufende Raeder eine Cascade oder Wasserfall zu formiren/ 4: mit Hellfeuer garnirte umlaufende Säule/ 5: ein großes Feuerrad, welches mit anderen Rädern garnirt ist/ 6: ein über und unter sich werfendes Feuerrad, Caprice genannt/ 7: ein Rad, daß eine Zeit lang horizontal brennt, fällt, und vertical brennt/ 8: Ein horizontal Rad, von welchem Raketen in die Höhe steigen, in: J. D. Blümel, ›Gründliche Anweisung zur Lust-Feuerwerkerey‹, Straßburg 1771*

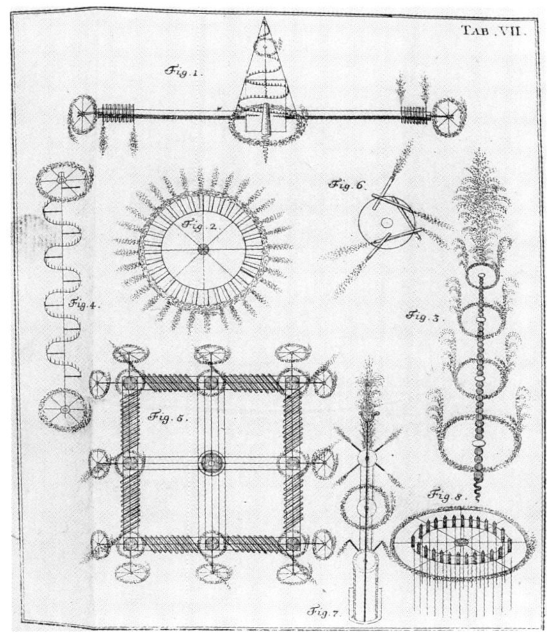

HOCHZEITEN

4/1 *Feuerwerkspantomimen auf dem Rhein in: D. Gramināus, ›Furstliche Hochzeit So [...] Wilhelm Hertzog [...] In [...] Dusseldorff gehalttenn [...]‹ 1585, Köln 1585*

4/1.1 *Schiffsschlacht*

4/1.2 *Herkules kämpft gegen die Hydra*

4/2.1 *Herkules kämpft gegen die Hydra, Zeichn. n. Abb. 4/1.2*

Diederich Graminäus

HOCHZEIT VON HERZOG WILHELM IN DÜSSELDORF (1585)

So ist nach gehaltenem Abendessen bey der finsterer Nacht ein ansehnlich Schiff mit Mastbäumen / Segeln vnd anderer darzugehöriger rüstung vnd notturfft / Munition / Geschütz / Gewehr vnd Wapffen / mit Kriegß Obersten zu solchem Schiff gehörig / als Amiräl vnd andern Hauptleuthen / Befelchhabern vnd gemeinen Knechten / vnd was ferner dazu nottürfftig erfürdert / wohl zugerüst vnd versehen / auff dem Rhein gesehen worden / Als nun gedachtes Schiff algemach mit grossem ansehen prechtig den Rhein herunder kommen vnd abgefahren / ist es nechst Düsseldorff recht gegen dem Fürstlichen Schloß auff den Acker gelägt vnd befestigt / dem alsbald etliche andere wolgerüste vnd munirte Schiff mit Kriegsleuthen besetzt / zugefahren / dasselb anfenglich von fern zubeschiessen vnd anzugreiffen mit auff vnd niderfahren / auch hin vnd her zu beyden seyden lauierent / vnderstanden. Da nun das Scharmützeln vnd angreiffen mit gemach sich gesterckt vnd gemehret / auch die gemüther beiderseitz verhetzt vnd angezündet worden / sind in mittelst allerhand art und zierligkeit der Fewerwerck / als Fewerkugeln vnd andere brennende Pfeil vnd Fackeln auß vorangezogenem Schiff vber sich in die Lufft geworffen / also daß es bey den vnerfahrnen des Fewerwercks solchen schreck vnd angst geben / als würde dardurch die gantze Statt in Fewres noth gerahten / vnd biß zum grundt ab vnd außbrennen / da doch alles ohn gefahr abgangen / dann das Freudenfewr dergestalt zugericht gewesen / daß es in der Lufft seine krafft verlohren / bey sich selbst vergangen / vnd also verschwunden. [...] Was nun dem ersten als gegenwertigen Fewerwerck betreffet / ist es füglich dahin zudeuten / dieweil etliche Schiff auff dem Rheinstraum eines bestürmen vnd bestreiten/ das solchs Schiff / so bestritten vnd angefochten wird / das Menschliche Geschlecht auff Erden bezeige / dann der Mensch vor dem fall / nach dem fall / bey der zeit des Gesetzes / auch der zeit der gnaden / biß zum end der Welt teglich vnd stündlich von dem bösen Feind den grossen Mehrwunder Leviatan / von der Welt / vnd seinem eigenen fleisch oder sinnligkeit hefftiglich bestritten vnd angefochten wird. [...] Ist also die geheimnuß vnd bedeutung des ersten Fewerwercks ein abbildung vnd vorstellung des Falls vnd vbertrettung Ade vnsers Ertzvatters / dadurch wir alle in die Erbsünd gefallen / auch des menschen / so von der Erbsünd durch die heilige Tauff gereinigt / wider zum fall geradet / durch den Teuffel / die Welt vnd sinnligkeit sich abführen läst / vnd also in die gefahr des verderbens vnd verdammnuß stehet. [...] Dann dieweil der Abadon der Engel des verderbens vnd seine Hewschrecken Gottes lesterung durch Ketzerey vnd Tyranney wider die Obrigkeit geübt / ist es billich vnd der gerechtigkeit Gottes gemäß / ihnen solchs auch zuvergelten / sie endlich außzurotten vnd zuvertilgen / darzu dann obangezogene grewligkeit des Geschützes / ein ansehenlich mittel / als ob die hohe Obrigkeit den muthwillen / vnd vngehorsam mit GOttes macht / zorn und grim / vnd als mit einem / irrdischen Donner bestraffen thete / vnd wird nach dempffung vnd vnderdrukkung des vngehorsams durch obgemelte mittel / die Welt wider zum gehorsamb vnd allgemeinem frieden (so vor dem end des fünfften stands vnd anfang des sechsten zuerwarten) gebracht werden.

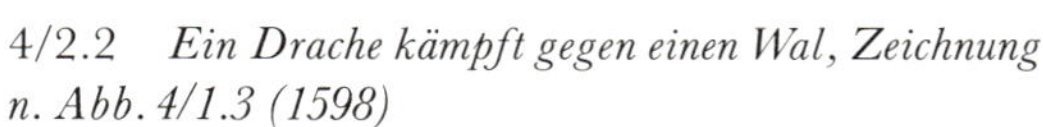

4/1.3 *Ein Drache kämpft gegen einen Wal*

4/2.2 *Ein Drache kämpft gegen einen Wal, Zeichnung n. Abb. 4/1.3 (1598)*

4/3 *Feuerwerk anläßlich der Taufe Prinzessin Elisabeths von Hessen 1596 in Kassel (1598)*

4/4 *Zeichnung nach Abb. 4/3 (1598)*

SIEG UND FRIEDEN

4/5 *Erhard Schön, ›Das freuden ffeuer zu Nurmberg‹ [anläßlich der Eroberung von Tunis durch Karl V., 1535]*

Bildunterschrift: *Als man zalt nach der gepurtt Jesus Christi MDXXXV jar hat got dem grossmechtigen cristlichem keisser karolo unsserem herrn den sig geben das er selbst mit in eygner person gezogen ist und das gros mechtig kunigreich thunis in affryca ein genümen und gebunnen hat und sunst mer ortten in welchen er pei zbintzig thaussen cristen erlediget hat und ander solcher zum glauben angenumen umb welches sigs wilen den im got geben hat das er auß gepreyt wirt hat man ein freuten feüer geschürt zu nürmberg auff der festen am dreitzehent tag septtembris und ist gebest wie oben verzeichent ist ein turckiser keisser in eim schlos gestanden das hat gehabt sechtzehen hundert schus und drey hundert steigente feürer dar nach zechen grosse stuck und fieter poler dar auß hat man zechen turckisch mender geborffen under das volck und die zechen stuck hat man ab lassen gan zu dem dritten mal sampt dem gechütz und stucken auss allen thürnen und hat alle glocken geleut und got zu lob und er in allen kirchen gesungen welcher den sig und die krafft alein geit dem sey ebig lob und preis geben. gedruck zu nurmberg durch steffan hamer*

Der Text neben der Abbildung *Ein spruch von dem freüden fewer zu Nürnberg verbrent* [...] ist von Hans Sachs verfaßt.

4/6 *Feuerwerksfigur eines Türken auf dem Nürnberger Burgberg. (16. Jh.)*

Ein spruch von dem freüden fewer zu Nürnberg verbrent am xiij. tag Septembris/ob dem Keyserlichen erlangten syg in Affrica am Königreich Thunis/Im M.D.XXXV. Jar.

4/7 *Feuerwerk in Lyon auf der Saône 1598 anläßlich der Beendigung der 1562 ausgebrochenen Glaubenskämpfe in Frankreich durch Heinrich IV.*

4/8 *Zeichnung nach Abb. 4/7 (1598)*

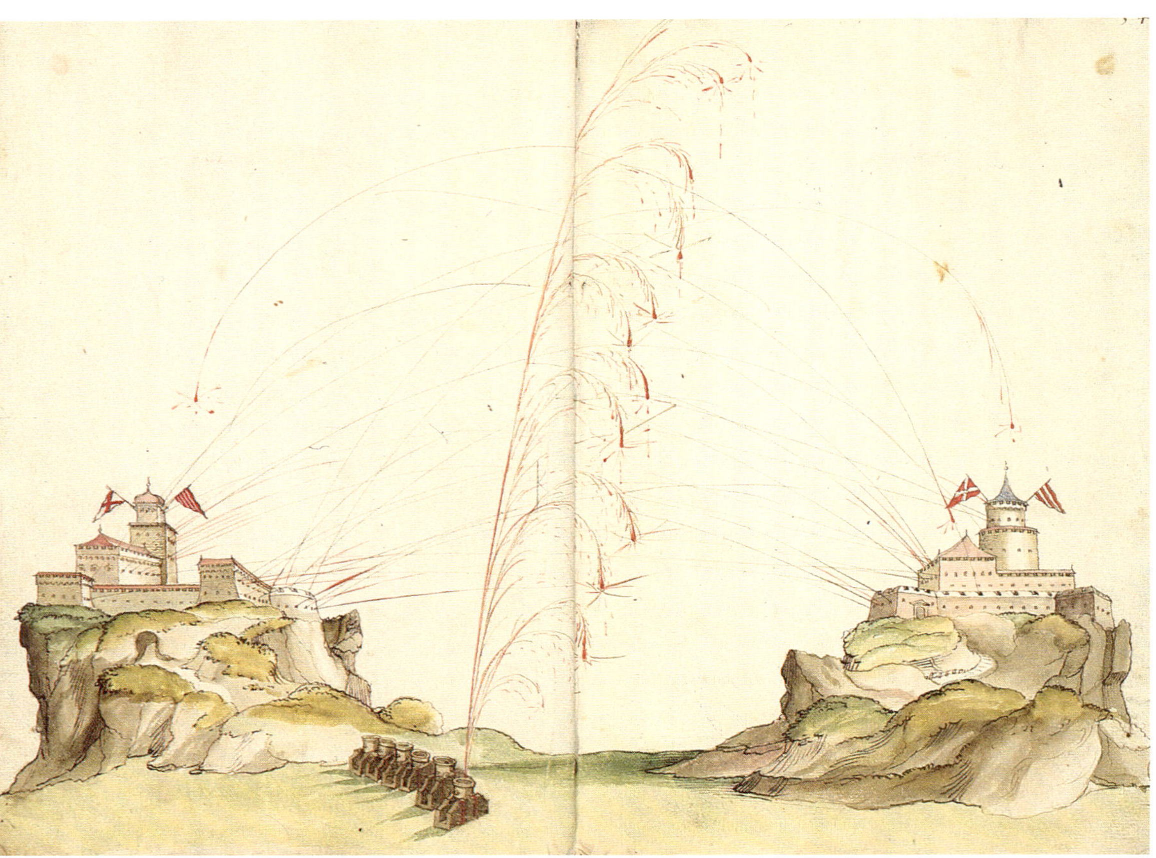

4/9 *Entwurf für ein Schloßfeuerwerk mit Artillerie-kampf anläßlich des Besuches Kaiser Karls V. in der Reichsstadt Nürnberg (1541)*

4/10 *›Anzeygung des Freuden Feurs so auff den XVII. tag des Hornungs zu Nürnberg geschehen im XXXXI. Jar.‹ (1541)*

Alls man zallt M.D. XXXXI. Jar
Das Freudenfeur zu Nürnberg fürwar
Im Hornung des Fünfftzehenden tag
Das man offenbarlich sah
Auff dem Bolwerck außwendig der Festen
Zwey Schloß nach dem aller besten
Mit Dürnen / Mauren und gewer
Alls wolt es vorstehen eim gewaltigen her
Auff disem tag wardt verpflicht
In yedem Schloß zwey Fenlin auffgericht
Die warn gut seyden mit ganztem fleiß
Ir farb die was Rot und weyß
Dise Fänlein die zaygten an
Als leg in eim Schloß Tausend man
Nyemant west was es wolt bedeut
Ein yedes Schloß forcht seiner heut
Auch waren die beyde Schloß
Nach notturfft versehen mit geschoß
Das hat lassen bawen ein Erbarer Rath
Zu eheren Keyserlicher Mayenstat
Auff den XVII. des Hornungs ward bedacht
Gar nahent ein stund in die nacht
Do das Freuden fewr an sollt gan
In beyden Schlossen sahe man etlich man
Hoch oben auff den Zynnen
Sie schossen alls wer der Teuffel drinnen
Also fieng sich das Freuden feur an
Und ward manch Tausend schüß gethan
Den Schlossen war zustürmen gach
Man schoß das Fewr hundert klaffter hoch
Die Rüstmeyster warn unverdrossen
Sechs Mörser haben sie geworffen
Die Kugell hoch mit grossem prauß
Ein Kugell theylt sich hundert feltig auß
Wol in der höhe mit grossem schall
Thetten auch manchen maysterlichen knall
Da man die Kugel hat geschossen
Hat das Feür gewaltig umb sich gesprossen
Sie sein auch maysterlich bestanden
Das würt man sagen in teutsch und welsch landen
Man darff wol bei der warheyt yehen
Des Fewerß gleichen wardt nye gesehen
War alles nach meysterlicher handt
Auff dise nacht waren beyde schloß verprant
Dem Kayser zu einem freuden Feur
Got kum uns in aller notturft zu steur.
AMEN.

Hans Sachs
KARL V. IN NÜRNBERG (1541)

Nachmals denselben tag zu nacht
Waren zwey schlösser auffgemacht
Auff der pastey ausser der vesten,
Als werens staynen nach dem besten
Und legen auff eym walding berck.
Darinn war künstlichs fewerwerck,
Hielt fünff und zweintzig tausent schüß.
Als die nacht bracht ir finsternüß,
Umb zwo ur, ließ man sie angeen.
Da gieng ein schuß, dort drey, da zwen,
Dort vier, da fünff, dort sechs, da siben.
Die schlösser auff einander triben,
Puff platz, puff platz, zinck zinck, puff platz.
Ir viel theten gar laute schmatz,
Auch on zal viel steygender fewer.
Da sach man seltzam abenthewer,
Wie sie funckerten, wie die stern,
Und wie sie hoch im lufft von fern
Manch fewrigen kraiß theten machen.
Auch flugen viel fewriger trachen
Mit solchem sausen und geschel,
Als furens auß abgrund der hell.
Zu letzt abgieng in yedem schloß
Stray-büchsen und das hagel-gschoß
So laut knallet in allem furm,
Als ob man schüß ein stat zum sturm.
Nach dem stund undter dem ein schloß,
Wol siben böler klein und groß.
Als nun das fewerwerck gestan,
Zünd man die kleinen pöler an.
Die kugel gieng mit lautem knal
Hoch in die lüfft; darnach im fal
Machten sie einen regenbogen,
Mit fewer gentzlich uberzogen.
Wenn sie im feld weyt fielen nider,
Theten sie gwaltig schleg herwider
Und theten fewer von in spratzen
Mit sehr lautem knallen und schmatzen.
Auch warff man ander kugel her
Auff anderthalben zentner schwer,
Auff ein new monier zu-gericht,
Die hoch im lufft zu angesicht
Angieng und thet sich gwaltig regen,
Etlich mit dritthalb hundert schlegen,
So knallet laut und ungefüg,
Als ob der plitz und donner schlüg,
Und zerstrewt sich im lufft alwegen,
Fiel herab wie der fewrig regen,
Doch immer prastlet, schuß und bran.
Nach dem zünd man die schlösser an,
Darinn war dürres holtz und reiß,
Die brunnen rösch in flammen weiß.
Nach dem sichs als geendet hat,
Als kayserliche mayestat
Zu wolgefallen und zu ehren,
Ir freud und fröligkeit zu mehren.

4/11 *Entwürfe für einen artilleristischen Feuerwerkskampf anläßlich des Besuches Philipps II. von Spanien in Nürnberg (1541)*

4/11.1 *Ein Elephant, der ein maurisches Kastell trägt, attackiert eine christliche Festung*

4/11.2 *Mörser beschießen ein Feuerwerksschloß, über dem eine türkische Fahne weht*

4/11.3 *Artilleristischer Feuerwerkskampf zwischen einer christlichen und einer maurischen Festung*

4/12 *›Eigentliche Contrafactur und abmahlung der zweier Schlösser / [. . .] von meingklich ehe sie verbrandt / sein gesehen worden / zugericht zu Ehren / dem Großmeitigstem aller Durchleuchtigsten Keiser / Maximiliano / dem Andern / im 1570. jar dis Monats Junij.‹ (Nürnberg)*

4/13 *Jost Amann, ›Eigentliche und ware Abconterfactur der zweyer Schlösser / und anderm Fewerwerck / So zu Nürmberg auff der Vesten geworffen und verbrent sind worden / zu Ehren / dem [. . .] Kaiser Maximiliano [. . .] im Jar / 1570. den 8. Junij‹*

Als nach Christi gepurt zelt war
Tausend / fünffhundert / sibentzig Jar /
Den sibenden Junij einreitten thet
Erstmals / Kaiserlich Maiestet
Maximilian wol bekandt /
Der ander / diß Namens genandt /
Gen Nürmberg / auff eim schönen Schimel /
Undter eim rot Sammaten Himel.
Ward von eim Erbarn weisen Rhat
Empfangen / und blait durch die Statt /
Biß in das Schloß / hoch auff die Vesten.
Zwey Schlösser stundten nach dem besten /
Darinn waren vil tausendt Schüß /
Die man alle abgehen ließ.
Man zündt solch bede Schlösser an /
Wie gsehen hat manch Biderman /
Auch warff man etlich Mörser gut /
Wie die Figur anzeigen thut.
Solchs ist von einem Erbarn Rhat
Ihr kaiserlichen Maiestat
Zu grossen Ehren angericht /
Wie mans dann hie vor augen sicht /
Welchs alles geschah ohne schad /
GOTT geb uns ewig seine Genad / Amen.

4/14.1 *Siebenköpfiger Drache nähert sich einem Burgtor: Entwurf für allegorisches Feuerwerksspiel anläßlich des geplanten Kurfürstentreffens in Nürnberg 1580*

4/14.2 *Konstruktionszeichnung für allegorisches Feuerwerksspiel anläßlich des geplanten Kurfürstentreffens in Nürnberg 1580*

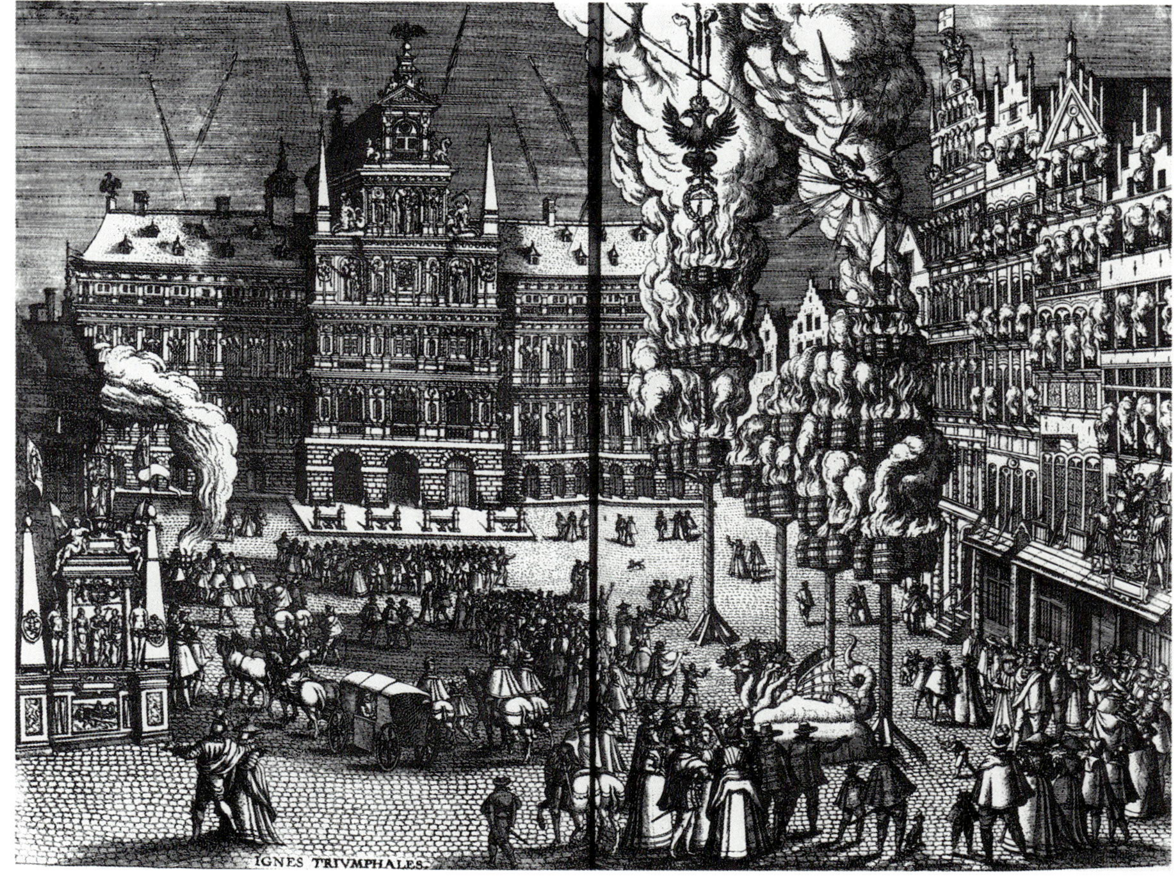

4/15 *Feuerbäume und Schnurfeuerwerk anläßlich der Ankunft des Oberstatthalters in den Niederlanden, des Erzherzogs Ernst von Österreich in Antwerpen 1594 (1595)*

Fünftes Kapitel PYROTECHNIK II
FEUERWERKSBAUTEN UND PROBEFEUERWERKE

5/1 *Feuerwerksschlösser und andere Bauten, in: Feuerwerksbuch, Straßburg (?), nach 1598*

5/1.1 *Schloß mit dem Stadtwappen von Straßburg*

5/1.2 *Schloß bekrönt von einem Türken*

5/1.3 *Schloß bekrönt von einem Drachen*

5/1.4 *Holzkonstruktion des Schlosses (Abb. 5/1.3) mit einer Drehvorrichtung für den Drachen*

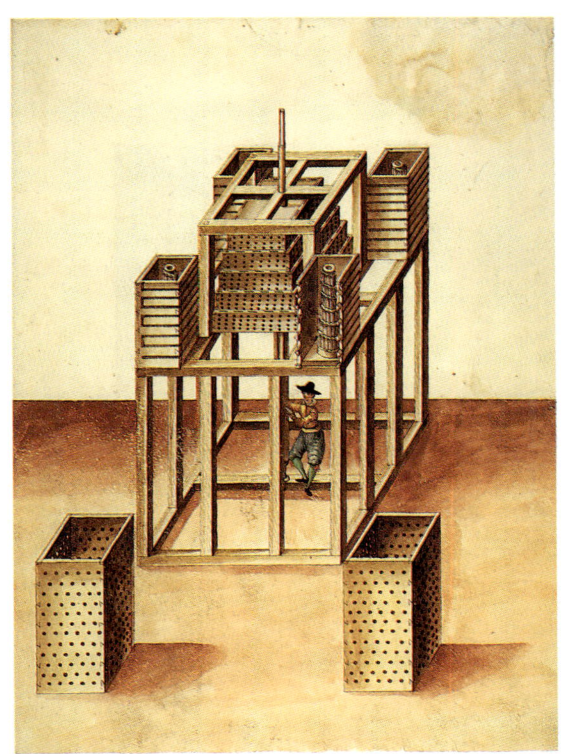

5/1.6 *Rundes Kastell mit gewendeltem Turm*

5/1.5 *Achteckiges Kastell bekrönt von einem siebenköpfigen Drachen*

5/1.7 *Pegasus fliegt über den Musenberg Helikon*

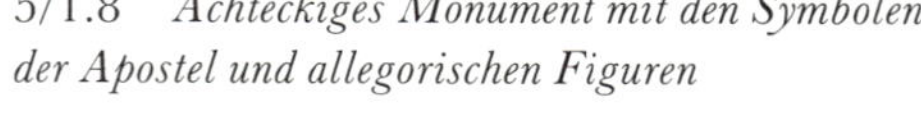

5/1.8 *Achteckiges Monument mit den Symbolen der Apostel und allegorischen Figuren*

5/2 *Feuerwerksschlösser und Feuerwerksbrunnen in: Johann I. von Nassau-Siegen, ›Etliche schöne Tractaten von aller-/handt Feüerwercken / und deren Künstlichen Zubereitung [. . .] 1610‹*

5/2.1 *Schloß*

5/2.2 *Schloß*

5/2.3 *Schloß*

5/2.4 *Schloß*

5/2.5 *Schloß*

5/2.8 *Schloß*

5/2.6 *Schloß*

5/2.7 *Schloß*

5/2.9 *Schloß*

5/2.10 *Schloß mit Türken*

5/2.11 *Konstruktion eines Schlosses*

5/2.15 *Brunnen*

5/2.13 *Schloß mit allegorischen Darstellungen der vier Elemente*

5/2.12 *Schloß*

5/3 *Stefano della Bella, ›Traicté des feux artificielz de joye et de recreation‹, Paris 1649*

5/3.1 *Obelisk verziert mit Kerzen und Feuerrädern*

5/3.2 *Entzündetes Feuerwerksmonument der Siegesgöttin*

5/3.3 *Tänzer entzünden in rhythmischem Takt einen sie umgebenden Raketenzaun auf einer schwimmenden Bühne auf der Seine*

5/3.4 *Modellaufbau des Feuerwerkspiels ›Perseus rettet Andromeda‹*

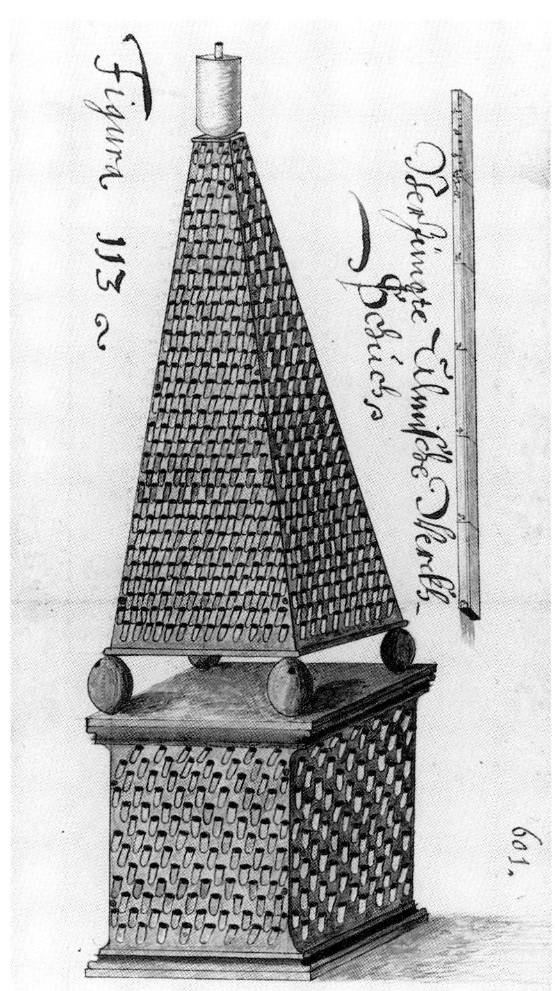

5/4 *Feuerwerksobelisk, in: M. Krembs, ›Pyrotechnia seriae et recreationis [. . .]‹, 1692*

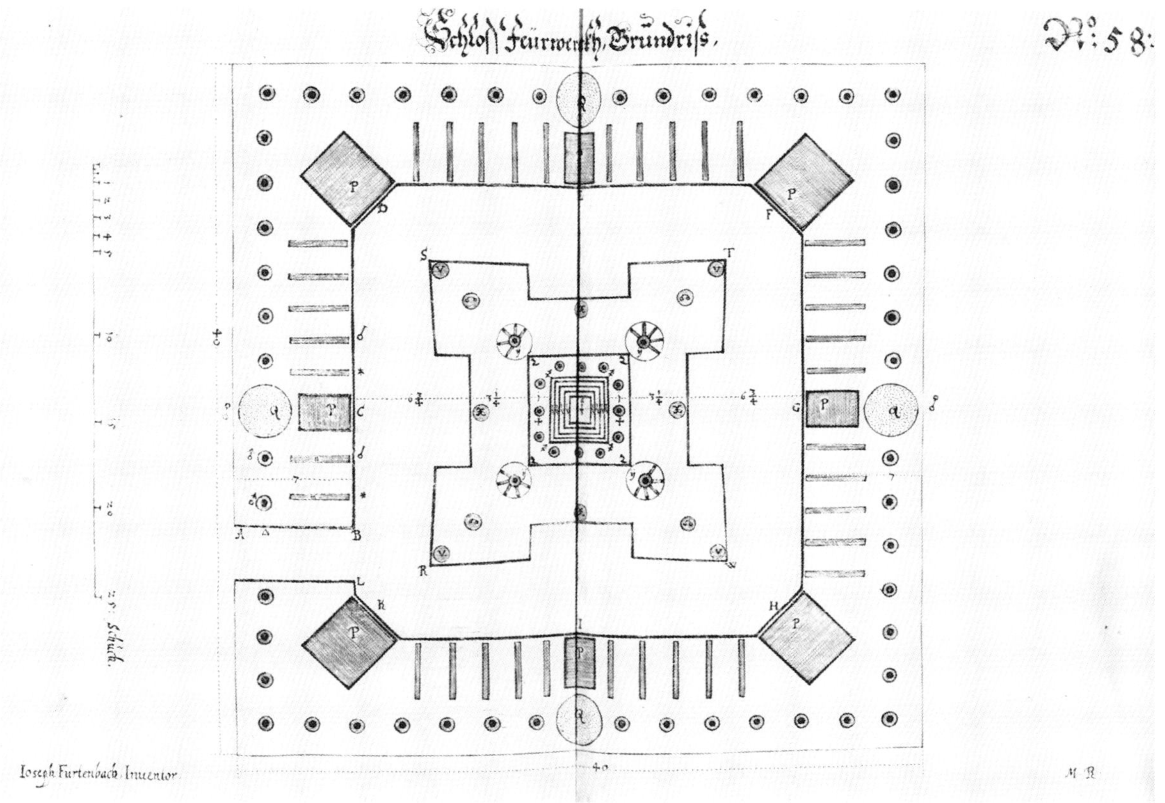

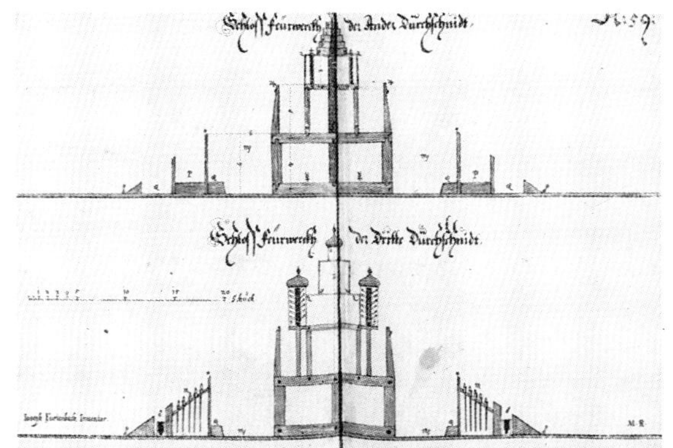

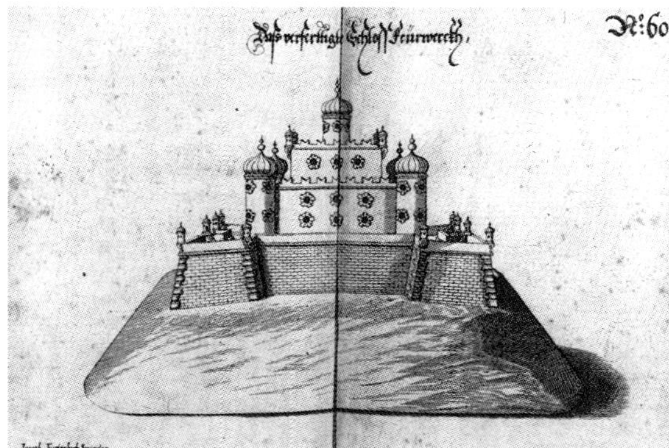

5/5.1–3 *Konstruktionsdarstellungen für ein ›Schloss Feürwerckh‹ in: J. Furttenbach, ›Architectura universalis‹, Ulm 1635*

5/6.1–4 *Konstruktionsdarstellungen von Feuerwerksschlössern und Feuerwerksbrunnen, in: C. Simienowicz, ›Ausführliche Beschreibung der grossen Feuerwercks- oder Artillerie-Kunst‹, Frankfurt a. M. 1676*

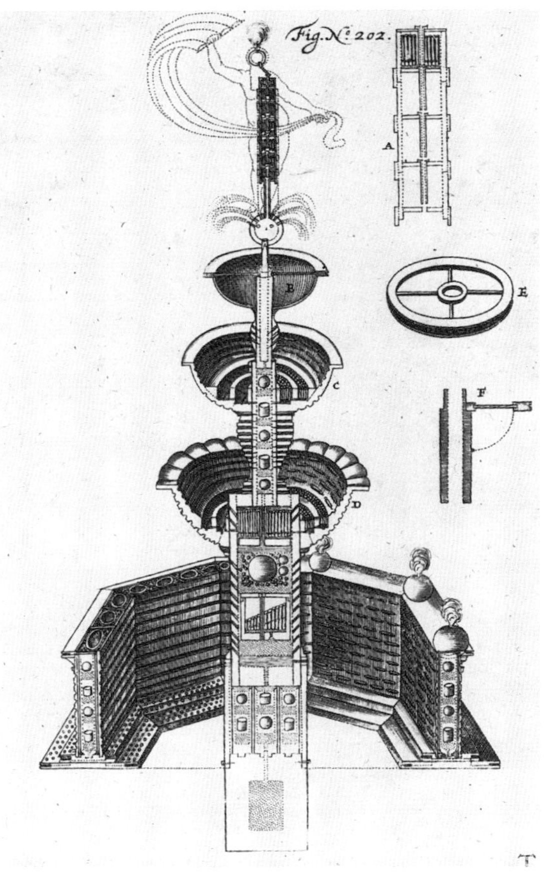

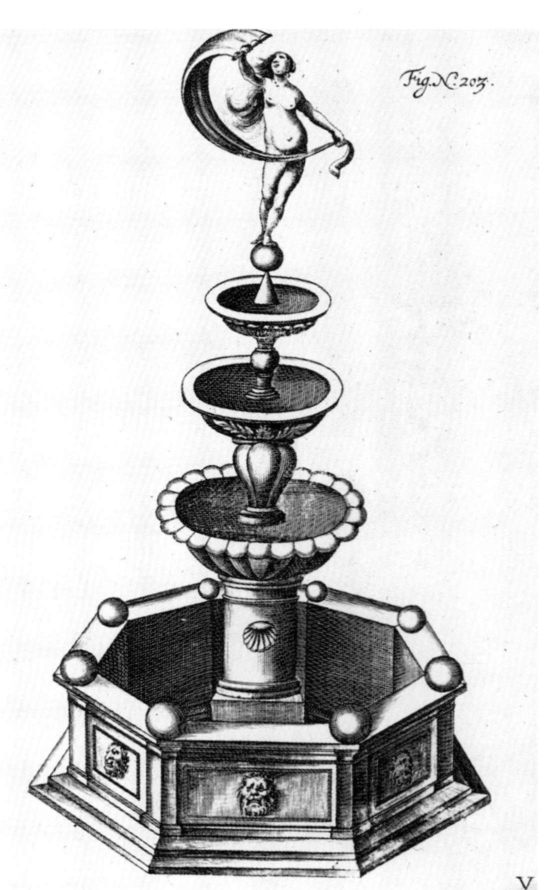

5/8.1 *Laufwerkkonstruktionen für Reiterkämpfe zwischen zwei Schlössern (Figur 9), in: D. Manlyn, ›Pyrotechnia‹ [. . .], Amsterdam 1678*

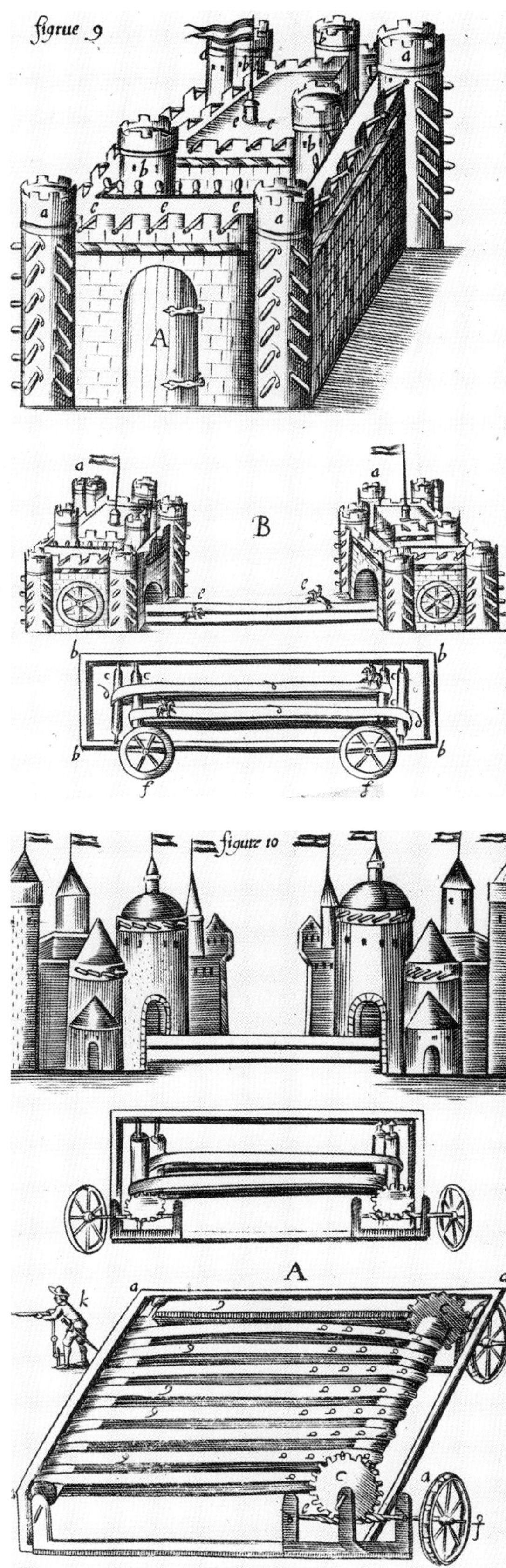

5/8.2 *Laufwerkkonstruktionen für Reiterkämpfe zwischen zwei Schlössern (Figur 10), in: D. Manlyn, ›Pyrotechnia‹ [. . .], Amsterdam 1678*

5/7 *Naumachia (1630)*

5/9 *Probefeuerwerk auf der Nürnberger Burg 1635*

5/10 *Probefeuerwerk des Joseph Furttenbach im Garten des Kaufmanns Johann Khonn in Ulm 1644*

5/11 *›Eigentlicher Abrieß Des Feuerwercks Welches von Johann Müllern von Nürnberg zu seiner Maister Prob verfertiget unnd den Neunten Marty An 1659 zu neehst bey Nürnberg auf Sanct Johannis Schißplatz verprandt wordten‹*

5/12 *›Eigentliche Abbildung des Feuerwercks welches Ao. 1661 den 3. October auf den Schüßplatz St. Johannes [...] ist verbrennet und dem [...] Kunstreichen Lorentz Müller Feuerwercker erlernet worden.‹*
5/14 *Probefeuerwerk auf dem Schießplatz in Frankfurt am Main 1671 (1671):* ›*A.* Vor dem Schlosse stunden 7. hohe von bretern zusammengefügte / und roth angestrichene seulen / gleichsam als wie ein Portal / in einer reyhe nacheinander: Auff der mittelsten war der Kayserliche Reichs-Adler (A) mit Schwerdt und Zepter in den klauen / und mit der Kayerl. Krone auff den beyden Häuptern / scheinend zu sehen / so lang als das gantze Werck währte / und hinter demselbigen stund noch eine dergleichen Seule / und auff solcher das Tugendbild Pax (oder der Friede) allesammt mit Racketen und anderen Feuern angefüllet. Der Adler hatte sich in 12. Bomben mit 200. auff-fahrenden Feuern / 50. steigenden Racketen und vielen schlägen in 3. Salven. *B.* Sind die sieben seulen / oben mit so vielen Tugendbildern / als Spes (Hoffnung) Justitia (Gerechtigkeit) Temperantia (Mässigkeit) Pax (Friede) Religio (Gottesfurcht) Fortitudo (Stärcke) Prudentia (Weißheit) besetzt / und innwendig mit 200. steigenden Racketen und vielen über sich fahrenden schwärmern angefüllt. *C.* Drey Feuer-Räder / an den 3. mittleren seulen. *D.* Das Schloß hielt in sich 50. halb-pfündige steigende Racketen / 1500. schläge und 40. Bomben mit 600. außfahrenden feuren und schwärmern. *E.* 2. Kasten / jeder mit 50. steigenden einpfündigen / und 25. zweypfündigen Racketen. *F.* Ein Werck mit 200. auff- und niedersteigenden Racketen. *G.* 12. Feuermörser hinter dem Schlosse auf beyden seyten stehend / worauß unterschiedliche Lustkugeln / und unter solchen auch etliche mit Sternbutzen geworffen wurden. *H.* Auff dem Platze vor dem Schlosse kamen 8 personen / als eben die obgemeldte junge angehende Feuerwercker / welche dieses Feuerwerck zur proben gemacht hatten / mit Schlachtschwertern / Pusicanen / Tusäcken und Sturmkolben mit einander zu fechten. Dieses Feuerwerck gieng an deß Nachts umb halb 10. Uhr / und währte biß umb 11. Uhren / Und konnte für ein Probstück solcher neuen Lehrlinge wol passiren.‹

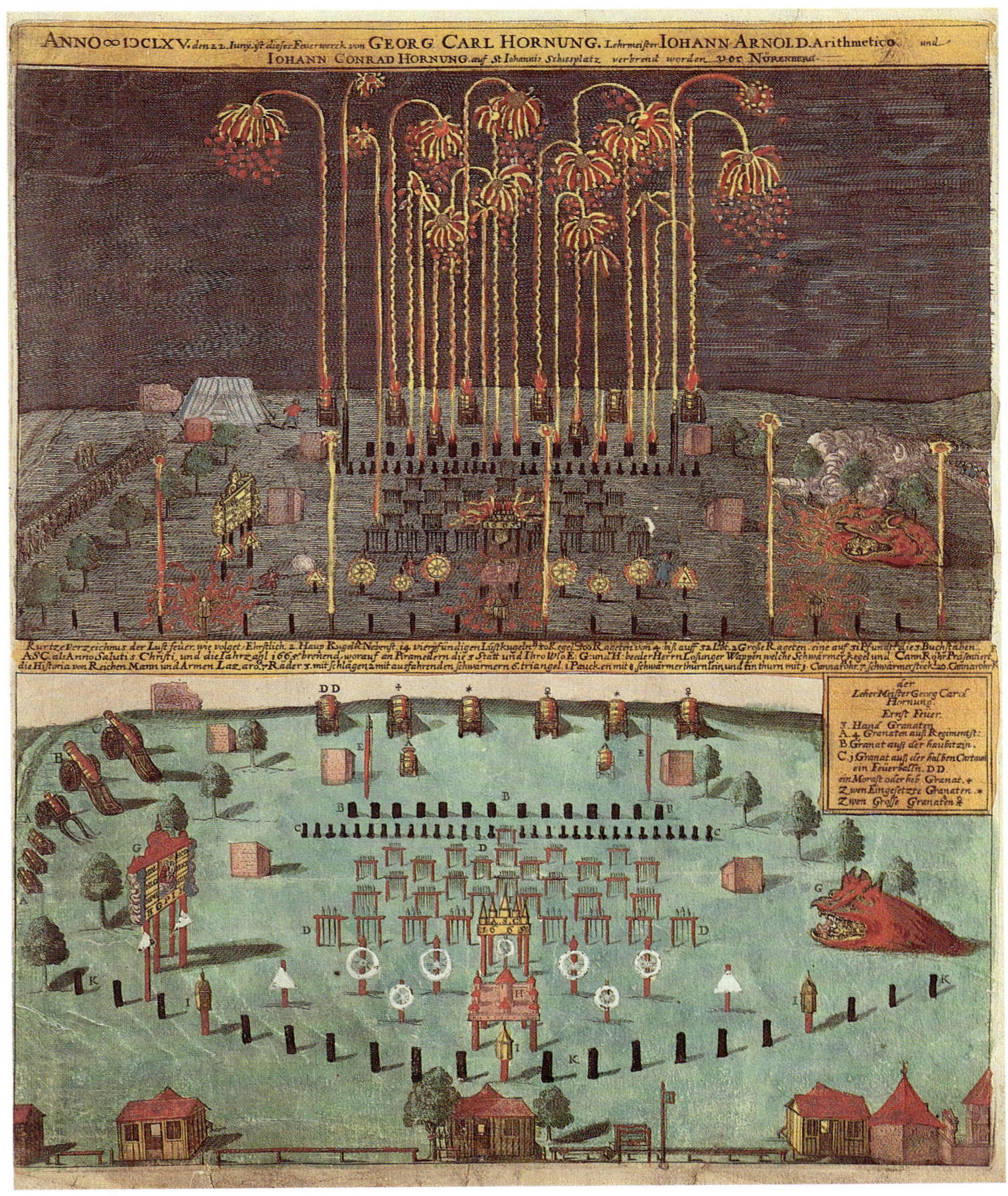

5/13 *Probefeuerwerk auf dem St. Johannis Schießplatz bei Nürnberg 1665*

HOCHZEITEN

6/1 *Feuerwerk anläßlich der Vermählung Johann Georgs von Sachsen mit Sybilla Elisabeth von Württemberg in Dresden 1604*

6/2 *›Abriß Deß Triumphfewerwercks Bei Churfurstlich. Pfaltz Heimfuhrung. Gehaltten den 9. Junii 1613‹*

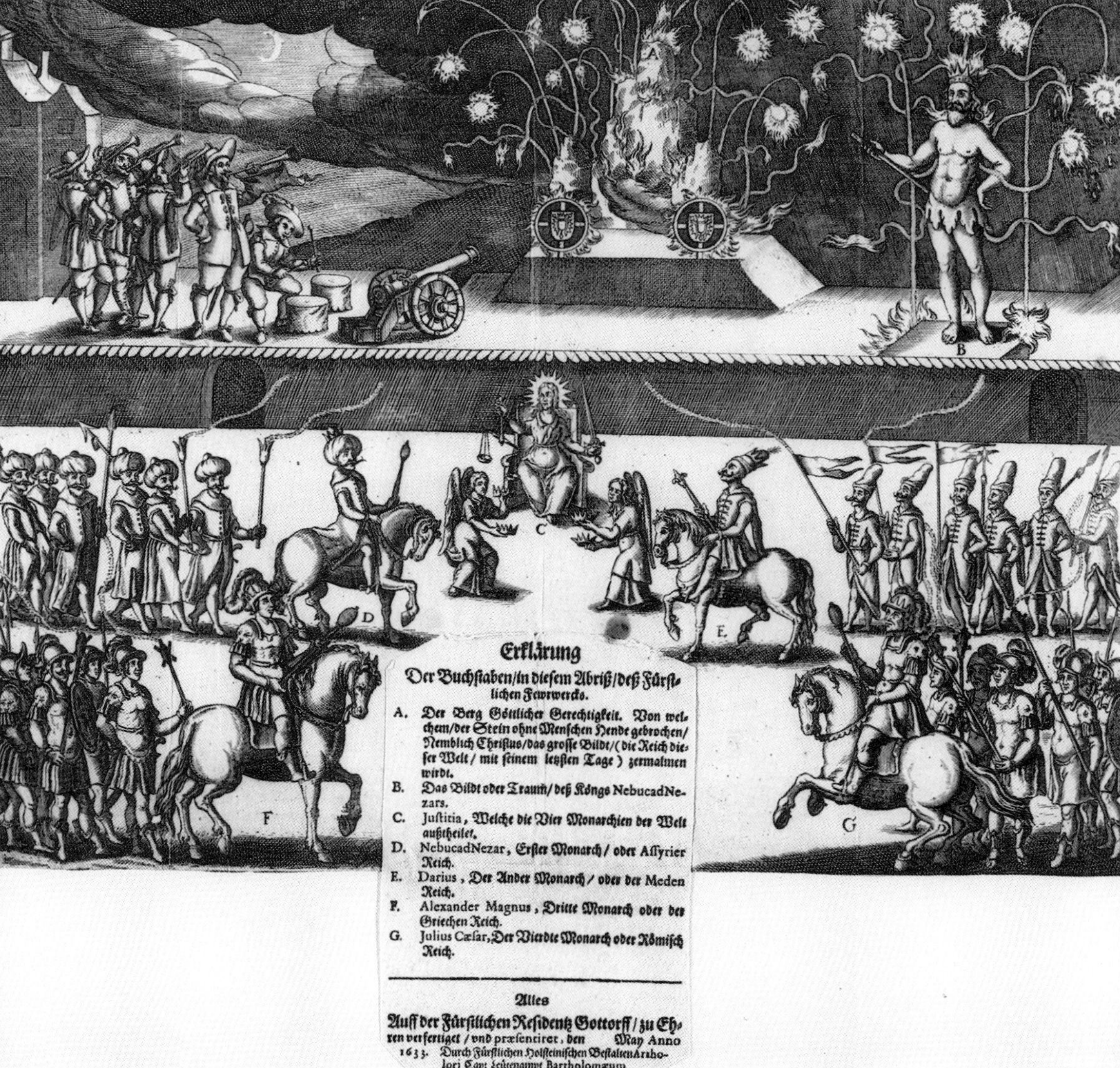

6/3 *Feuerwerk anläßlich der Hochzeit des Herzogs Friedrich III. von Schleswig-Holstein-Gottdorf, Kronprinzen von Norwegen, mit der kursächsischen Prinzessin Maria Elisabeth in Dresden 1630 [...] ›A. Generosae mentis Homo. B. Virtus. C. Paupertas /* und hinter derselben eine Betlersklapper. *D. Infortunium* mit einem Wiesell. *E. Contemptus* / und hinter demselben ein Heger. *F. Fraus* / dessen Symbolum ein Molch. *G. Calumnia* / mit einem bellenden Hunde. *H. Invidia* / und hinter derselben eine Natter Schlange. Und seind diese die Feinde / so von aussen heren und zufälligerweise ihm zusetzen. Ob nun wohl man solche zurück getrieben / man vermeinen solte / alß wan nunmehr keine gefahr / so den Ehrenkrantz abzuholen / verhinderlich / obhanden / So findet sich doch innerhalb der Pforten / das ist / wann man endlich ziemblich gestiegen der ärgste / grausambste und stärckeste Feind / dargestellet mit dem Buchstaben *I. Malusaffectus* in gestalt eines Riesens. Darumb dann der so seine *affecten* bezwingen / und Geitz / Hurerey / Schwelgerey / Hoffart / Faulheit / Zorn und dergleichen vermeiden kan / die herlichste victori erhalten und billich von der *Gloria* abzuholen hat. *K.* Die Krohn der Ehren.‹

6/4 *›Abbildung Des Durchleuchtigen Hochgebornen Fürsten und Herrn Fridrich, Erben zu Norwegen, Herzog zu Schleswig Holstein: gnädigst angeordneten Fewrwercks. [...] Anno 1633: A.* Der Berg Göttlicher Gerechtigkeit. Von welchem / der Stein ohne Menschen Hende gebrochen / Nemblich Christus / das grosse Bildt / (Die Reiche dieser Welt / mit seinem letzten Tage) zermalmen wirdt. *B.* Das Bildt oder Traum / Deß Königs Nebucad Nezars. *C.* Justitia, Welche die Vier Monarchien der Welt außtheilet. *D.* Nebucad Nezar, Erster Monarch / oder Assyrier Reich. *E.* Darius, Der andere Monarch / oder der Meden Reich. *F.* Alexander Magnus, Dritter Monarch oder der Griechen Reich. *G.* Julius Caesar, Der vierte Monarch oder Römisch Reich.‹

6/6 *Feuerwerke zur Feier der Hochzeit Kaiser Leopolds I. mit Margareta von Spanien in Wien 1666*

6/6.1 *Titelseite*

INNHALT.

ES haben bißhiehero alle andere Elementen mit Freud-zeugender Befrolockung deß Käyserlichen Beylägers / vnd ansehenlichisten Hochzeit-Festes / sich dienstbar hervor gethan / die Wasser mit Anherolaitung so viel fremder Lust- vnd Genus-Anstalten / die Erde mit Darstellung vnderschiedlicher Freudenhandlungen / der Lufft mit Nachhallung deß allgemainen vereinbarten Juchzens vnd Zueruffens / vnd dann alle drey / nach Anführung der Allerdurchleuchtigisten Braut / mit Daraichung zu dieser Begängnuß alles dessen was sie kostbar / selten- vnd angenemes haben. Nun kommet auch das Feur (ein Sinnbildt der Freuden / vmb daß weder ein noch anders deren sich leichtlich verbergen last) nicht ohne sonderbare Vorsehung / als das rainește der Elementen von denen Himmeln vnd Erden ern ehlet / die auch rainește Zunaigung einsen / vnd flammende Vnterthänigkeit des anderen hierdurch vorzustellen. Diese Freudenfest vnd deren Erfolge desto vollkomener zu beglücken / schicket Jupiter die Lieb / den Kriegsschmidt Vulcan zu verjagen / die Waffen in stücken zu brechen / vnd vermitls dieser erfreulichisten Vermählung einen vnerbrechlichen Frieden zubestätten / wie auch Herculem alle Mißbeliebungen oder Vngemach zu vertilgen / vnd dann seinen Adler / auff dem rainen Opffer-Altar / das ist in denen treugehorsambisten Hertzen deren Käyser: vnd Königlichen Reiche / Ertzhertzogthumb vnd Länder die Flammen deren vnderthänigster Ergebung / desto verbündlicher zu entzünden; Welche folgent / in Ansehung deß zu liebe der seinigen

A   sich

sich selbst verzehrenden Phenix / als Ihrer Mayestät hierdurch vorgebildeten Käyser: vnd Landsfürstlichen Allergnädigisten Hulde Schutz vnd Naigung / solche Ihre Gemüthsflammen mit allgemainen Zueruff vnd allerunterthänigisten Anwünschungen Beeder Ihrer Mayestäten immerwehrender höchster Glücks- vnd Freudenbeseeligung / einhellig denen Himmeln zusenden; Allwohin zugleich die Lieb den Guldenen Mähelring / in dem Schatz der Ewigen Beglückung zu verwahren / mit sich führet.

DEr hierzu erküste Platz ist nechst vor der Käyserlichen Burgg / gleich ausser der Haubt: vnd Residentz-Statt Wienn / an dem Graben / der neben selbigem Thor ligenden Pastey / allwo die samentlichen Freuden-Gerüste auff einer flachen weiten Ebne / jedes nach gebührender Maaß vnd Grösse auffgerichtet / also zwar daß deren beede Berge / so in die 440. Werckschuech weit von einander stehen / jeder 60. in der Höhe / vnd 216. deren in dem Vmbkraiß / wie auch der Tempel vornenher mit denen Ziergängen die braite von 230. Schuch / dann die Höhe ausser der Statuen vnd Piramiden von 35 / sambt der Kupel aber von 95. Schuchen in sich begreiffen.

Vnd ist dieses Feuerwerck auff Anordnung Herrn Ernsten Graven von Abensperg vnd Traun / dero Röm: Käyserl: Mayestät Gehaimen Rath / als General Land- vnd Hauß Zeugmaistern rc. durch Bartholme Peißker Käyserlichen Stuck-Haubtman vnd Zeugwart der Vestung Glotz verfertiget / vnd den *acht* December dieses Eintausent Sechshundert Sechs vnd Sechtzigisten Jahrs in seinen Flammen / wie hernach beschrieben / dargestellet worden.

sich in dem Lufft mit etlich tausent Schlägen hören / so dann die Buchstaben V L Vivat LEOPOLDUS, vnd V M Vivat MARGARITA sehen lassen: Welche Darstellung abermählen die Trompeten vnd Heerpaucken frolockent beschliessen.

Dritter Theil.

Flammende Anwünschung.

1. ZU Eusserste deß Platzes wird so dann der Tempel deß Ehe-Gotts Hymene gesehen / zu dessen Beleichtung ein Anzahl hellbrennende / auch Stern; vnd andere Feuer sich von aussen hervorgeben.

2. Zu Darthung der Himmeln mit dero hohen Beglückungs Seegen vorgesehener Beykommung / schicket Jupiter seinen Adler von oben herab / auff dem hierzue auffgerichten Altar offentliche Freudenflammen anzuzünden / welche mit hellbrinnenden Glantz daselbsten in die Höhe steigen.

3. Hierauff erscheinet ober dem Tempel mitten in denen Flammen der Phenix / als ein Sinnbild Ihrer Käyserlichen Mayestät gegen dero Allerunderthänigisten Vasallen vnd Vnderthanen tragenden Allergnädigisten Vorsorg vnd Naigung.

4. Deme / zu Bezeugung der allgemainen Frolockungen / die in denen Bildnussen / Seulen / Piramiden vnd Gebäwen deß Tempels vorgestellte samentliche Königreich vnd Erbländer mit häuffig allerseits ersteigenden Flammen beystimmen. Vnd zwar spillen erstlichen auß jeder ob dem Tempel stehender Bildnuß / deren Neun- vnd dreissig seynd / vber fünff hundert / vnd also auß allen selbigen in die 20000. außfahrende Feuer / nicht weniger auß denen drey vnd dreissig Piramiden / neben denen auff deren Knöpffen zur Beleichtung erscheinenden hellen Flammen / auß jeder vber siebenthalb hundert / deme

nach

Erster Theil.

Flammende Anlaitung.

1. VOr dem erküsten Freudenplatz erscheinet der geflügelte Mercurius mit der von seinem gewöhnlichen Friedenszeichen vmbgebenen Hochzeit-Fackel in der Hand/auff Befelch der Götter die hieroben entzündte vnd vorgesehene Käyserliche Vermählungs Flammen der Erde anzukünden / welcher dann/nachdeme vorhero Ihre Käyserliche Mayestät auß dem Burggfenster ermelte Fackel selbste anzuzünden beliebet/solche Freude mit einer grossen Anzahl von vngefehr 500. allerseits sich erbraitend- vnd steigender Feuer zu allgemainer Befrolockung der gantzen Welt darstellet vnd kundbar machet.

2. Diesem zufolge werden alsobalden zu Bezeugung aller Orthen beystimmender Freuden auff beederseits nechstligenden Pasteyen dreissig theils gantze / theils halbe Carthaunen gelöst/deren Knallen die vnderschiedlicher Orthen Rheyenweis erschallende Trombeten vnd Heerpaucken beglaiten.

3. Sodann erzündet sich einer seits der Berg Etna mit hellbrennenden Flammen in der Höhe / auch andern hin vnd wieder außfahrenden krachenden vnd Stern Feuern/zu dessen Fusse die dreyfache Hölle deß Vulcan zusehen / worinnen Er mit seinen Schmidtgesellen allerhand Kriegswaffen beraitet / welche selbige so dann vermitls etlicher Lustkuglen / auch einer Salve von 3000. Mußqueten Schüssen/ vnd anderen knallenden Waffengethöne darthuen.

A 2 4. Hier-

4. Hierauff kommet Cupido durch die Lüffte der Schmidthöllen zuegeflogener / von dannen Er den Vulcan sambt seinen Gesellen verjagt / vnd die Waffen in stucke bricht/alsdann daselbst den Guldenen Mähelring schmidet/ welchen er nach der Verfertigung mitten in der Höhe deß Luffts der allgemainen Befrolockung ein zeitlang vorstellet/ vnd endlich mit sich denen Himmeln zueführet/ Selbigen allda zu ewiger Beglückung zu verwahren.

5. Andererseits zaiget sich voll Freudenflammen der zweyspitzige Berg Parnass/ auff welchen die Neun Musen als Kunst: vnd Freuden Göttinen jhre erschallende Beystimungen vermitls angenemer Music erbraithen ; Demenach der gantze Berg in Freude entbrinnet mit Außwerffung allerley Pumpen-Steren- vnd anderen hellbrennenden/ vnd steigenden Feuren/auch tausent Köglen mit jhren außfahrenden Schlägen. Welche der Welt angekündte Freuden der helltringende Trompet: vnd Pauckenschall verrer ersetzet.

Anderter Theil.

Flammende Darstellung.

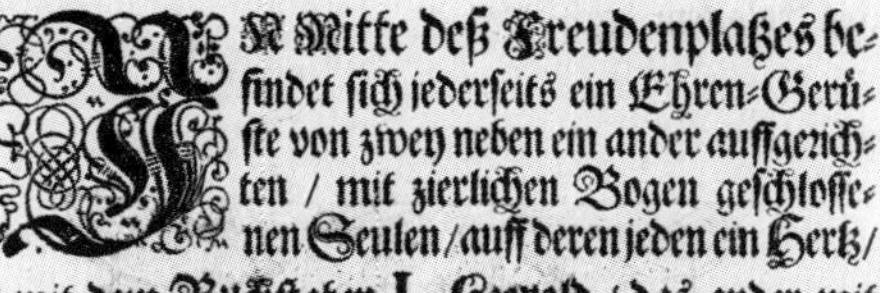

1. IN Mitte deß Freudenplatzes befindet sich jederseits ein Ehren-Gerüste von zwey neben ein ander auffgerichten / mit zierlichen Bogen geschlossenen Seulen/auff deren jeden ein Hertz/ eines mit dem Buchstaben L Leopold / das ander mit dem Buchstaben M Margarita / welche / nachdem sie der Vermählungs Gott Hymeneus angezündet/ in hellrainen Flammen / wie auch beneben die Seulen immerzu mit vielen Kunstfeuren spillendt gesehen werden.

2. Inzwischen kommen auß dem Berg Etna ein Anzahl Roß-Menschen oder Centauren hervor / welche Hercules auff Befelch deß Jupiter mit seinen Wiederstandt / auch verschiedenen Gefechte bestreittet / vnd in dapfferer Verfolgung auß dem Feld treibet.

3. Dann so erscheinet rechter Hand das Ertzhauß Oesterreich / vnd lincker Handt das Spanische Castell / auß deren jeden 1000. Raggeten in die Höhe steigen/ vnd nach selben die Buchstaben V A Vivat Austria, auff einem/dann V H Vivat Hispania, auff dem anderen sich zaigen.

4. Ingleichen werden jederseits 100. Böhler nach einander angezündet/ deren außwerffende Lustkuglen

A 3 sich

nach ins gesambt bey 22000. wie ingleichen auch auß denen siben vnd zwaintzig Seulen / auß jeder in die tausent vnd auß allen zusammen bey 27000. gleichmässig außfahrende Feuer; Worneben dann besagtes Gebäw mit fünffhundert Feuerpumpen/ deren jede sechs/ vnd also alle zusammen 3000. Sterenfeuer in die Lufft werffen / zu verrer Beleichtung besetzt ist. Vnder welchen Feuer-Spillungen 1000. Raggeten beederseits in die Lufft steigen/vnd sich mit jhren eingesetzten eisenen Schlägen daselbsten hören lassen. Also daß in dem Gerüste dieses Tempels in die 73000. allerhandt außfahr- vnd steigende Lustfeuer begriffen/ deren Freudengethöne / folgent sechs auß denen Böhlern steigende Kuglen beschliessen.

5. Endlich steigen zugleich 300. Raggeten jede zu drey Pfund in die Höhe/ nach welchen die Buchstaben A. E. I. O. V. Austria Erit In Omne Vltimum. in dem Lufft verbleiben. In deren wehrender Brenung zehen grosse Triumphkugeln auß Böhlern geworffen werden / deren eine die Caliber von zwey- die andere von drey hundert Pfundt Stein halten/vnd in dem Lufft sich mit etlich tausent Schlägen vnd Handtgranaten hören lassen.

6. Dann so gehen auch 30. grosse Raggeten in die Lufft/deren zehen jedes 50. die anderten zehen jedes 100. vnd die letzten jedes 150. Pfund in dem Gewicht halten.

7. Zum Beschluß werden wiederumben auff vorigen Pasteyen dreissig theils gantze / theils halbe Carthaunen gelöset.

6/6.2 *Herkules kämpft gegen Kentauren*

6/6.3 *Schmiede des Vulkan und Pegasus öffnet mit seinem Hufschlag die Hippokrene auf dem Musenberg Helikon*

6/5 *Feuerwerk anläßlich der Hochzeit Ludwigs XIV. mit der spanischen Infantin Maria Theresia bei ihrem Einzug in Paris 1662*

Diego de Saavreda Faxardo

ABRISS EINES CHRISTLICH-POLITISCHEN PRINTZENS / IN CL. SINNBILDERN VND MERCKLICHEN SYMBOLISCHEN SPRÜCHEN (1650)

[...] Ach wie gern wolt jch / daß die bedeutung dises sinnspruchs in der Fürsten hertze kondte gemercket werden / dan gleich wie ein steigendes Fewerwerck / welches in der lufft herumb schiest / scheinet glantzende Stern zu sein / ja so baldt solche nur auß den händen gelassen / fangen solche an zu scheinen / vnd treiben es so lang / biß sie zu aschen werden: Eben also auch in demselbigen stets die begierde des ruhms brennete / weil der H. Geist solche einem liechtbrennenden fewer vergleicht. Der ruhm des gemühts eine brennende fackel vnd man sol nicht weiter fragen / wo diß fewer seine nahrung hernehme – weil es so heftig brendt / auch eher vergehet. [...] Leben ist keine glückseligkeit / aber wol wissen wie man leben sol. Vnd lebet der mit nichten lange / welcher alhier länger lebt / sonder wer am besten lebt. Dan daß leben wird nit nach der zeit gerechnet / sondern nach dem gebrauch desselbigen. Daß jenige welches als ein morgenstern vnter dem nebel / vnd als der mondt voller stralen der wolthaten / andern leichtet in seinem lauf / daß ist lang zu achten; entgegen aber dasjenige sehr kurtz zu schätzen / welches sich in jhm selbst verzehret ob es gleich lange wehret. Die wolthaten welche der Fürst der gemeine erweist / vnd das zunehmen / welches von jhm herrühret / solche werden vor tage seines lebens gerechent wer also ohne solche verscheidet / lässet eine nul, vnd eine ewige vergessenheit hinter jhm [...] Die zeit warinnen was ruhmlichs begangen worden / das kan man ein leben nennen / vnd nit das jenige / waß sich in der Natürlichen leiblichen hitze aufhält / dan solches / in der stundt da es anfangt zu zunehmen / begründt es auch abzunehmen. Der todt ist allen menschen gleich / vnd wirdt nur durch die vergessenheit oder ruhm vnterscheiden. Wehr im sterben das leben mit dem ruhm verwechslet höret zwar auff zu sein / vnd doch lebet derselbige immerfort. Die tugendt hat eine wunderbahre krafft in jhr / dan sie streitet wider die natur / vnd machet was zergänglich ist / ruhmlich vnd gar versterblich. [...] Die kraft vnserer Fürsten ist fewrig / vnd hat einen Himmlischen vrsprung. Was von Edler art ist gehet nur auff das euserste / Kayser / oder nichts; es wil entweder ein gantzer stern sein / oder nur ein klein füncklein / vnd wird dises nit minder so es auff eine spitzige seule gesetzt wirdt / leuchten / wan es einen ehrlichen außgang nimt / als jener. Jener ist nit vor eine großen geist zu achten / welcher als ein wolzugerichtes / vnd angestecktes Büchsenpulver / nit also baldt das ienige sprengt worinnen es eingeschloßen. Ein brennendes gemuht hat im hertzen einen alzu kleinen raum. [...]

6/6.4 *Raketenfeuerwerk*

6/6.5 *Die Schmiede des Vulkan*

6/7 *›Eigentliche abbild [. . .] deß [. . .] Feuerwercks, welches auf dem Hochfeyerlichen Kayserlichen Beylager zu Wien den 8. Decembris (28. Novemb.) deß 1666. Jahr angezündet und verbrannet worden.‹*

6/8 *›Abbildung des Fewerwercks So zu Unterthänigster beehrung des Kaiserlichen Beylagers den 14. Decembris 1666 zu Breßlaw gezündet worden‹*

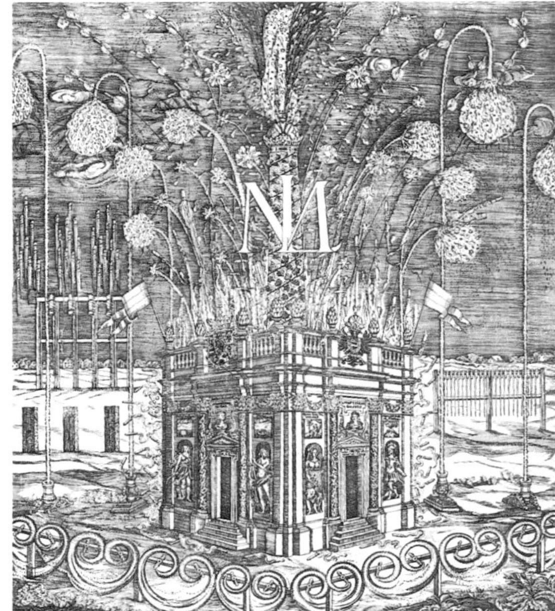

6/9 *Feuerwerksspiel (Perseus und Andromeda) anläßlich der Hochzeit des Herzogs Julius Franz von Sachsen-Lauenburg mit Marie Hedwig Auguste von Sulzbach*

6/10.1–5 *Feuerwerksspiel in fünf Akten anläßlich des Einzugs Herzog Johann Friedrichs von Braunschweig-Lüneburg und seiner Gemahlin in die Residenz Hannover 1668*

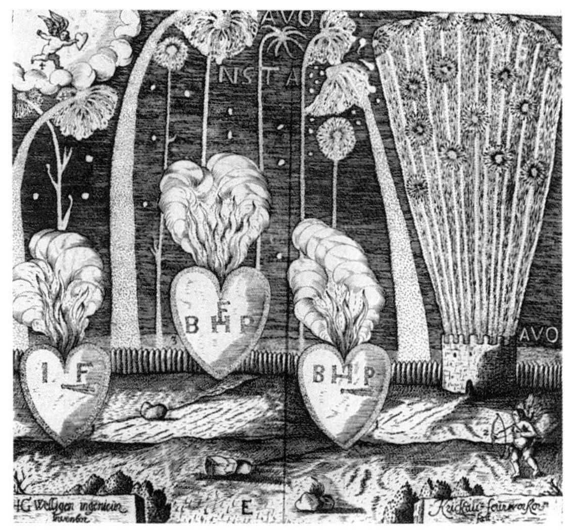

6/11 *Feuerwerksaufbau in Modena zu den Hochzeits-feierlichkeiten des Fürsten Rinaldo I. (1669)*

6/12 *Feuerwerksanlage in Stuttgart 1674 anläßlich der Hochzeit des Herzogs Wilhelm Ludwig von Württemberg mit Magdalena Sibylle von Hessen*

GEBURT UND TAUFE

6/13 *Matthäus Merian, ›Contrafactur des kunstlichen Feuerwercks so bey neugebornen jungen Printzen Friderichen Hertzog zu Würtemberg & Kindtauffen zu Stuetgart im Lustgarten den 17 Marti Anno 1616 geworfen worden‹*

6/14 *Karussellrennen mit Feuerwerkseffekten zu den Tauf- und Hochzeitsfeierlichkeiten in Stuttgart 1617*

6/15 *Mattheus Küssel, Bühne für das Feuerwerksspiel ›Medea vendicativa‹, aufgeführt im Rahmen der Geburtstagsfeierlichkeiten des Kurprinzen Max Emanuel von Bayern in München 1662*

6/16 *›Abbildung der Freudens begängnus, welche, wegen der Röm. Kays: Majtt. gebohrnen Erzherzoglichen Erb-Prinzens, den 25. July, dieses 1678sten Jahrs, in der Statt Nürnberg, auf befelch Eines Wol Edlen, Gestr: und Hochweisen Rhats, mit dreymaliger Lösung der Stück, uf allen posten umb diese Statt beschehen, [. . .]‹*

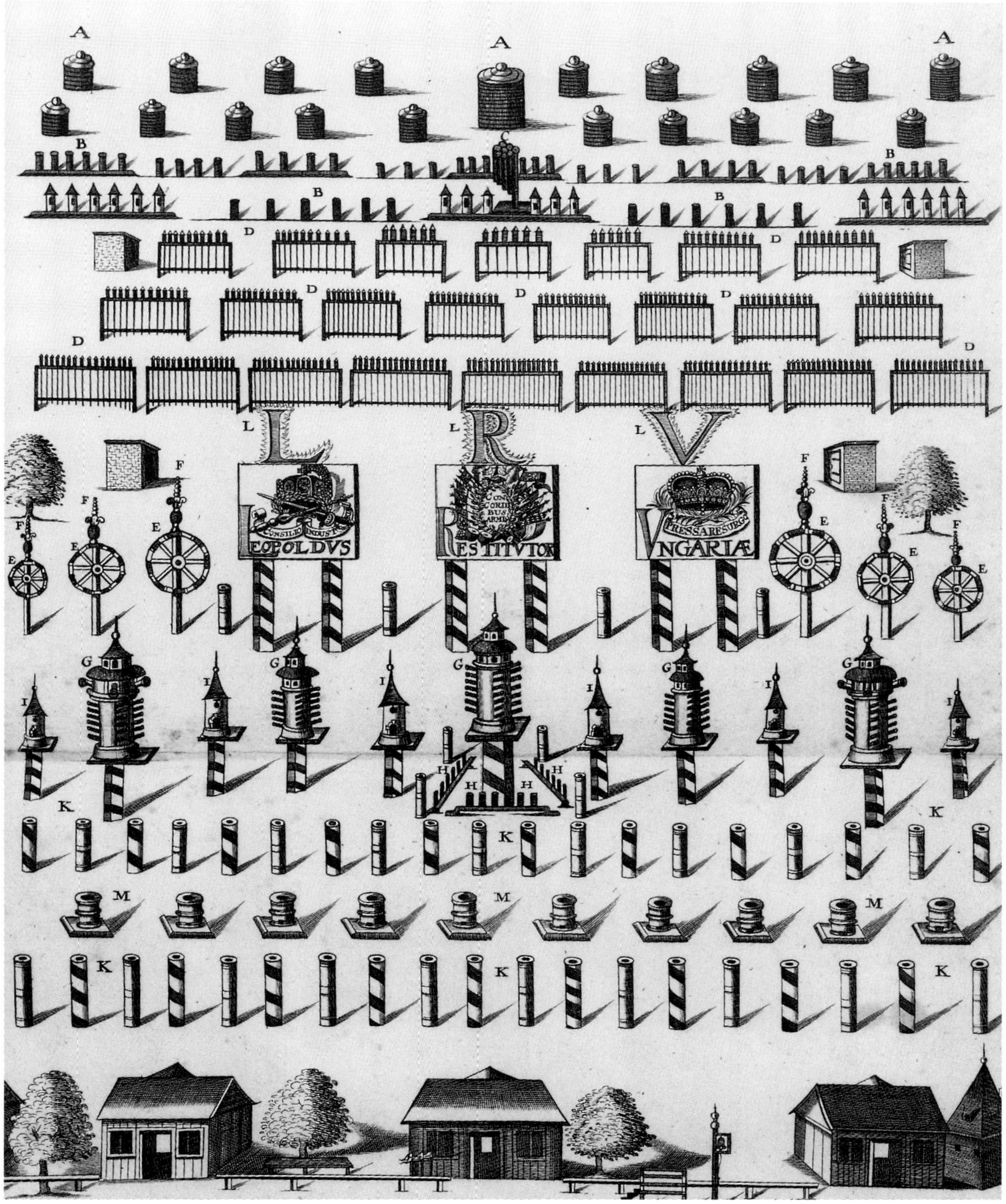

6/17 *Feuerwerk zum Geburtstag Kaiser Leopolds I. (9. Juni 1640) in Nürnberg 1686*

KRÖNUNGEN

6/19 *›Contrafactur des Feuerwerck [. . .] 1612 zu Franckfurt am Mayn gehaltenen Wahl und Crönungs tagen, der Röm. Kay. [. . .] auff dem Mayn zum Freudenfeuer anrichten, und den 20 Juny anzunden und abgehen lassen.‹*

6/18 *Wasserfeuerwerk auf dem Main anläßlich der Krönung Matthias I. zum deutschen Kaiser in Frankfurt 1612*

6/20.1–3 *Feuerwerke anläßlich der Wahl Ferdinands III. zum römischen König auf der Piazza di Spagna, veranstaltet von dem spanischen Gesandten in Rom Marquese de Castel Rodrigo*

6/20.4–6 *Feuerwerke anläßlich der Wahl Ferdinands III. zum römischen König auf der Piazza di Spagna, veranstaltet von dem spanischen Gesandten in Rom Marquese de Castel Rodrigo*

6/21 *Feuerwerk in Stockholm 1672 anläßlich des Regierungsantrittes Karls XI. von Schweden*

6/22 *Allegorische Feuerwerksaufbauten in Danzig 1698 anläßlich der Krönung Augusts des Starken zum polnischen König*

SIEG UND FRIEDEN

6/23 *Feuerwerk zur Feier der Ratifizierung der endgültigen Fassung des Friedensvertrages nach dem Dreißigjährigen Kriege in Nürnberg 1650*

Johann Klaj

GEBURTSTAG DES FRIEDENS (1650)

WJe Friede nun allhier im grünen wird geschauet;
So hat sich gegen ihr der Vnfried starck verbauet
in einem steinern Haus. Das trefflich aufgeführt
als ein vest Kunstgebäu / das kein Feind nie berührt.
Deß grossen Mittelthurns Bedachung sich rund schlinget
und mit vergüldtem Haubt durch Lufft und Wolcken dringet /
vier Thürn von aussenwarts als eine Vorburg stehn /
von feinem Mauerwerck rings üm die Vestung gehn.
Im Fall der Sud aufsteht mit Sommerwarmen Wehen /
auf seinem Schiferdach sich güldne Fahnen drehen;
Die Flaggen fliegen schön / die Kühnheit außgesteckt /
dadurch denn Mannheit wird zur Mannheit aufgeweckt /
die stets nach Wirden strebt; es tönen auf den Gängen
Schalmäyen üm und üm; die Rundatschirer drängen
sich auf dem Vorgebäu; sie stehn und haben Acht /
damit diß Brand=Castell nicht werd in Brand gebracht.
Es dürfte dem noch wol sein Leib und Leben kosten /
der es bestürmen wolt; die starckbesatzten Posten
verwahren es noch mehr; Es ist der Zwitracht Schloß
mit Kraut und Lot versehn / mit Mord und Mordgeschoß /
der Zwietracht / die da steht mit wenig Haut und Beinen
und lässt die Sonne selbst durch ihr Gerippe scheinen
gantz hager ohne Schmer; Ihr Mann der schützt das Thor /
und sie / die Zanckgöttin / die raget oben vor
mit ihrem Blasebalg; die / Statt der Haare / Schlangen
auf ihrem Schädel kämmt / die / die will andre fangen /
die selbst gefangen wird / die Schreckposaune tönt!
der Zäne Knirschen gischt / die Feuerkolbe thrönt
der Zwitracht / die gesinnt / deß Friedenstempels Hütten
mit Pulver und mit Bley und Brand zu überschütten
zu sprengen Himmel auf; Sie pochet auf ihr Haus /
drüm hängt sie nächtlich mehr als tausend Ampeln auß:
Die zwar mit männiglichs Verwunderung schön stralen
und die sonst heitre Nacht viel heitrer noch außmahlen
in wolgeziemter Rey / die Nacht die hielt ümhüllt /
den müden Erdenkreiß / und alles war gestillt /
als Amor / der bey Nacht ist an das Tagliecht kommen /
hieher auch Flügelschnell den schönen Weg genommen;
dann / wo der liebe Fried / hat Amor seinen Gang /
im Friede geht die Lieb im vollen Gang und Schwang.
Der GOtt / der mächtig ist die Götter selbst zu binden
und mit dem Liebesfeur den Himmel anzuzünden /
beherrschet Welt und Feld / bezähmet Tufft und Lufft /
durchstreichet Glut und Flut / durchwandert Grufft und Klufft /
bezwingt auch diese Hex: Doch weil das Vngeheuer
deß Bogens Pfeil vernicht / so braucht er Schwefelfeuer:
Die Liebe / die Liebe geflügelt / gewindet /
die rennet / die brennet / die Seulen entzündet /
drauf schwermet / drauf lermet das gläntzende Heisse /
es hitzet / es schwitzet das Feuergegleisse /
es lauffen / es schnauffen die Räder mit Schlägen /
ohn Wehen / ohn Drehen der Winde sich wegen:
Es zieret / es führet die Lincke die Rechte
blitzhaglendes=schweflendes=Schwertergefechte /
die Sternen von fernen sich Erdenwarts neigen /
Racqveten / Musqveten / Lustkugeln aufsteigen /
es blincken / es flincken von Flammen die Lüffte /
es schimmert / es flimmert der Erden Getüffte.
Der schöne Fried stund schön in solchen Freudenflammen /
damit nun alle Lust und Freude käm zusammen /
hat der Fried ein Racqvet von seiner Hand gesandt /
der Zwitracht Mord=Castell zu setzen in den Brand.
Bald blitzen / bald blatzen die Spanischen Reiter /
die Pfosten der Posten die gehen zu Scheiter /
zwölff Pumpen die plumpen heissiedende Fluten /
Stacketen / Racqveten sprütz=spratzen von Gluten /
die Ballen im Fallen lustfreudig sich sprengen /
sie schertzen / wie Kertzen auf Leuchtern abhängen /
die Lermer / die Schwermer der Bienen sich mühen /
die Mauren nicht dauern die Thore schon glüen /

die Zinnen von innen und aussenwarts schmauchen /
Gemächer und Dächer vom Brande schon rauchen /
die Blitzer die Schützer deß Schlosses ergreiffen /
sie richten / vernichten und gäntzlich zerschleiffen.
Die Zwitracht ist entzwey / der Kriegsgott bekrieget /
die / die / die siegen wolt / in ihr besiegten liget /
es ist noch nicht genug: Der Mann ist übermannt /
deß Mannes Schloß muß auch geschleifft seyn / außgebrant.

Trompeten / Clareten Tartantara singen /
die Paucken die paucken / die Kessel erklingen /
so sauset / so brauset kein schaumichtes Wallen /
kein Stürmen so stürmet / wann Berge zerfallen.
so reisset / zerschmeisset kein Hagel die Blätter /
so rasselt / so prasselt kein donnerndes Wetter /
so prallet / so knallet kein fallend Gemäuer /
als knicket und knacket das knisternde Feuer.
die Spitzen die sprützen hellfünckelnde Keile /
die Flanckquen die blancken spitzfeurige Keile /
Racqveten / Racqveten einander nachjagen /
Blitzschläge mit Schlägen erzürnet sich schlagen.
Der Thürne Räder auch schön spielen in der Höhe:
Der Mittelthurn ist auf / zu sehen / wie es stehe /
als er den Ernst vernimmt / den Friede hier verübt /
er zu der Gegenwehr viel tausend Salven gibt:
Der Doppelhacken Grimm / der Zorn der Pulverröhren /
die werden loßgebrant / vergnügen Sehn und Hören;
Die Flammen wehren sich und flammen Himmel=an /
als wolten sie nicht seyn den Flammen unterthan.

Die Stücke hell blicken / es donnern Carthaunen /
daß Felder und Wälder und Menschen erstaunen /
es zittern / es splittern die felsichten Klüffte /
es schallen / erhallen die mosichten Grüffte:
IRENE / die schöne / hat männlich gekämpfet /
das Kriegen mit Siegen und Feuer gedämpfet /
das rasende / blasende / blutige Kriegen
ist schmauchend / ist rauchend zu Himmel gestiegen.
Das Sternenhaus erblast / die Wolcken lauffen schneller /
die Mauren dräuen Fall / die Fenster werden heller /
der Nächte Mittag ragt / die Wasser lauffen an /
das wilde Roß erschrickt / schreckt seinen Reitermann.
Der Hain / der grüne Pusch / die Püschebürgerinnen /
der Fluß der Pegnitzfluß / die müden Pegnesinnen
erwachen auß der Ruh: Der Wiederhall erklingt /
der / was er hört / alsbald mit Wucher rück=warts bringt /
ringt und rufft stärcker nach / damit auf frembder Erde
deß Wortes letztes Theil gar laut verdoppelt werde.

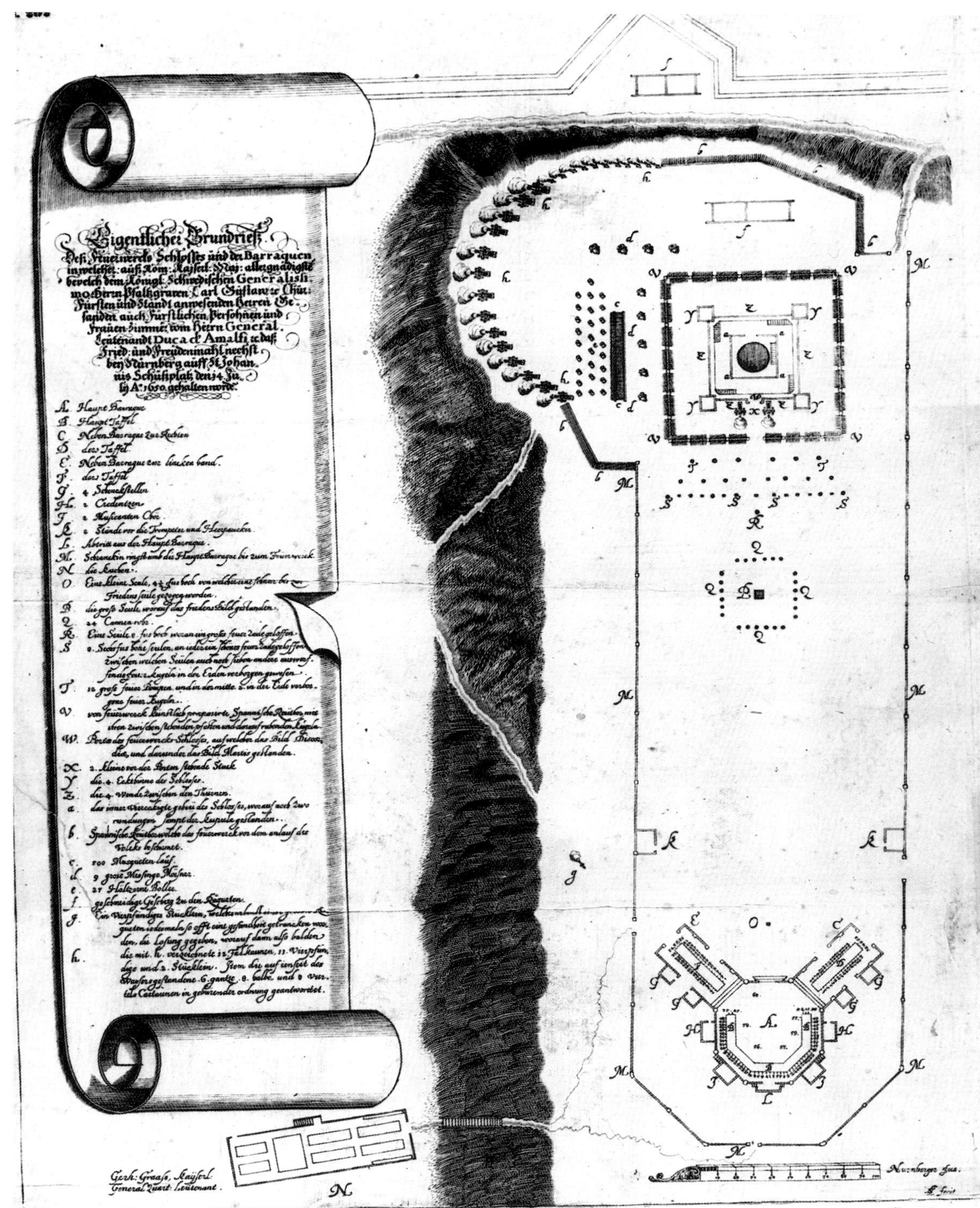

6/24 *Grundriß der Feuerwerksanlage auf dem St. Johannis-Schießplatz in Nürnberg 1650*

6/26.1–9 Allegorische Feuerwerksaufbauten in Lyon anläßlich der Feier des Friedens mit Spanien (Pyrenäischer Frieden 7. 11. 1659) 1660

Sigmund von Birken

DIE FRIED=ERFREUETE TEUTONIE (1652)

147. Hierauf haben jene auch also fort mit schönen Gegenbedankungen geantwortet / folgends einen allgemeinen Aufbruch an der Tafel gemacht / und hat also die gantze hochansehnliche Anwesenheit sich hinausbegeben / das Feuerwerk verbrennen zu sehen. Es war eine kleine Seule / unfern von der Tafelhütten / woselbst ein Cupido / in welchem ein Raket verborgen an einer Schnur hienge. Zu derselben begabe sich Prinz Vagusto in Gesellschaft der andern / gabe angedeuter massen mit dem überreichten und nun angesteckten Zündstab dem Cupido das Feuer / welcher alsobald an der Leine oder Schnur zu obbeschriebenem Bild deß Friedens fuhre / und dessen Lorbeerkrantz in der rechten Hand / in welchem ebenmässig eine Raket verborgen / anzundete. Gleich darauf entzündeten sich vier kleine auf die Ecken deß Grundgestelles gesetzte Schwärmerthürme / nebenst etlichen Feuerrädern / und Cannarohren / welche üm die Seule herüm mit schönem Feuer spieleten / Sternbutzen auswarffen / und einen Bienenschwarm nach demandern ausfiegen liessen. Inmittels wüscheten acht Feuerwerker / vier und vier nacheinander / mit Feuerschwerdern aus dem Castell / fochten und jagten einander eine weil üm die Seule.

148. Es war ein wol ausgesonnenes Werk / und schiene es / als wann der Friede / nach dem sich Mars und Discordie gen das Zelt der Zweytracht gelägert / sich auf diese Seule und gleichsam ins Mittel gestellet / und mit dem Feuer / das er von der Liebe empfangen / das Werk / das jene wider jhn und die Eintracht angeleget / wider sie selber richtete / und gleichsam jhre eigene Pfeile / sie zu verderben / jhnen zurück sendete. Massen er dann in kurtzem an der Schnur ein Raket aus seinem Siegeskrantz losgesandt / durch welches es augenblicklich / nebenst seinen Aussenwerken in Brand geriethe. Das Castell wehrete sich dapfer / warf in die anderthalbtausend Raketen heraus / ließ viel Schwärmer / Kugeln / Kegel / und Schläge aus / willens den Friede von seiner Seule zu stürtzen. Auf jedem Thurm lieffe ein grosses Feuerrad herüm / mit starken Raketen spielend. Es ware aber / gleichsam durch Hinderlist deß Friedens / alles Holtzwerk an dem Thor und Mittelgebäude durchboret / und über zweytausend eiserne Schläge darein verborgen / welche nach dem das Feur zu jhnen kame / mit erschröcklichem Prasseln / Krachen / und Platzen Thor und Thurm zersprengten.

149. Es gabe den Augen und Ohren eine angenehme Lust / weil nicht allein wegen deß grausamen und unaufhörlichen Platzens es schiene / als ob viel hundert Mann in und ausser dem Castell Feuer gäben / sondern auch die Flamme und der Rauch deß liechterloh=brennenden Mittelthurms sich biß an die Wolken waltzete. Hinter dem Castell stiegen immer Raketen / zu fünfzig und zu hundert / und auf der rechten Seite wurden vierhundert eiserne Rohr dreymal loßgebrannt. Es half aber alles nichts / wie dapfer sich auch Mars und die Zweytracht wehreten / so musten sie doch zu letzt / nach dem sie selber unzähliche Schläge und Schwermer ausgeworfen / im Staub und Asche ligend / jhre Verbannung und Untergang der gantzen Welt zeigen: da hingegen der Friede / in dem er auf seiner Seule unter soviel tausend auf und üm jhm herümfliegenden Feuern zu männiglichs Verwunderung / von Fuß auf gantz unversehrt und nicht an einem Härlein verletzt / stehen blieben / seinen Vorzug / Preiß / und Ehre vor aller Welt Augen behaubtet. Welchen Sieg zu bejubeln / am Ende vierzig Doppelhaken / aus den Schießlöchern der Schloßmauren / folgends fünfhundert Musquetenläufe / nebenst den fünfhundert Feuerröhren / zu letzt auch alle Stücke diß= und jenseits deß Wassers / losgebrannt wurden.

de Flandres
Fol. 23

Fol. 27

Q. S.t Pierre. Fol 28

6/25 *Feuerwerk aus Anlaß der Friedensfeier in Nürnberg 1650*

6/27 *Schloßfeuerwerk und Feuerwerksbaum in Brüssel 1685 zur Feier der Befreiung Ofens von den Türken*

EMPFÄNGE

6/28 *Feuerwerkskämpfe und andere Feuerwerksinszenierungen auf dem Domplatz von Metz 1603 zu Ehren Heinrichs IV.*

6/30 *Wasserfeuerwerk in Lyon 1622 zum Empfang König Ludwigs XIII.*

6/30.1 *Feuerwerksplastik in der Form eines Löwen*

6/30.2 *Raketenzaunbühne*

6/33 *Wenzel Hollar, Feuerwerk aus Anlaß eines Besuches des Grafen von Thurn und Taxis und seiner Gemahlin in Hemessen 1650*

E/29 *Feuerwerksschloß zum Empfang des zukünftigen Kaisers Matthias I. in Nürnberg 1612*

6/31 *Feuerwerk zum Einzug des Kardinal-Infanten Ferdinand von Spanien, Statthalter der Niederlande, in Gent am 28. Januar 1635*

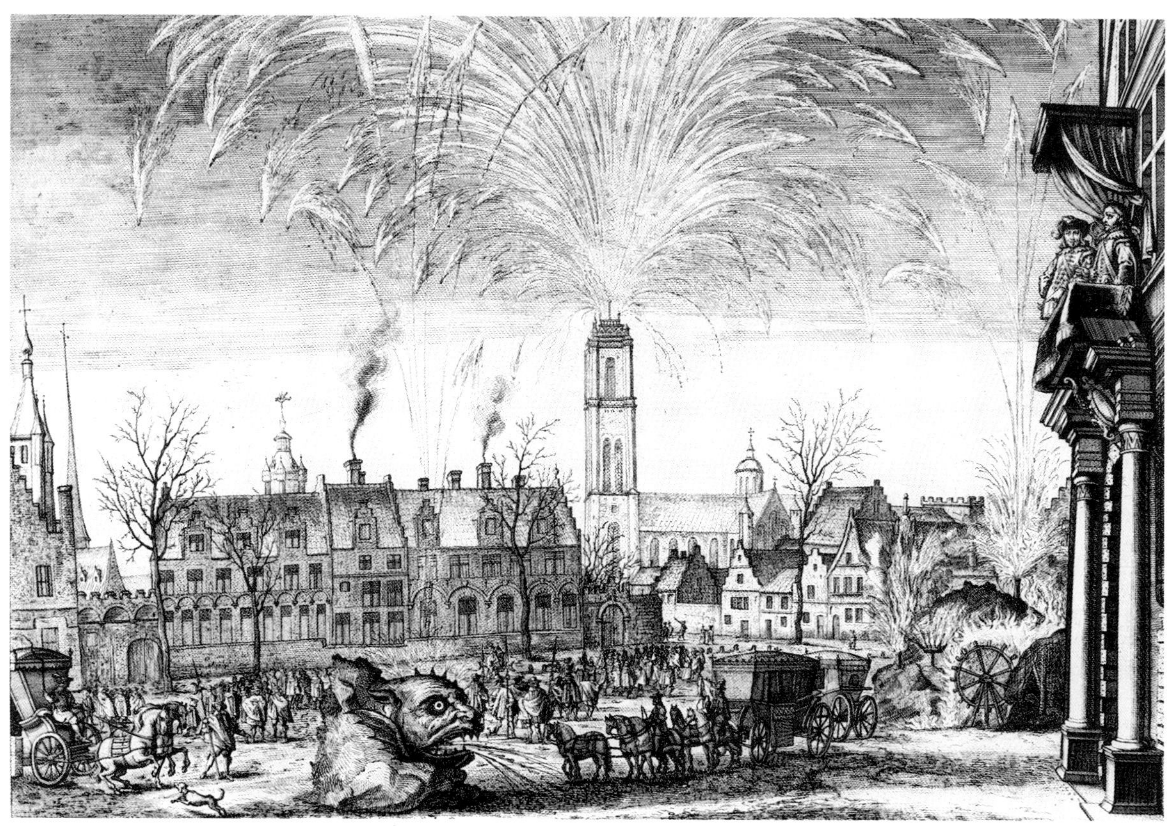

6/32 *Feuerwerk auf dem Turm der Kathedrale von Antwerpen anläßlich des Empfanges Ferdinands von Spanien 1635 (1641)*

6/34 *›In beeder Kaysl. Mayestäten Leopoldi und Elenorae, nach dero zu Passau glücklich vollendetem Hochzeitlichen Beiläger, und in die Kaysl. Haupt Stadt und Residentz Wienn, gehaltenen Einzugs-Festivität [...] den 2. Februarii 1677‹*

Bildunterschrift: *In beeder Kaysl. Mayestäten Leopoldi und Elenorae, nach dero zu Passau glücklich vollendetem Hochzeitlichen Beiläger, und in die Kaysl. Haupt Stadt und Residentz Wienn, gehaltenen Einzugs-Festivität, auf Anordnung* [...] *Herrn Raymundi Grafen von und zu Montecucoli,* [...] *Verfertigt vorgestellt und verbrennt durch Johann Jacob Köchly, Röm. Kaysl. Maytt. bestelten Feuerwercks Meistern, den 2. Februarij 1677.*
Nach deme Ihre May. die regirende Röm. Kayserin unter hellklingenden Trompeten und Paukenschall vermittels eines Lauff Feuers aus dem Fenster der Kaysl. Burg nach der Sonnen das Anfangszeichen gegeben hat der Prometheus auf dem Pegasus sitzend so bald sein Fackel von selbiger entzündet und sein Flug gegen die vor der Minervae Tempel stehende Bildnuß genommen, solche ins Feuer gebracht worauf der kunstreiche Tempel durch die unzähliche Brandfeuer in den Flamm krügen nebenst dem Röm. Adler und denen Buchstaben VL.VE. sich hellbrennend gezeiget, indessen wurden 30. Cartaunen auf den Stadt Pasteyen gelöset, denen 6. grosse Triumph Kugeln und so viel 100 pfündige Raggeten folgten, nachgehends sahe man in 3 Actus getheilet, nemblichen.
I. *rund umb das Säulen Geländer die schönest spilende Rad Feuer, 800. groß und kleine Raggeten 100. Lustkugeln 100. Kögel 200. Pomben 150. Schwarmfässer und zum Beschluß ein Girandole von 500 Ragetten.*
II. *50. Lustkugeln 800. Raggeten in 6000. Schwarmfeur 100. Kögel 200. Sternfeur, und ein gleichfals aufsteigende Girandole.*
III. *1200. Raggeten 100. Kögel 100. Pomben 200. Schwarmfässer letzlichen ein mit verwunderung aufsteigende Girandole und name mit dem Donnern der Carthaunen diß Freuden Feur sei Ende.*

6/35 *›Deß Herculis Feuer Werck auf dem hohen Walle in der Churfürstl. Sächs. Residenz Stadt Dresden verbrennet den 28 Februarii 1678.‹ (1680)*

6/36 *Raketenzaunbühne auf dem Vyver in Den Haag 1691 anläßlich eines Besuches des britischen Königs Wilhelm III.*

ANDERE FESTE

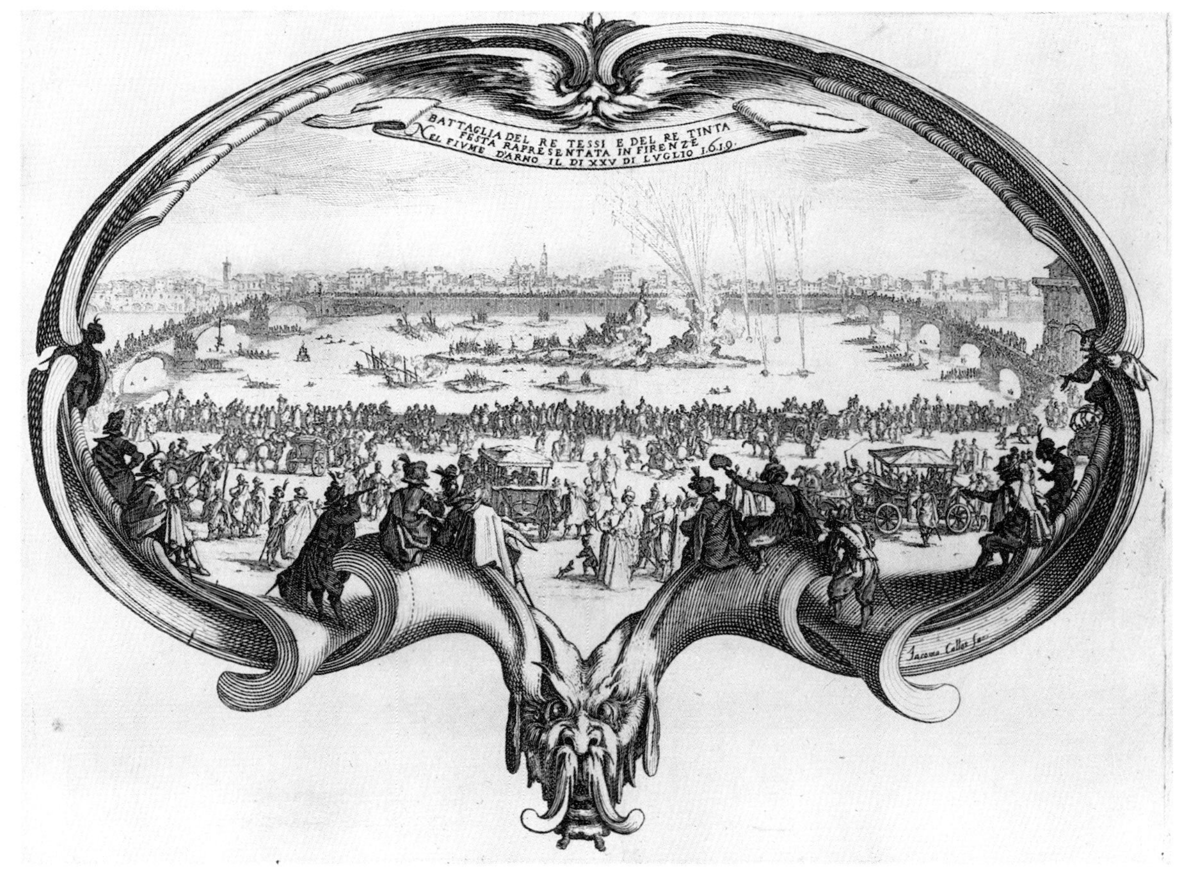

6/37 *Feuerwerk und Wasserschlacht zwischen den Gilden der Weber und Färber auf dem Arno in Florenz 1619*

6/38 *Entwurf eines Feuerwerks, den Kampf Apollons gegen den Drachen der Unterwelt darstellend (17. Jh.)*

6/39 *Feuerwerk in Versailles 1664*

6/40 *Feuerwerk und Illumination der Paläste und der Gärten von Versailles 1668 (1679)*

6/41.1–2 *Feuerwerk und Illumination auf dem großen Kanal im Schloßgarten von Versailles 1674*

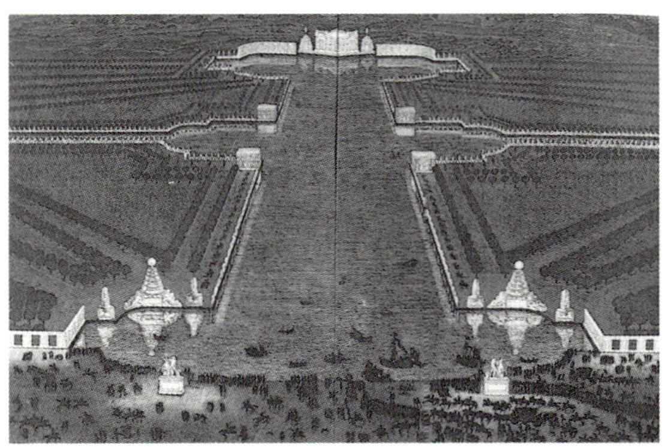

6/42 *Feuerwerksaufbau mit Allegorien der Malerei und Bildhauerei (17. Jh.)*

6/43 *›Verzeichnusz undt Ordnung der Feuerwergke, so Ihre Churfl. Durchl. Hertzogk Johannes Georg zu Sachsen selbst angegeben und fertigen lassen, auch thails selbst loboriren helffen und verbrandt‹ (1671)*

6/43.1 *›Von Erroberung des güldenen Vellus durch den Jason‹ (Bl. 40)*

Fünfftes Feuerwerck. Von Erroberung des güldenen Vellus durch den Jason. wie dasselbe Der Durchlauchtigste Fürst und Herr, Herr Johann Georg der Ander, Herzog zu Sachsen, Jülich, Cleve und Berg [illegible] Bey Dero hertzgeliebten Fräulein Tochter, der Durchleuchtigsten Fürstin und Fräulein, Fräulein Erdmuth Sophien, geborner aus Churfürstlichem Stam Sachsen, mit dem Durchleuchtigen Fürsten und Herrn, Herrn Christian Ernsten Marggrafen zu Brandenburgk, in Preußen Herzog, gehaltenem hochfürstlichen Beylager zum andern mahl, iedoch in etwas verenderter Ordnung zu Dreßden verbrennen laßen, den 31 Octobris Anno 1662.

6/43.2–5 *›Erklärung dießes Feuerwercks.‹*

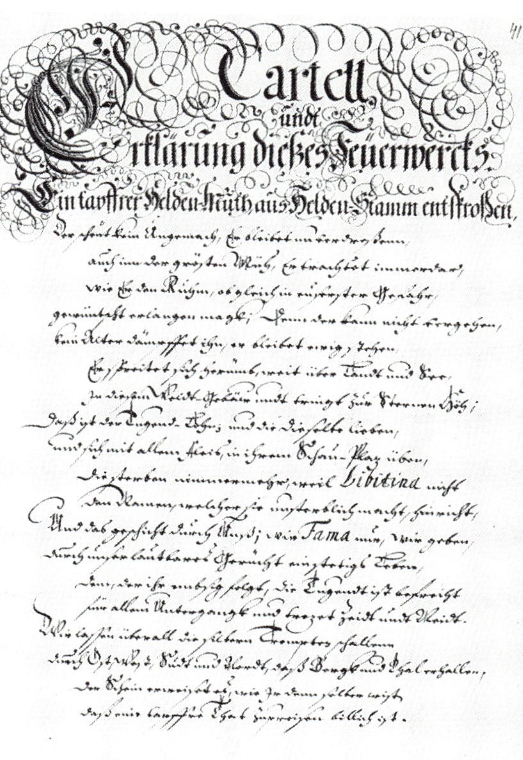
Cartell und Erklärung dießes Feuerwercks.

Ein tapffrer Helden-Geist aus Helden-Stamm entsprossen

6/43.6–15 *›Ordnung dißes Feuerwercks‹*

Samuel Pepys

DAS GEHEIME TAGEBUCH (1661)

Und es ist merkwürdig, wenn man bedenkt, daß sich das schöne Wetter die letzten zwei Tage gehalten hat bis jetzt, da alles vorbei ist und der König die Halle verlassen hat; und dann begann es zu regnen und zu donnern und zu blitzen, wie ich es seit Jahren nicht gesehen habe: wovon die Leute viel Notiz nahmen, Gottes Segen hätte auf dem Werk der letzten zwei Tage geruht; eine Torheit, von solchen Dingen zu viel Notiz zu nehmen. Nach meiner Beobachtung gab es bei allem kaum Zwischenfälle; nur des Königs Lakaien hatten sich des Baldachins bemächtigt und wollten ihn den Baronen der Fünfhäfen nicht herausgeben; sie versuchten, ihn mit Gewalt zurückzubekommen, konnten es aber nicht, bis der Herzog von Albermarle Sir R. Pye beauftragte, die Sache bis morgen zu entscheiden. Bei Mr. Bowyer; eine große Masse Leute, einige kannte ich, andere nicht. Hier blieben wir auf dem Dachgarten und unten, bis es spät war, in Erwartung des Feuerwerks, aber es gab heute keins, nur daß die City von Freudenfeuern umgeben war wie von einem Strahlenkranz. Schließlich ging ich zur King Street und schickte dort Crockford zum Haus meines Vaters und zu meinem Haus, um auszurichten, daß ich heute nicht nach Hause kommen könnte wegen dem Dreck, und eine Kutsche wäre nicht zu haben. Und so, nachdem ich allein einen Krug Bier bei Mrs. Harper getrunken hatte, kehrte ich zu Mr. Bowyer zurück, und nach einem weiteren kurzen Aufenthalt brachte ich meine Frau und Mrs. Frankleyn (der ich aus Höflichkeit anbot, heute mit meiner Frau bei Mrs. Hunt zu übernachten) nach Axe Yard, wo am anderen Ende drei große Freudenfeuer waren und eine große Menge vornehme Stutzer beiderlei Geschlechts, und sie ergriffen uns und wollten unbedingt, daß wir auf einem Reisigbündel niederknieten und auf des Königs Gesundheit tranken, was wir alle taten, und sie tranken uns einer nach dem anderen zu. Das schien uns ein merkwürdiger Spaß, aber diese Stutzer fuhren eine ganze Weile damit fort, und ich staunte, als ich sah, wie die Damen becherten.

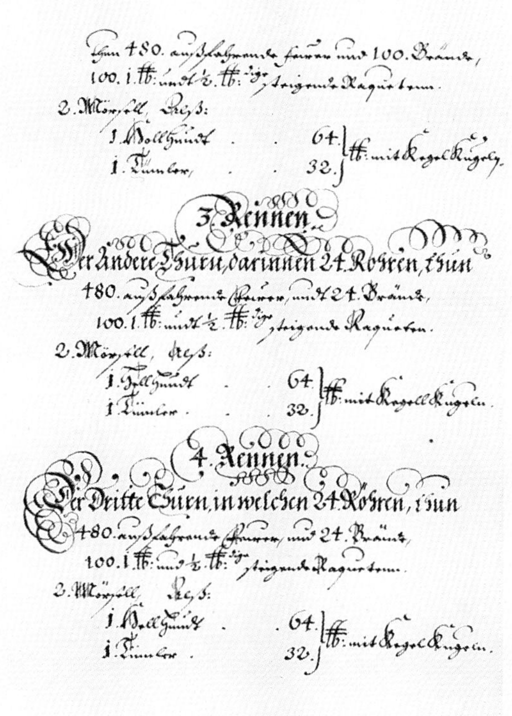

thun 480. aufsteigende Feuer und 100. Brände,
100. 1. lb. und ½. lb. steigende Raqueten.
2. Mörsell, Alß:
1. Vollkugel . . 64.
1. Tümler . . 32. } lb: mit Kegel Kugeln.

3. Rennen.
Der andere Thurn, darinnen 24. Rosen, thun
480. aufsteigende Feuer, und 24. Brände,
100. 1. lb. und ½. lb. steigende Raqueten.
2. Mörsell, Alß:
1. Vollkugel . . 64.
1. Tümler . . 32. } lb: mit Kegell Kugeln.

4. Rennen.
Der Dritte Thurn, in welchen 24. Rosen, thun
480. aufsteigende Feuer, und 24. Brände,
100. 1. lb. und ½. lb. steigende Raqueten.
2. Mörsell, Alß:
1. Vollkugel . . 64.
1. Tümler . . 32. } lb: mit Kegel Kugeln.

5. Rennen.
Der Vierte Thurn, worinnen 24. Rosen, thun
480. aufsteigende Feuer, und 24. Brände, 100.
1. lb. und ½. lb. steigende Raqueten.
2. Mörsell, Alß:
1. Vollkugel . . 64.
1. Tümler . . 32. } lb: mit Kegel Kugeln.

6. Rennen.
Hierauff ward im Untern Wercke in dem
angehängten Kasten, folgender maßen gezündet.
122. Röhren, thun 2440. aufsteigende Feuer, und
122. Brände, 200. 1. lb. und ½. lb. steigende Raqueten.
5. Mörsell, Alß:
1. Lucifer . . 192.
2. Donnerkeile . . 128.
2. Fliegende Reiter . . 96. } lb: mit Kranzfeuern und Kegell Kugeln.

7. Rennen.
122. Röhren, thun 2440. aufsteigende Feuer, und

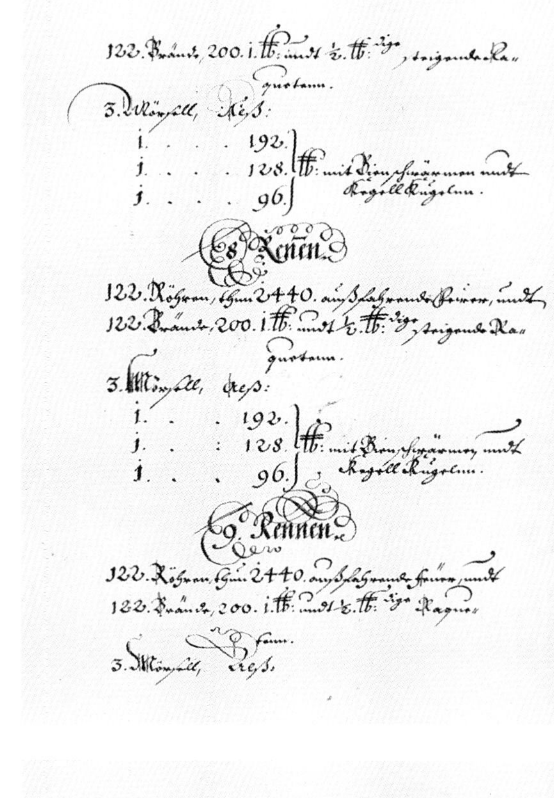

122. Brände, 200. 1. lb. und ½. lb. steigende Raqueten.
3. Mörsell, Alß:
1. . . 192.
1. . . 128.
1. . . 96. } lb: mit Kranzfeuern und Kegell Kugeln.

8. Rennen.
122. Röhren, thun 2440. aufsteigende Feuer, und
122. Brände, 200. 1. lb. und ½. lb. steigende Raqueten.
3. Mörsell, Alß:
1. . . 192.
1. . . 128.
1. . . 96. } lb: mit Kranzfeuern und Kegell Kugeln.

9. Rennen.
122. Röhren, thun 2440. aufsteigende Feuer, und
122. Brände, 200. 1. lb. und ½. lb. steigende Raqueten.
3. Mörsell, Alß:

1. . . 192.
1. . . 128.
1. . . 96. } lb: mit Kranzfeuern und Kegell Kugeln.

10. Rennen.
122. Röhren, thun 2440. aufsteigende Feuer, und
122. Brände, 200. 1. lb. und ½. lb. steigende Raqueten.
3. Mörsell, Alß:
1. . . 192.
1. . . 128.
1. . . 96. } lb: mit Kranzfeuern und Kegell Kugeln.

Beschluß.
100. Cammern, thun 1200. aufsteigende Feuer und
100. Brände.
19. Mörsell, mit Kegell Kugeln und Kranzfeuern, alß:
7. Lucernen . . 8.
7. Drachen . . 16.
2. Bettschafft . . 110.
1. Mannsbild . . 150.
2. Lucifer . . 192. } lb.

1200. Schläge, hinter dem Schießhause,
18. halbe Carthaunen, Alß:
3. hinter dem Schießhause.
9. aufm hohen Walle.
2. aufm Münzberge.
2. überm Elbthor.
2. hinter der Elbbaze.
1000. Eiserne Schläge hinter der Elbbaze.
6. Ganze Carthaunen, aufm Rießwalle.
Alß denn fuhre das Churfürstl. Lust Schiff auff
der Elbe herunterwarts, und präsentirete des
Jasons Schiff mit der Medea, auß welchem
von funfhundert Musquetirern, und von 6.
6. lb. und zugleichen 12. 3. lb. igen Stücken,
Salve gegeben wurde.
Wurden demnach bey diesem Feuerwerck in allem
gebraucht, Alß:
51. Mörsell, Alß:
8. . . 192.
1. . . 150.
6. . . 128.
2. . . 110. } lb.

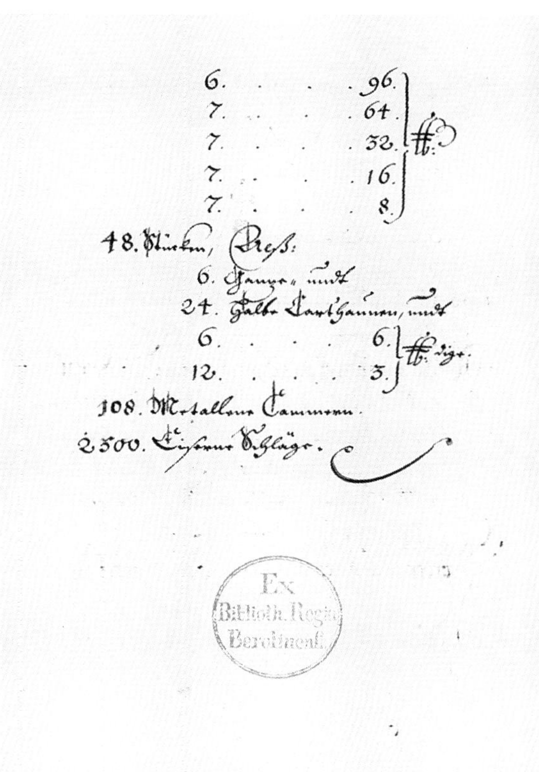

6. . . 96.
7. . . 64.
7. . . 32.
7. . . 16.
7. . . 8. } lb.
48. Stücken, Alß:
6. Ganze, und
24. halbe Carthaunen, und
6. . . 6.
12. . . 3. } lb: ige.
108. Metallene Cammern.
2500. Eiserne Schläge.

6/44.1–16 *Dem Kurfürsten Maximilian II. Emanuel gewidmeter Sammelband mit 15 Abbildungen von Feuerwerken, die zwischen 1662 und 1682 in oder bei München veranstaltet wurden*

6/45 *Feuerwerk veranstaltet von einer Armbrustschützengesellschaft in Nürnberg 1657*

Ein waßer das da fleust bleibt hell, und gantz nicht stincket
Ein Pflug der stetig pflügt wird hell und glentzend blinckent
Verstand wie scharf er ist wird er nicht auß gewetzt
Verrostet er gar bald, was sich nicht offt ergetzt
das hällt nicht lange Stand, drum mus man sich ergetzen
mit Jagen, reiten, fahrn, mit Vogelstellen, hetzen
Mit schießen wie alhier, mit schißen das da nutz
in Friedenszeit erfreut, in strengen krigen schüz, [. . .]

6/46 *Feuerwerk in Zürich 1699 zur Einweihung des neuen Rathhauses*

Wie nichts auf der Welt bestehet
Sonder mit der Zeit vergehet,
So hat euch gezellet aus
Das dreyhundert Jährich Hauß
Nun man hier ein neues schauet.
Schön und prächtig aufgebauet
für den Stand mit weisem Rath
Vorzustehn und mit der That
Nach gehörtem Predig Segen
Da ganz Zürich war zu gegen
Gieng der Rath in Ordnung fort
Einzuweyhen disen Orth
Durch des Hauptes Wunder Zunge
Gottes Lob sich Hoch erschwunge
Worzu diene dises Haus
Zierlich war geführet aus
Dises Werke zu bekrönen
Müßte Mavors auch beywohnen
Und durch seinen Feuer-Schertz
Allem machen frisches Hertz
Schauet die Raqueten springen
Altz in Luft und Wasser tringen
Und Vulcanen viler Gstalt
Kunst verüben mannigfalt
Gottes Schirm und Gnaden Hande
Bleibe selbst dem Haus und Lande
Veste Feuer-Maur und Schantz,
Glükhafft zu verbleiben gantz!
Den 23ten. juny Ao. 1698 geffilt [?]
Gesellschaft der Constaffleren im zeughaus
zu Zürich Ao 1699

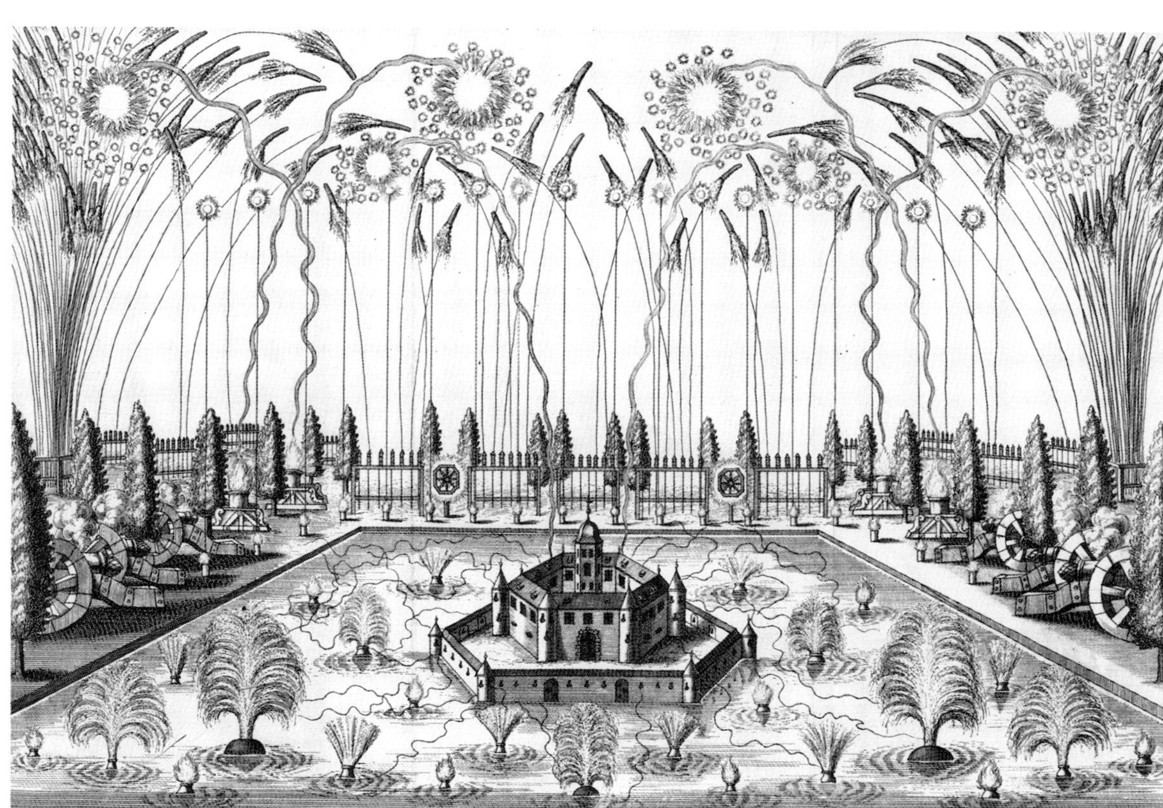

6/47.1–2 *Feuerwerk aus Anlaß der 800-Jahrfeier des Augustiner-Klosters Ranshoven (gestiftet 898) 1699*

Siebtes Kapitel PYROTECHNIK III FEUERWERKSFIGUREN

7/1.1 *Schloß auf dem Rücken einer Schildkröte, in: F. Mayer, ›Bichssenmeistery auch / von allerley schimpff-lichen und ernst-/lichen Feuerwerckhen‹ (1594)*

7/1.2 *›Ein Kampff zu Fuß / mit Feuerwerkh zu richten‹, in: F. Mayer, ›[. . .] / von allerley [. . .] Feuerwerckhen‹ (1594)*

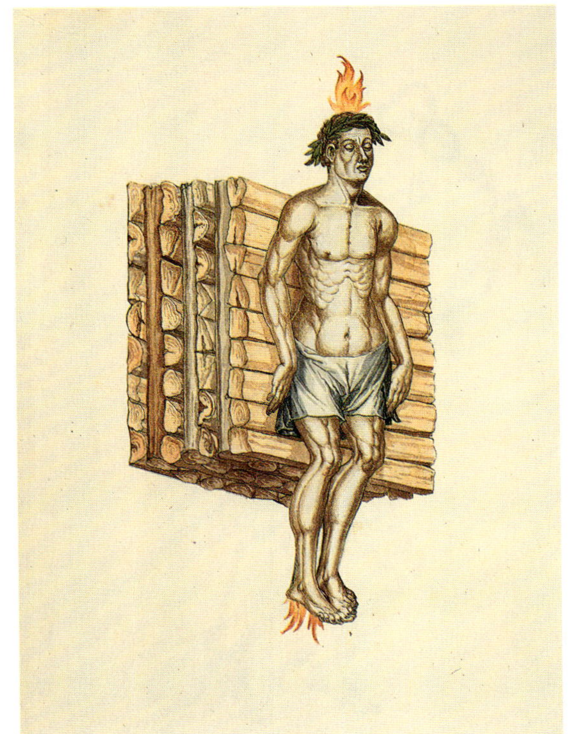

7/2 *Feuerwerksfiguren in: Feuerwerksbuch, Straßburg [?] (nach 1598)*

7/2.1 *Türke*

7/2.2 *Engel als Schnurfeuerwerk*

7/2.3 *Figur auf einem Scheiterhaufen*

7/2.4 *Sitzender Satyr*

7/2.5 *Geflügeltes Fabelwesen*

7/2.6 *Drache als Schnurfeuerwerk*

7/2.10 *Kampf eines Wilden Mannes gegen einen siebenköpfigen Drachen*

7/2.7 *Mohr reitet auf einer Schnecke*

7/2.8 *Elephant trägt ein Kastell*

7/2.9 *Mönch und Nonne auf einem drehbaren Rad tanzend*

7/2.11 *Reiterkampf mit Lanzen*

7/2.12 *Kampf Berittener gegen Musketiere*

7/3 *Feuerwerksfiguren in: Johann I. von Nassau-Siegen, ›Etliche schöne Tractaten von aller-/handt Feüerwercken / und deren Künstlichen Zubereitung [. . .] (1610)*

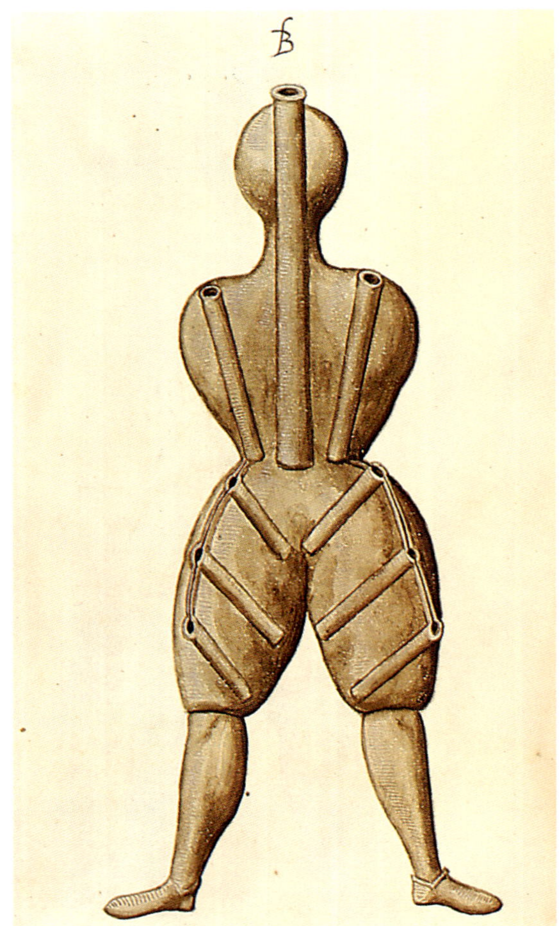

7/3.1 *Konstruktion einer stehenden Figur*

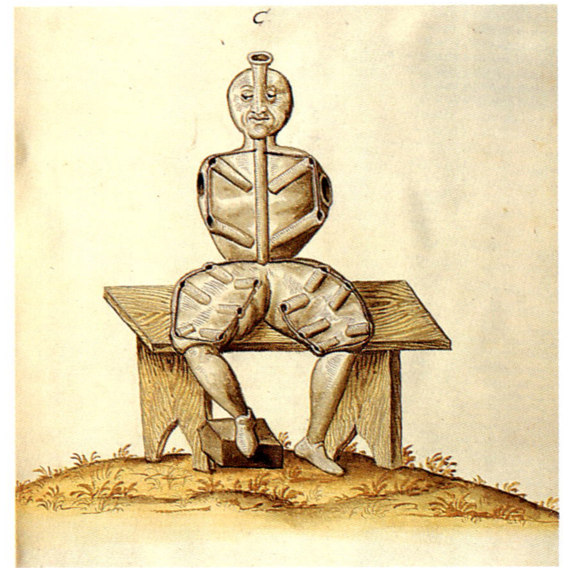

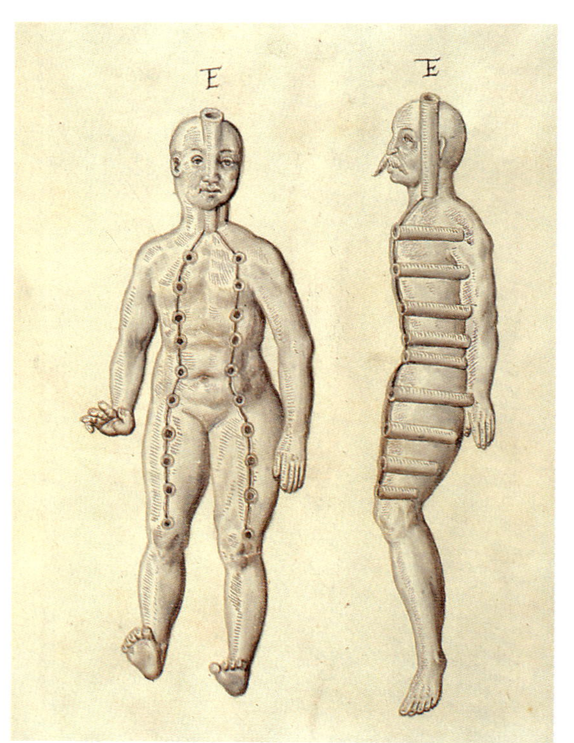

7/3.2 *Konstruktion einer sitzenden Figur*

7/3.3 *Konstruktion einer stehenden Figur*

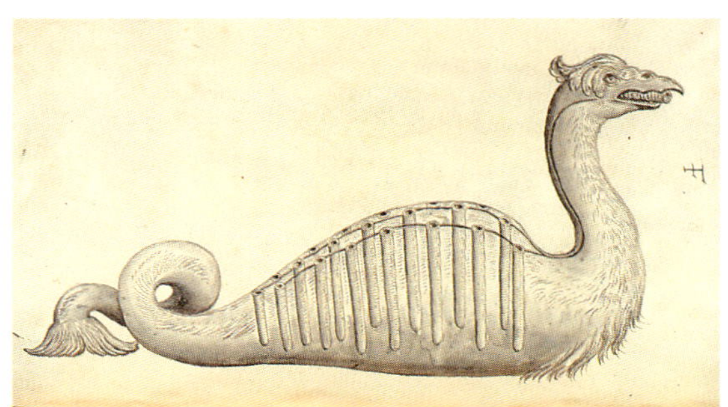

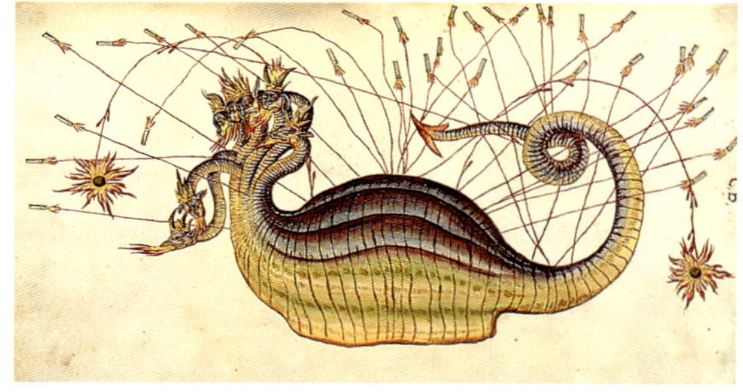

7/3.4 *Engel als Schnurfeuerwerk*

7/3.5 *Drache*

7/3.7 *Geflügelter Drache als Schnurfeuerwerk*

7/3.6 *Drache*

7/3.8 *Neptun*

7/3.9 *Mohr reitet auf einer feuerspeienden Schnecke*

7/3.10 *Mönch mit einer Nonne tanzend*

7/3.11 *Reiterkampf mit Lanzen*

7/3.12 *Schwerterkampf*

7/3.13 *Wilder Mann kämpft gegen siebenköpfigen Drachen*

7/4.1 *Türke, Figur in: M. Krembs, Pyrotechnia [. . .] (1692)*

7/4.2 *Löwe auf einem Postament, Figur in: M. Krembs, Pyrotechnia [. . .] (1692)*

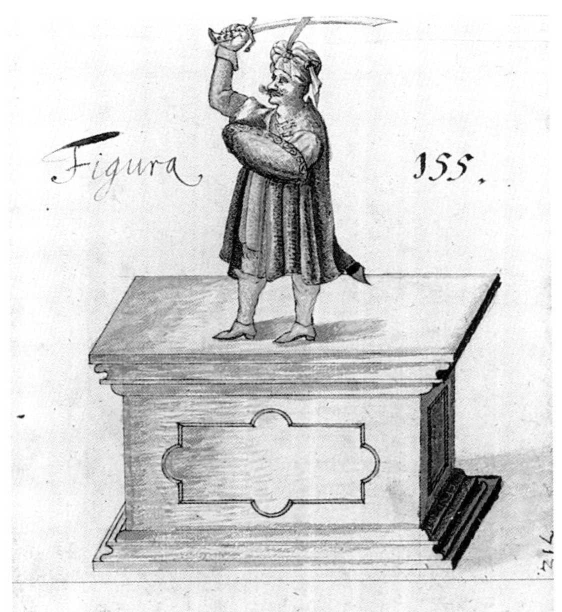

7/5 *Türke, Figur in: J. Furttenbach, Newes Itinerarium Italiae, Ulm 1627*

7/6.1 *Feuerspeiender Drache als Schnurfeuerwerk, in: J. Furttenbach, Halinitro Pyrobolia. [. . .], 1627*

7/6.2 *Doppeladler in: J. Furttenbach, Halinitro Pyrobolia. [. . .], 1627*

7/7 *Feuerspeiender Drache als Schnurfeuerwerk (1630)*

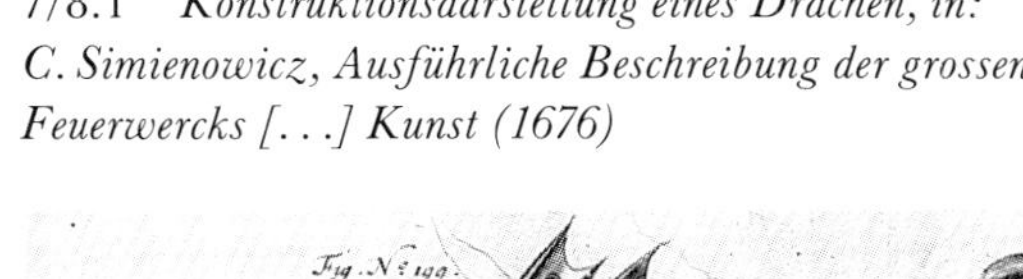
7/8.1 *Konstruktionsdarstellung eines Drachen, in: C. Simienowicz, Ausführliche Beschreibung der grossen Feuerwercks [. . .] Kunst (1676)*

7/8.2 *Bacchus auf einem Weinfaß sitzend. Konstruktion in: C. Simienowicz, Ausführliche Beschreibung der grossen Feuerwercks [. . .] Kunst (1676)*

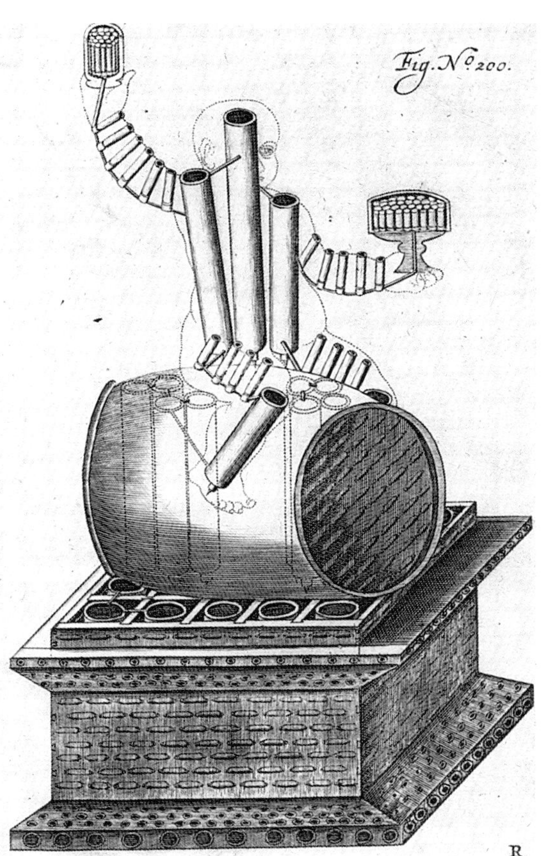

7/8.3 *Bacchus auf einem Weinfaß sitzend, in: C. Simienowicz, Ausführliche Beschreibung der grossen Feuerwercks [. . .] Kunst (1676)*

7/9.1 *Kampf gegen Drachen als Schnurfeuerwerk, in: D. Manlyn, Pyrotechnia [. . .], (1678)*

7/9.2 *Kampf mit Feuerwerksschwertern, in: D. Manlyn, Pyrotechnia [. . .], (1678)*

7/9.3 *Feuerwerkskämpfe auf dem Wasser, in: D. Manlyn, Pyrotechnia [. . .] (1678)*

HOCHZEITEN

8/1 *Feuerwerk vor dem Holländischen Palais in Dresden zur Hochzeit des sächsischen Kurprinzen Friedrich August mit der Kaisertochter Maria Josepha am 10. September 1719*

8/2 *Feuerwerkstempel vor dem Rathaus in Brüssel 1736 aus Anlaß der Hochzeit der Erzherzogin Maria Theresia von Österreich mit dem Großherzog von Toskana, Franz Stephan von Lothringen*

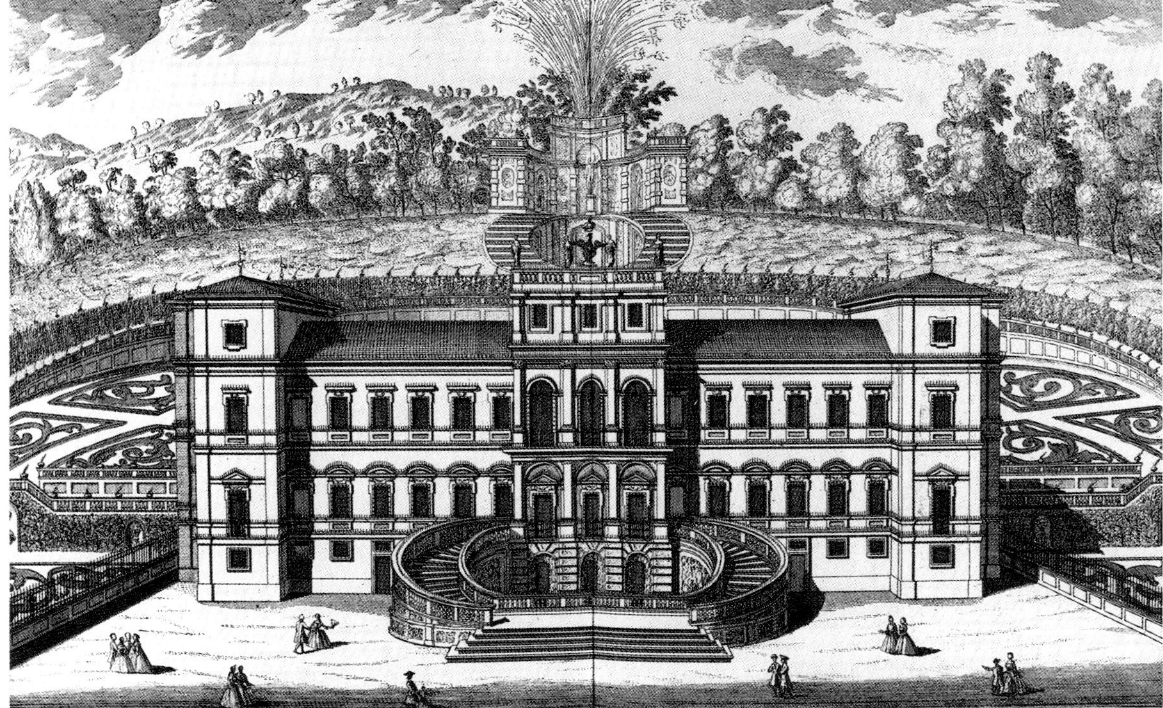

8/3.2 *Feuerwerk auf einem Pavillon im königlichen Weingarten: Feuerwerk zur Hochzeit König Emanuels I. von Sardinien mit Elisabeth Therese von Lothringen in Turin 1737*

8/3.1 *Allegorische Darstellung des Po als Feuerwerksaufbau: Feuerwerk zur Hochzeit König Karl Emanuels I. von Sardinien mit Elisabeth Therese von Lothringen in Turin 1737*

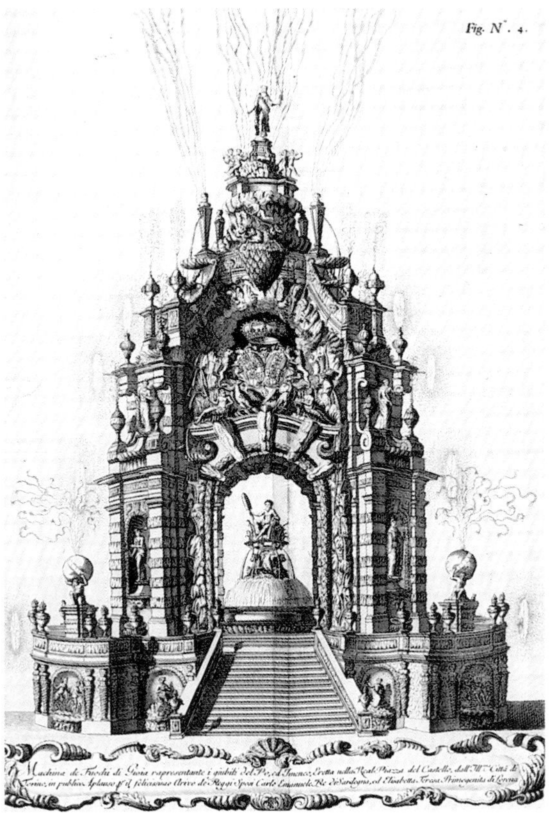

8/4 *Feuerwerk als feuerspeiender Vesuv anläßlich der Hochzeit des Königs beider Sizilien Karl IV. in Bologna 1738*

8/5.1–3 *Feuerwerk in Paris am 29. August 1739 auf dem Pont Neuf und auf der Seine zur Feier der Hochzeit der Prinzessin Louise Elisabeth von Frankreich mit dem spanischen Infanten Philipp*

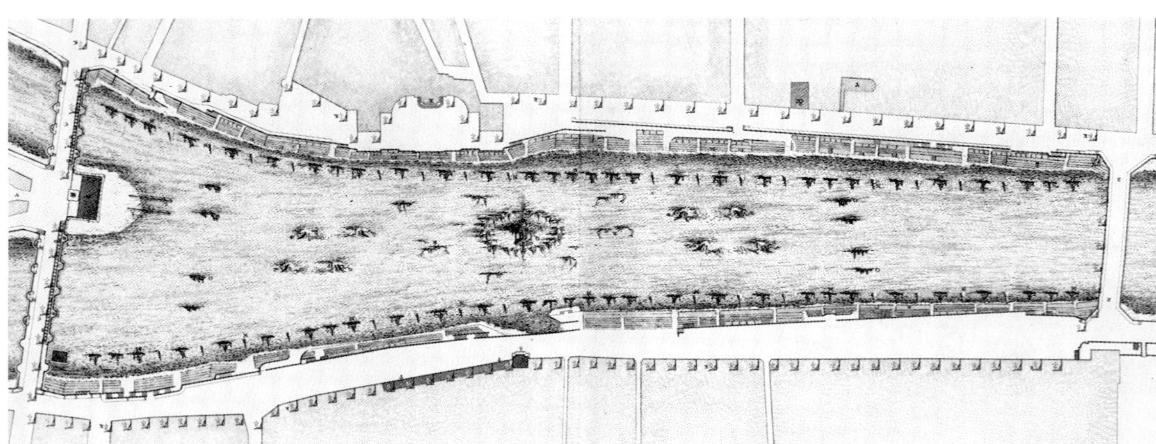

8/6 *Feuerwerksbühne im Zerbster Schloßgarten anläßlich der Vermählung Sophie Auguste von Anhalt-Zerbst, der späteren russischen Kaiserin Katharina II., mit dem zum russischen Großfürsten ernannten Peter, Herzog von Holstein-Gottdorf, dem späteren Zar Peter III. (Feodorowitsch), 1745*

8/7 *Feuerwerkstempel vor dem Pariser Rathaus 1747 für die Feier der Hochzeit des Dauphin mit Maria Josepha von Sachsen*

Giacomo Girolamo Casanova

EDUARD UND ELISABETH
(um 1788)

Während der Vorbereitungen für mein Fest, dessen Zeitpunkt näherrückte, hatte ich beschlossen, vor Beginn des Feuerwerks eine Oper aufzuführen. Ihr erinnert Euch, daß der König mich um alle Eintrittskarten gebeten hatte außer denen für die großen Logen für mich und meine Familie. Ich schrieb meine Oper auf englisch, mein Sohn Lorenz übersetzte sie ausgezeichnet in die Landessprache, und der beste Komponist der Stadt lieferte die Musik dazu. Ich hatte große Mühe, einen Stoff zu finden, weil unsere Mythologie vollkommen unbekannt war und nicht das geringste Interesse erregt hätte. Daher mußte ich ein Thema wählen, das den Megamikren entsprach und zugleich erhaben war; ich fand es eine ihrer einfallsreichen Allegorienlehre, die bei ihnen hoch entwickelt ist; denn sie personifizieren mit viel Geschick alle abstrakten Begriffe und die verschiedensten Ideen. [...] Alles war zur Aufführung für den Neujahrstag unseres fünfunddreißigsten Jahres bereit. Ich hatte mehrere Proben abgehalten, die mich am Erfolg nicht zweifeln ließen; in meinem neuen großen Theater hatte ich bereits den Apparat für mein Feuerwerk in der Mitte des Parketts aufgestellt und mit allen notwendigen Vorrichtungen versehen. Acht Tage vorher teilte ich Seiner Majestät mit, daß alles für die Jahresfeier vorbereitet sei. Ich sagte dem König, nach dem Festessen bei mir werde man in das kleine Theater gehen, wo bereits alle Eingeladenen warten würden, und nach der Aufführung möge er mit seinem ganzen Gefolge das große betreten und dort persönlich den Grund für die Geräusche sehen, die aus den Kellerräumen gedrungen seien und in der ganzen Stadt soviel Gerede verursacht hatten. Ich bat ihn um die Erlaubnis, die Eintrittskarten für die Aufführung im großen Theater an den Adel und an das Volk verteilen zu dürfen; er erwiderte mir, wenn ich noch Platz übrig hätte, stehe es mir durchaus frei, einzuladen, wen ich wolle, und war überrascht, als ich ihm sagte, daß noch Plätze für 500 000 Megamikren zur Verfügung ständen. Diese Auskunft beantwortete er mit einem sehr sprechenden Blick zu seinem Unzertrennlichen hin.

[...] Als wir im großen Theater ankamen, war es bereits voller Menschen. Der König fand am Haupteingang 200 Mann von seinen und 200 von meinen Garden vor, denen er das Privileg gewährt hatte, mit Hellebarden bewaffnet zu sein. Die Treppen und Gänge sah er von Phosphor erleuchtet, ohne daß das Licht in die geschlossenen Logen eindringen konnte. Der neue und vollkommen ungewohnte Anblick überwältigte ihn. Ein so ungeheures Gebäude, von seinen Untertanen erfüllt und taghell durch ein Licht erleuchtet, das er nicht kannte, mußte ihn völlig überraschen. Der Applaus von mehr als 500 000 Megamikren klang in seinen Ohren angenehmer als die schönste Musik. Wer einem Herrscher so schöne Augenblicke zu verschaffen weiß, kann nicht erfolglos sein; er wird sich damit seine Gunst erwerben. Nun sind solche schönen Augenblicke für Herrscher nicht jene, in denen sie etwas zum Wohl ihrer Untertanen tun; denn so etwas läßt sich nie in einem Augenblick vollbringen, sondern jene, in denen sie durch öffentlichen Jubel und allgemeinen Beifall ihren Triumph feiern. Sie sind überwältigt, sie zittern, und Tränen beginnen zu fließen. Ein solcher Augenblick ist entscheidend und bewirkt bei ihnen oft eine vollkommene Wandlung. Herrscher, die infolge ihrer natürlichen Milde und ihrer ruhigen und friedlichen Neigungen gut sind, werden besser; solche aber, die nur durch Erziehung gut oder schlecht geworden sind, finden sich plötzlich gewandelt; der Schlechte wird gut und der Gute schlecht, wie es bei Nero der Fall war.

Bei der Ankunft des Königs war mein ganzes Theater noch von 48 000 Weißblechschalen erleuchtet, die mein Oberfeuerwerker erfunden hatte. Diese Schalen enthielten eine Mischung aus Mehl und mineralischem Alaun, die sich in der Luft selbst entzündete und mit einer himmelblauen Flamme brannte; sie waren so vorbereitet, daß sie während zweieinhalb Stunden leuchteten und nach dieser Zeit ebenso gleichzeitig erlöschen mußten, wie sie zu brennen begonnen hatten. Ich hatte angeordnet, daß 142 Megamikren, das heißt einer in jedem Rang, auf den Befehl eines meiner Söhne hin genau um zehn Uhr mit einer Schnur je 300 Schalen zu öffnen hatte, so daß nur in einer Viertelstunde alle erlöschen mußten, wie ich auf der Uhr in meiner Hand feststellte. In dieser Viertelstunde betrachtete der König den Apparat, den er in der Mitte des Parketts erblickte, ohne zu begreifen, wozu er wohl dienen mochte. Dieser mit Feuerwerkskörpern gespickte Apparat war achteckig und maß am unteren Rand vierundzwanzig Klafter im Durchmesser. Jede seiner acht geraden Seiten hatte eine Breite von neun Klaftern. Er bestand aus zwölf Stufen, die nach oben im Durchmesser immer kleiner wurden so daß die letzte nur noch drei Klafter hatte. Der Apparat war sechzig Klafter hoch. Die unterste Stufe war 40 Fuß hoch, die zweite 38, die dritte 36 usw., und das oberste demnach 18 Fuß. Jede seiner acht Seiten enthielt von unten bis oben die gleichen Feuerwerkskörper, so daß am Schluß alle 500 000 Zuschauer dasselbe gesehen haben mußten. Das Parkett war mit Sand und dort, wo Teppiche meine unterirdischen Säle überspannten, mit feuchter Erde bedeckt. Meine vierzig Feuerwerker befanden sich im Inneren des Apparates, in dem sie durch 96 Schlupflöcher überall dorthin gelangen konnten, wo sie gerade gebraucht wurden. Alle 96 Flächen des Bauwerks waren gleichmäßig mit 40 000 Feuerlanzen versehen.

8/8 *›Vorstellung des Feverwercks welches auf allerhöchste Koenigl. Anordnung bey der Hohen Vermählung der Koenigl. Printzessin Frauen Marien Josephen mit ihro Koenigl. Hoheit dem Dauphin bey Dresden verbrandt worden d. 12. Jan. 1747‹*

Die unterste Stufe hatte 8000 auf jeder Fläche, die oberste 800, also 100 auf jeder Fläche.

Ich bat den König, er möge, sobald das Theater dunkel werde, die Güte haben, unter einem Zünder den ich ihm auf der gepolsterten Brüstung seiner Loge zeigte, eine Büchse öffnen, die ich ihm in die Hand gegeben hatte. Dieser Zünder glich vollkommen einem auf fünf Zoll verkleinerten buntscheckigen Megamikren; ein zweiter gleicher Art war neben dem Ellbogen des königlichen Unzertrennlichen angebracht. Nachdem der König mich richtig verstanden hatte, versprach er zu gehorchen. Als ich auf meiner Uhr sah, daß das Licht der Schalen in einer Minute erlöschen mußte, teilte ich dem König mit, daß das Theater sogleich in völlige Finsternis getaucht sein werde; aber diese Finsternis werde einem neuen Licht weichen, sobald er seine Büchse öffne. Der König erwiderte, er habe Lust, zwei oder drei Minuten lang die Dunkelheit zu genießen. Kaum hatte er diese Worte ausgesprochen, erloschen die Schalen alle im gleichen Augenblick. Die Dunkelheit, die bei uns in einem dichtbesetzten Theater Panik ausgelöst hätte, wirkte wie ein glücklicher Einfall, ein Witz oder ein guter Scherz und ließ alle Zuschauer in ein allgemeines Gelächter ausbrechen; selbst das königliche Paar lachte aus vollem Halse. Der König, der sich genau an das Gesagte erinnerte, öffnete die Büchse, der Zünder fing Feuer und glitt auf der Zündschnur entlang, die sogleich die 40 000 Feuerlanzen rings um den ganzen Apparat in Brand setzte. Der Anblick des eleganten Aufbaues, der nach kurzer Finsternis in klarstes Licht getaucht war, erntete allgemeinen Applaus. Die Feuerlanzen sollten nur neun Minuten brennen. Als ich sah, daß zum zweitenmal Dunkelheit eintreten würde, gab ich dem König eine neue Büchse und sagte ihm, er möge den anderen Zünder in Brand setzen, sobald es finster werde. Der König nahm die Büchse und gab sie seiner bezaubernden Hälfte. Bei Eintritt der Dunkelheit folgte erneutes Gelächter; aber der Unzertrennliche wartete nicht lange. Neugierig darauf, was es weiter zu sehen geben würde, ließ er den Zünder auf die Zündschnur der Feuerwerke fliegen, sofort begannen von unten bis oben neue Feuerlanzen zu sprühen. In schönster Form zeigten sich Tore, Arkaden, Terrassen, Balkone, Statuen, Säulen, Hallen, Gewölbe und alles, was das Auge erfreuen konnte. Zur gleichen Zeit stimmte ein Orchester, das ich in der Mitte unter dem Apparat aufgestellt hatte, mit Trompeten, Pauken, Hörnern, Querpfeifen, Oboen, Krummhörnern und Fagotten, die die Megamikren überhaupt nicht kannten, ein Konzert an, das eine wunderbare Wirkung hatte, denn es begann gerade in dem Augenblick, als der ganze in Licht getauchte Apparat eine allgemeine Salve von Böllern und Kanonenschlägen von sich gab, die einen ungeheuren Lärm machte; wir hatten eigens viel Kohle genommen, um ihn zu verstärken. Kaum hatte das Geknatter aufgehört, spie der Apparat eine gute Viertelstunde lang Schwärmer, Sterne, Feuerkaskaden und Raketen aus, die weder die Decke noch die Logen erreichen konnten, insgesamt 25 000. Der Rauch verzog sich augenblicklich nach der Decke und verschwand durch Rohre, die kein Tageslicht einließen, weil ihre äußere Mündung nach unten gekrümmt war. Mein Sohn hatte den Schwefel so behandelt, daß er, statt zu stinken, den großen Raum mit einem köstlichen Geruch erfüllte.

Im gleichen Augenblick bildeten sich auf allen acht Seiten Feuerbüsche, zypressenartige Feuersäulen und Leuchtfontänen, dazu Sprühfeuer, deren Wirkung bezaubernd war. Säulen mit leuchtenden Kapitellen, Bogengänge mit flammenden Gesimsen leuchteten in allen zwölf Stufen auf. Von überall aus sah man im Inneren des Aufbaues meine vierzig Kyklopen, die auf und nieder kletterten, um überall Hand anzulegen, und den Zuschauern Anlaß zu größtem Staunen gaben, weil es tatsächlich so aussah, als seien sie mitten in den Flammen. Sie waren ganz nackt, hatten jedoch ihre Körper mit einer schwarzen Glasur überzogen, die sie vor den Funken schützte; ihre Haare hatten sie in rote Tücher gebunden, und statt des Augenschutzes trugen sie auf dem Kopf große Schlapphüte.

Die Megamikren waren ganz begeistert und glaubten, ihnen sei der Anblick von Wundern vergönnt; sie hielten es für unmöglich, daß es noch etwas Schöneres zu bestaunen geben könne, als sich unten und oben an jeder der acht Seiten sechzehn Sonnen zu drehen begannen. Diese Sonnen bestanden aus vierundzwanzig Feuerrädern, die vierundzwanzigmal die Farbe und die Geschwindigkeit änderten, mit der sie ihre Strahlen entsandten. Die große Helligkeit ließ im Mittelpunkt dieser Sonnen deutlich mehrere rote Megamikrenpaare in natürlicher Größe erkennen, die herumsprangen, hüpften, sich umarmten, sich Milch spendeten und tanzten; diese Figuren waren so gut nachgemacht, daß sie wie lebend wirkten. Man wußte nicht, was man davon halten sollte.

Nach Erlöschen der Sonnen schossen kleine Sprühfeuer aller Art gleichzeitig aus der ganzen Oberfläche des großen Apparates hervor; man sah auf seiner Spitze an jeder der acht Seiten zwei rote Megamikren, die auf ihren Schultern einen Erdball trugen, auf dem deutlich in großen Flammenbuchstaben stand: »Der beste König muß auch der glücklichste sein.« Diese Worte wurden sofort von 500 000 Stimmen wiederholt, und ich sah, wie das königliche Paar, für das dieses Schauspiel das schönste war, das es je erlebt hatte, den Kopf in die Hände sinken ließ. Nach einer Böllersalve stiegen 8000 Schwärmer auf; dann blieb der ganze Apparat dunkel, nur auf seiner Spitze erblickte man immer noch leuchtend die beiden Figuren, den Erdball und die acht Worte. Die Dunkelheit dauerte nur eine Minute. Eine Rakete, die wie ein geflügeltes Pferd aussah, stieg aus dem Apparat empor und setzte eine Zündschnur in Brand, die 25 000 Feuerlanzen entzündete; diese bildeten Lichtbänder, die das ganze Theater erhellten.

Ich sagte dem König, damit sei alles beendet. Er sah mich an wie ein Mensch, der aus einem tiefen Schlaf erwacht. Jener meiner Söhne, der die weittragendste Stimme hatte, rief von der Spitze des Apparates: »Kinder der Sonne, Ihr könnt nach Hause gehen, denn das Schauspiel ist zu Ende.«

8/9 *Feuerwerk im Schloßgarten zu Nymphenburg am 26. July 1747 anläßlich der Hochzeit des bayerischen Kurfürsten Maximilian III. mit der sächsischen Prinzessin Maria Anna*

Bildunterschrift: *Vorstellung des Kostbaren Kunst- und Lust-Feuerwercks zu Wasser, und zu Lande Welches Ihro Churfrtl. Durtl. Unserem allerseits* g[nä]*disten Chur- und Lands-Fürsten Herrn Herrn Maximiliano Josepho, Dann der Durchlaeuchtigsten Frauen Frauen, Maria Anna, Gebohrnen Königlich. Polnischen, und ChursächsischenPrincessin zu allerunterthaeng. schuldigisten Ehren und höchst erwünscht. erfreulichen Mariage bey dem Churfrtl. Lust-Schloss Nünpfenburg auf den großen Pasein, unweith der Churfrtl. Haupt- und Residence Statt München durch Dero Obristen, Ludwig Forstnern, und Churbayrischen Artillerie Brigade produciert worden, Julii anno MDCCXLVII Verzeichnus des Kupfer Blatts, was nach bey gesetzten Zifferen darinnen zuersehen: In der mitte presentieren sich zwey, in grünen Feur, brinnende Hertzen, mit der Überschrifft: Conjuncta virescant. Zu beeden Seiten erscheinen in VI. Devisen verschiedene sünnreiche Feur.* **I.** *Zur Seite der Churbayrischen Wappen, erleuchten zwey verbundene Facklen, einen, mit denen Bildnüssen der Durchleuchtigst Bayrischen Groß-Ahnen, ausgezierten Saal, mit der Überschrift: Sic juvat illustrare Domum.* **II.** *Brinnet eine, von denn reinen Sonnen-Straalen, angezündet Fackel, die Überschrifft: Alio nunquam igne flagravi.* **III.** *Eine aus der Wolkken herfür raichende Hande, schlaget Feur aus dem, von einer Statuen, oder anderen Postament, gehaltenen Stein, mit der Überschrifft: Saxo elicit ignes.* **IV.** *Zur Seite der Chursachsischen Wappen lasset sich München und Dresden in Perspectiv sehen, und die Electrische Kette zündet den, bey München stehenden Spiritum an, die Überschrifft lautet: A Longe accendo.* **V.** *Ein helles Nord Liecht erscheinet, mit der Überschrifft: A Borea Lumen.* **VI.** *Ein grosses Raget theilet sich, und kommen viele kleinere herfür, mit der Überschrifft: Multorum Mater*

8/10 *Feuerwerk zur Hochzeit des Herzogs Karl Eugen von Württemberg mit Elisabeth Friederike Sophie von Bayreuth*

8/11 *Feuerwerk in Nymphenburg 1765 zur Vermählung Kaiser Josephs II. mit der bayerischen Prinzessin Maria Josepha*

8/12 *Feuerwerk in Parma 1769 anläßlich der Hochzeit des spanischen Infanten Ferdinand mit der Erzherzogin Maria Amalia*

8/13 *Feuerwerk zur Hochzeit des Großfürsten Paul (Zar Paul) mit Wilhelmine von Hessen-Darmstadt in St. Petersburg 1774*

8/14.1–2 *Feuerwerk im kaiserlichen Sommergarten zu St. Petersburg im Oktober 1793 zur Hochzeit des Großfürsten und späteren Zaren Alexander (I.) Pawlowitsch mit der Großfürstin Elisabeth (Alexiewna) von Baden*

8/15.1–2 *Feuerwerke in St. Petersburg anläßlich der Hochzeit des Bruders von Zar Alexander I., Konstantin Pawlowitsch, mit Julie Henriette (Anna Feodorowna) von Sachsen-Koburg*

GEBURT UND TAUFE

8/16 *Feuerwerk auf den Hallerwiesen in Nürnberg am 24. August 1716 anläßlich der Geburt des Erzherzogs Leopold sowie des Sieges der kaiserlichen Truppen gegen die Türken bei Peterwardein*

Bildunterschrift: *Eigentliche Vorstellung des Freuden-Feuer-Wercks, welches so wohl wegen welterfreulichster Geburth des durchlauchtigsten Ertzherzogs Leopolds als auch wegen darauf erfolgter unvergleichlichen Victorie wider die Turken ohnfern Peterwardein auf des Heil. Röm. Reichs Stadt Nürnberg, so genannter Haller-Wiesen, bey einem Stahl- und Armbrust-Schiesen, unter unzaehlich hertz-eyfrigen Glückwünschungen und Freuden-Bezeugungen einer ungemeinen Menge Zuschauer, hohen und niedern Standes, angezündet worden ist, den 24 Augusti 1716 Heil-Jahres*

8/17 *Feuerwerksaufbau in Pavia 1717 zur Feier der Geburt des Erzherzogs Leopold, Prinz von Asturien*

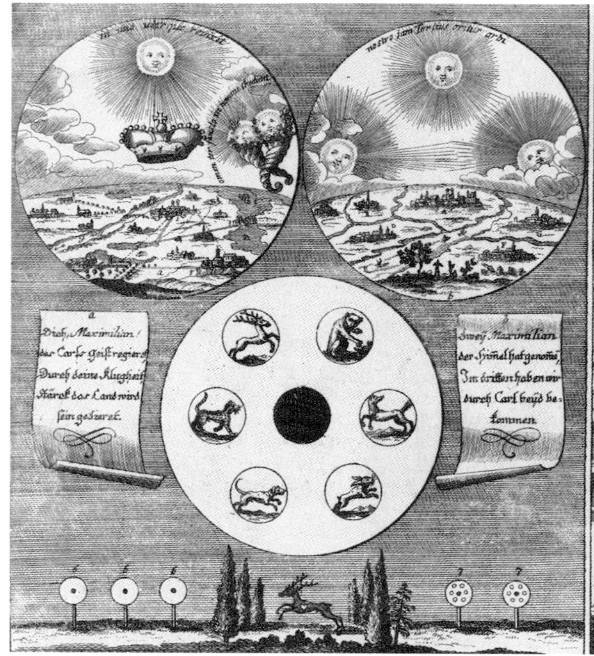

8/18 *Artilleristisches Probeschießen und Feuerwerk in München aus Anlaß der Geburt eines bayerischen Erbprinzen (1727)*

8/19 *Feuerwerksaufbauten auf der Seine in Paris 1730 errichtet im Auftrage des spanischen Königs Philipp V. zur Feier der Geburt des Dauphin*

8/20.1 *Feuerwerkstempel vor dem Castel Nuovo in Neapel anläßlich der Geburt des ersten Sohnes Karls IV., König beider Sizilien, Prinz Philipp, 1747*

8/20.2–3 *Feuerwerkstempel vor dem Castel Nuovo in Neapel anläßlich der Geburt des ersten Sohnes Karls IV., König beider Sizilien, Prinz Philipp, 1747*

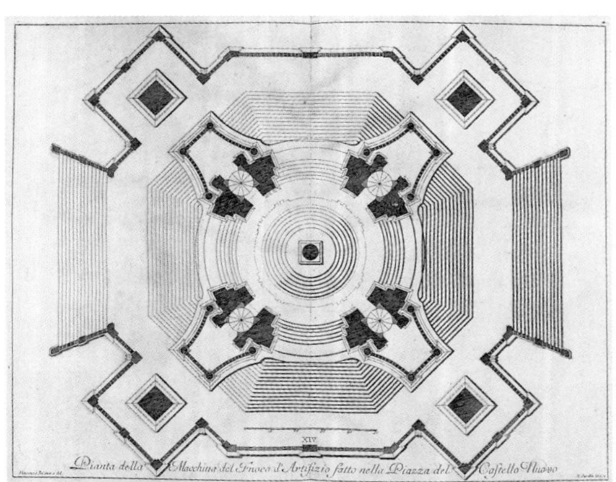

8/21.1–2 *Feuerwerksaufbauten in St. Petersburg im Januar 1778 zur Feier der Geburt des russischen Großfürsten und späteren Zaren Alexander Pawlowitsch*

8/22 *Feuerwerk in Paris am 21. Januar 1782 aus Anlaß der Geburt des Dauphin*

KRÖNUNGEN

8/23 *Feuerwerk in Hamburg 1712 zur Kaiserkrönung Karls VI.*

8/24 *Feuerwerk in Gent 1717 anläßlich der Huldigungsfeier für Kaiser Karl VI. als Herrscher über Flandern nach dem Frieden von Rastatt*

8/24.1 *Vier pyramidale Feuerwerksaufbauten errichtet um die Statue Karls V.*

8/24.2 *Feuerwerkszaun um die Statue Karls V.*

8/25 *Feuerwerk zur Krönung der Zarin Anna Iwanowna in Moskau 1730*

8/24.3 *Illuminationen vor dem erleuchteten Rathaus und Feuerwerk auf dem Belfried*

8/26 *Feuerwerk in Hamburg 1745 zur Kaiserkrönung Franz I.*

8/27.1 *Illuminierter Feuerwerkstempel mit entzündetem Raketenzaun: Feuerwerk auf dem Vijver in Den Haag 1745/46 zur Kaiserkrönung Franz I.*

8/27.2 *Entwurf des Feuerwerkstempel und Raketenzaun: Feuerwerk auf dem Vijver in Den Haag 1745/46 zur Kaiserkrönung Franz I.*

8/28 *›Vorstellung des Feuer-Wercks welches bey der erwünschten hohen Crönung Ihro Kayserl. Majestät. Catharina Alexiewna in der Kayserl. Residentz-Stadt Moscau d. Sept. 1762 abgebrannt worden‹*

8/29 *›Pallas Insel im Feuerwercke am Gedächtniß-Feste der Thronbesteigung Ihro Kayserl. Mayst. Catharina der Zweyten vorgestellt auf dem Newa-Strohm vor dem Kayserl. Sommerhofe zu St. Petersburg. den 28. Junii 1763‹*

8/30 *Feuerwerk (15. 1. 1764) zur Feier der Wahl des späteren Kaisers Joseph (II.) zum römischen König, inszeniert für den durchreisenden kaiserlichen Gesandten Fürst Nikolaus Joseph von Esterhazy*

8/31 *Feuerwerksbühne mit Raketenzaun in Vere (Middelburg) 1766 anläßlich der Huldigungsfeierlichkeiten für Wilhelm V., Prinz von Oranien, Erbstatthalter der Niederlande*

8/32 *Feuerwerk zur Krönung Pedros V. von Portugal in Oporto (1855)*

SIEG UND FRIEDEN

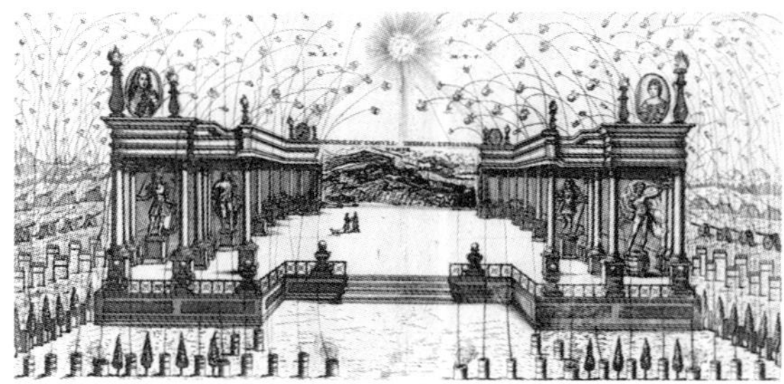

8/33 *Feuerwerk in München 1701 zu Ehren des bayerischen Kurfürsten Max Emanuel, Statthalter der spanischen Niederlande, und seiner Gattin Therese Kunigunde von Polen, die Zurückgewinnung von Namur feiernd*

8/34 *Von einem Raketenzaun umgebenes illuminiertes Monument mit Darstellung siegreicher Schlachten der Generalstaaten und ihrer Verbündeten gegen Frankreich und Spanien im spanischen Erbfolgekrieg auf dem Vijver in Den Haag 1702*

8/35 *Raketenzaun-Feuerwerk und illuminiertes Monument mit allegorischen Darstellungen auf dem Vijver in Den Haag 1713 zur Feier des Friedens von Utrecht*

8/36.1 *›Ex Igne Triumphus‹: Feuerwerk auf dem Schießplatz St. Johannis in Nürnberg 1717 zur Feier der Eroberung Belgrads durch das kaiserliche Heer:* ›No. *A*. Die Kayserl. Chron. *B*. Das Österreich. und Hispanische Wappen. *C*. Ein Adler welcher einen Drachen erlegt mit der Unterschrift. VICTOR VBIQUE. z.T.[eutsch] Er überwindet überall. *D*. Ihro Kayserl. May. allerhöchstes Helden Bildnuß zu Pferd auf einem Piedestal zusammen 20 Schuh hoch. mit der Unterschrift De tVrCa IterVM VICtor z.T. abermaliger Überwinder der Türkken. *E*. die Kayserl. Cron und zwey CC über einem Piedestal in dessen 4 Füllungen die absonderlich abgezeichnete Kayserl. Vortheile über den Feind mit ihren Überschrifften in einer Illumination zu sehen war. *F*. die auf 12 Säulen in weißen Feuer brennende Buchstaben VIVAT CAROLUS. *G*. die aufgeführte 24 Stücke und 12 Mortiers.‹

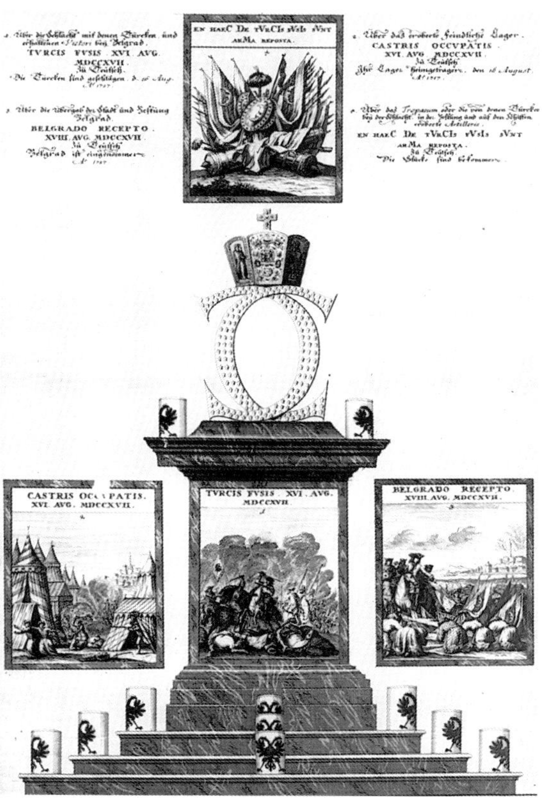

8/36.2 *Feuerwerk auf dem Schießplatz St. Johannis in Nürnberg 1717 zur Feier der Eroberung Belgrads durch das kaiserliche Heer*

8/37 *Feuerwerksaufbau vor dem Pariser Rathaus zur Feier der Eroberung von Gent 1745*

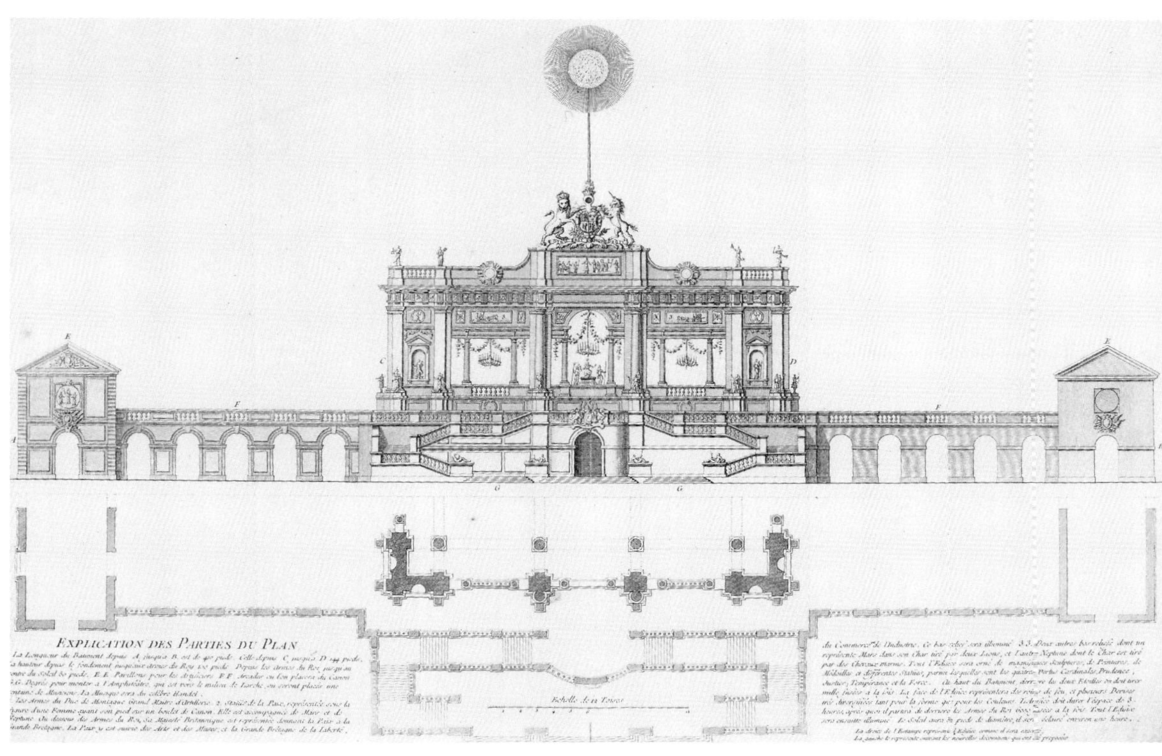

8/38 *Entwurf der Feuerwerkskulisse für die Feierlichkeiten anläßlich der Beendigung des österreichischen Erbfolgekrieges mit dem Frieden zu Aachen (18. 10. 1748) in London 1749*

8/39.1–3 *Feuerwerk auf dem Vijver in Den Haag 1749 anläßlich des Friedens zu Aachen*

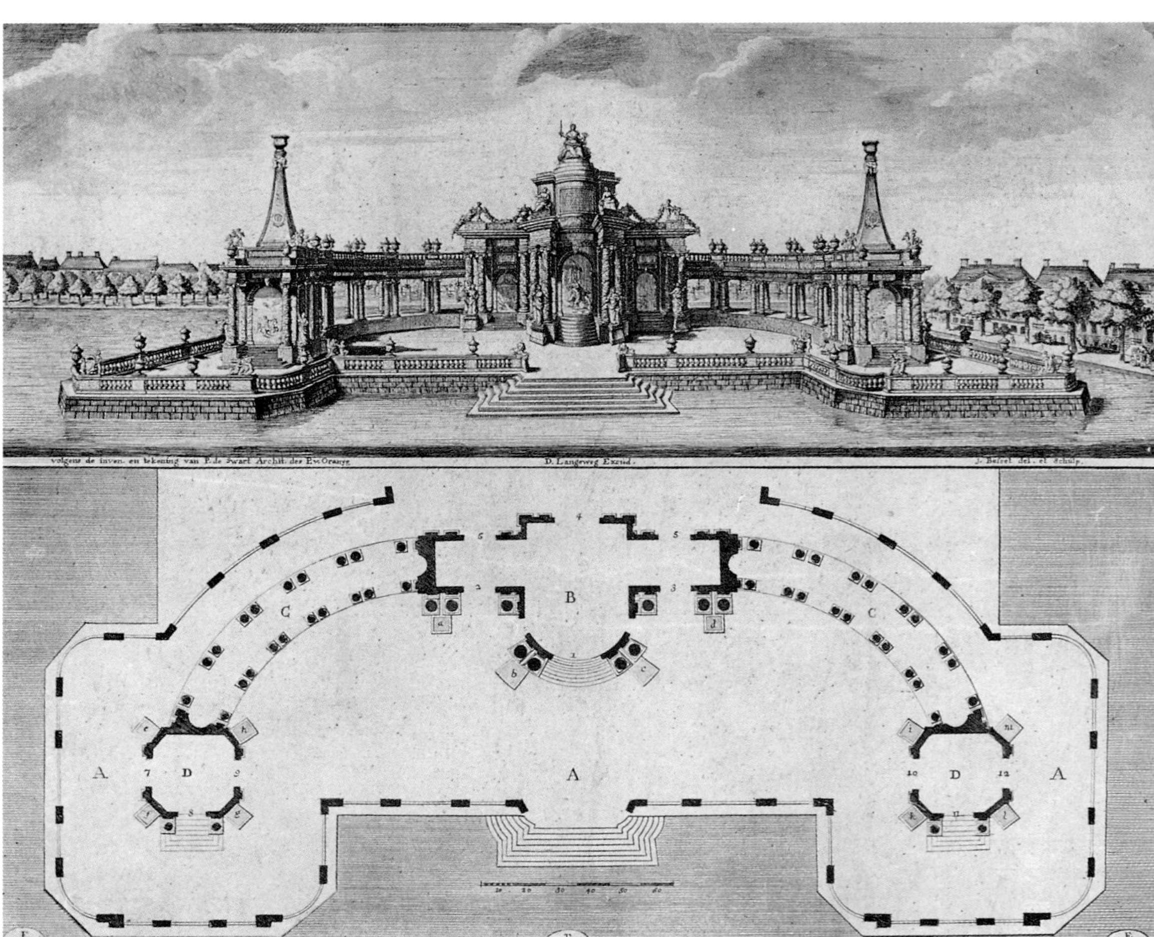

8/40 *Feuerwerk auf der Ill in Straßburg 1749 anläßlich des Friedens von Aachen*

8/41 *Gemalte Dekoration für ein Feuerwerk vor dem Rathaus von Paris 1756 anläßlich der Eroberung des spanischen Kriegshafens Port Mahon auf Menorca*

8/42.1–3 *Feuerwerk in St. Petersburg 1760 anläßlich der Einnahme Berlins durch russische Truppen im Siebenjährigen Krieg*

8/43 *›Vorstellung des Feuerwerks so an dem Friedens-Feste zu St. Petersburg vor dem Kayserl. Winter-Palais auf dem Newa Strohm den 10. Juni 1762 aufgeführt worden.‹*

8/44 *Feuerwerk in Solothurn 1777 veranstaltet von dem französischen Gesandten anläßlich der Erneuerung des Bündnisses zwischen der Schweiz und Frankreich*

8/45.1 *Feuerwerk anläßlich der Unterzeichnung des Friedensvertrages (14. 8. 1790) zwischen Katharina II. von Rußland und Gustav III. von Schweden*

8/45.2 *Feuerwerk anläßlich der Unterzeichnung des Friedensvertrages (14. 8. 1790) zwischen Katharina II. von Rußland und Gustav III. von Schweden*

8/46 *›Ansicht des Feuerwerks, welches auf Befehl Sr. Königlichen Hoheit des Herzogs von Cambridge, [. . .] am 18.ten October 1821, dem Jahrstage der Leipziger Völker-Schlacht, im Schlossgarten zu Herrenhausen in Gegenwart Sr. Majestät des Königs abgebrannt ist.‹*

8/47 *Freudenfeuerwerk anläßlich der Eroberung Sewastopols durch die Alliierten 1855 in Woolwich Marshes*

ANDERE FESTE

8/51 *Artilleristisches Schloßfeuerwerk in München 1733 zum Geburtstag des bayerischen Herzogs Clemens August (geb. 16. 8. 1730), Kurfürst von Köln:* ›*A*. Ein alt Berg-Schloß so belagert wird / und das gantze Feuerwerck bedecket. *B*. Die Fortification am Fueß des Berges [Bezeichnung der militärischen Einrichtungen *C–T) O*. Loge worinnen sammentliche Durchl. Herrschafften sambt dem gantzen Hof-Staat dem Feuerwerck zusehen‹

8/48 *Feuerwerksmonument anläßlich des Besuches Philipps V. von Spanien in Bologna 1702*

8/49 *›Prospect und Eintheilung des Feuer-Werks welches bey allergnaedigster Anwesenheit Ihro Kaiserlichen Majestaet Caroli VI zu Bezeugung allerunterthaenigster Devotion auf Verordnung eines hochedlen Raths des H.R.R. freyen Stadt Nürnberg, den 16. Jan. 1712 aufgeführt [...]‹*

8/50 *Feuerwerk in München 1735 anläßlich der Rückkehr des bayrischen Kurfürstenpaares in ihre Residenz*

8/52 *Feuerwerkstempel errichtet von der Stadt Paris 1744 zur Feier der Genesung Ludwigs XV.*

8/53 *Feuerwerk, ausgerichtet von der Stadt Straßburg zur Feier der Genesung Ludwigs XV.*

8/54 *Raketenzaun: Feuerwerk in Den Haag 1745 zum Geburtstag der Kaiserin Maria Theresia*

8/55 *›Das Russische Reich in einer allegor[ischen] Feuerwerks Vorstellung vor dem Kayserl[ichen] Winter-Palais am Neu Jahrs-abend 1761 [in St. Petersburg]‹*

8/57.1–2 *Feuerwerk in St. Petersburg auf der Newa zu Ehren der Zarin Katharina II. am 25. Januar 1765*

8/58.1–2 *Feuerwerk in St. Petersburg zu Ehren der Zarin Katharina II. am 17. März 1765*

8/56 *›Haupt-Plan eines zu Ehren Sr. Kaysl. Maj. [Peter III.] aufgeführten Feuerwerckes [. . .] Petersburg den 17. März 1762‹*

8/59 *›Der Stein zu Wörlitz‹: Feuerwerksausbruch eines mit Findlingen errichteten künstlichen Vesuvs in dem von Fürst Leopold Friedrich Franz angelegten Landschaftgarten von Wörlitz (um 1797)*

Johann Wolfgang Goethe
WAHLVERWANDTSCHAFTEN (1809)

Eduards Neigung war aber grenzenlos. Wie er sich Ottilien zuzueignen begehrte, so kannte er auch kein Maß des Hingebens, Schenkens, Versprechens. Zu einigen Gaben, die er Ottilien an diesem Tage verehren wollte, hatte ihm Charlotte viel zu ärmliche Vorschläge getan. Er sprach mit seinem Kammerdiener, der seine Garderobe besorgte und mit Handelsleuten und Modehändlern in beständigem Verhältnis blieb; dieser, nicht unbekannt sowohl mit den angenehmsten Gaben selbst als mit der besten Art, sie zu überreichen, bestellte sogleich in der Stadt den niedlichsten Koffer: mit rotem Saffian überzogen, mit Stahlnägeln beschlagen, und angefüllt mit Geschenken, einer solchen Schale würdig.

Noch einen andern Vorschlag tat er Eduarden. Es war ein kleines Feuerwerk vorhanden, das man immer abzubrennen versäumt hatte. Dies konnte man leicht verstärken und erweitern. Eduard ergriff den Gedanken, und jener versprach für die Ausführung zu sorgen. Die Sache sollte ein Geheimnis bleiben.

Der Hauptmann hatte unterdessen, je näher der Tag heranrückte, seine polizeilichen Einrichtungen getroffen, die er für so nötig hielt, wenn eine Masse Menschen zusammenberufen oder -gelockt wird. Ja sogar hatte er wegen des Bettelns und andrer Unbequemlichkeiten, wodurch die Anmut eines Festes gestört wird, durchaus Vorsorge genommen.

Eduard und sein Vertrauter dagegen beschäftigten sich vorzüglich mit dem Feuerwerk. Am mittelsten Teiche vor jenen großen Eichbäumen sollte es abgebrannt werden; gegenüber unter den Platanen sollte die Gesellschaft sich aufhalten, um die Wirkung aus gehöriger Ferne, die Abspiegelung im Wasser, und was auf dem Wasser selbst brennend zu schwimmen bestimmt war, mit Sicherheit und Bequemlichkeit anzuschauen. [...]

Der Kranz war aufgesteckt und weit umher in der Gegend sichtbar. Bunt flatterten die Bänder und Tücher in der Luft, und eine kurze Rede verscholl zum größten Teil im Winde. Die Feierlichkeit war zu Ende, der Tanz auf dem geebneten und mit Lauben umkreiseten Platze vor dem Gebäude sollte nun angehen. Ein schmucker Zimmergeselle führte Eduarden ein flinkes Bauernmädchen zu und forderte Ottilien auf, welche daneben stand. Die beiden Paare fanden sogleich ihre Nachfolger, und bald genug wechselte Eduard, indem er Ottilien ergriff und mit ihr die Runde machte. Die jüngere Gesellschaft mischte sich fröhlich in den Tanz des Volks, indes die Älteren beobachteten.

Sodann, ehe man sich auf den Spaziergängen zerstreute, ward abgeredet, daß man sich mit Untergang der Sonne bei den Platanen wieder versammeln wolle. Eduard fand sich zuerst ein, ordnete alles und nahm Abrede mit seinem Kammerdiener, der auf der andern Seite, in Gesellschaft des Feuerwerkers, die Lusterscheinungen zu besorgen hatte.

Der Hauptmann bemerkte die dazu getroffenen Vorrichtungen nicht mit Vergnügen; er wollte wegen des zu erwartenden Andrangs der Zuschauer mit Eduard sprechen, als ihn derselbe etwas hastig bat, er möge ihm diesen Teil der Feierlichkeit doch allein überlassen. Schon hatte sich das Volk auf die oberwärts abgestochenen und vom Rasen entblößten Dämme gedrängt, wo das Erdreich uneben und unsicher war. Die Sonne ging unter, die Dämmerung trat ein, und in Erwartung größerer Dunkelheit wurde die Gesellschaft unter den Platanen mit Erfrischungen bedient. Man fand den Ort unvergleichlich und freute sich in Gedanken, künftig von hier die Aussicht auf einen weiten und so mannigfaltig begrenzten See zu genießen.

Ein ruhiger Abend, eine vollkommene Windstille versprachen das nächtliche Fest zu begünstigen, als auf einmal ein entsetzliches Geschrei entstand. Große Schollen hatten sich vom Damme losgetrennt, man sah mehrere Menschen ins Wasser stürzen. Das Erdreich hatte nachgegeben unter dem Drängen und Treten der immer zunehmenden Menge. Jeder wollte den besten Platz haben, und nun konnte niemand vorwärts noch zurück.

Jeder sprang auf und hinzu, mehr um zu schauen als zu tun: denn was war da zu tun, wo niemand hinreichen konnte. Nebst einigen Entschlossenen eilte der Hauptmann, trieb sogleich die Menge von dem Damm herunter nach den Ufern, um den Hülfreichen freie Hand zu geben, welche die Versinkenden herauszuziehen suchten. Schon waren alle, teils durch eignes, teils durch fremdes Bestreben, wieder auf dem Trocknen, bis auf einen Knaben, der durch allzu ängstliches Bemühen, statt sich dem Damm zu nähern, sich davon entfernt hatte. Die Kräfte schienen ihn zu verlassen, nur einigemal kam noch eine Hand, ein Fuß in die Höhe. Unglücklicherweise war der Kahn auf der andern Seite, mit Feuerwerk gefüllt, nur langsam konnte man ihn ausladen, und die Hülfe verzögerte sich. Des Hauptmanns Entschluß war gefaßt, er warf die Oberkleider weg, aller Augen richteten sich auf ihn, und seine tüchtige kräftige Gestalt flößte jedermann Zutrauen ein; aber ein Schrei der Überraschung drang aus der Menge hervor, als er sich ins Wasser stürzte. Jedes Auge begleitete ihn, der als geschickter Schwimmer den Knaben bald erreichte und ihn, jedoch für tot, an den Damm brachte.

Indessen ruderte der Kahn herbei, der Hauptmann bestieg ihn und forschte genau von den Anwesenden, ob denn auch wirklich alle gerettet seien. Der Chirurgus kommt und übernimmt den totgeglaubten Knaben; Charlotte tritt hinzu, sie bittet den Hauptmann, nur für sich zu sorgen, nach dem Schlosse zurückzukehren und die Kleider zu wechseln. Er zaudert, bis ihm gesetzte, verständige Leute, die ganz nahe gegenwärtig gewesen, die selbst zur Rettung des einzelnen beigetragen, auf das heiligste versichern, daß alle gerettet seien.

Charlotte sieht ihn nach Hause gehen, sie denkt, daß Wein und Tee, und was sonst nötig wäre, verschlossen ist, daß in solchen Fällen die Menschen gewöhnlich verkehrt handeln; sie eilt durch die zerstreute Gesellschaft, die sich noch unter den Platanen befindet; Eduard ist beschäftigt, jedermann zuzureden, man soll bleiben; in kurzem gedenkt er das Zeichen zu geben, und das Feuerwerk soll beginnen; Charlotte tritt hinzu und bittet ihn, ein Vergnügen zu verschieben, das jetzt nicht am Platz sei, das in dem gegenwärtigen Augenblick nicht genossen werden könne; sie erinnert ihn, was man dem Geretteten und dem Retter schuldig sei. Der Chirurgus wird schon seine Pflicht tun, versetzte Eduard; er ist mit allem versehen, und unser Zudringen wäre nur eine hinderliche Teilnahme.

Charlotte bestand auf ihrem Sinne und winkte Ottilien, die sich sogleich zum Weggehen anschickte. Eduard ergriff ihre Hand und rief: Wir wollen diesen Tag nicht im Lazarett endigen! Zur barmherzigen Schwester ist sie zu gut. Auch ohne uns werden die Scheintoten erwachen und die Lebendigen sich abtrocknen.

Charlotte schwieg und ging. Einige folgten ihr, andere diesen; endlich wollte niemand der letzte sein, und so folgten alle. Eduard und Ottilie fanden sich allein unter den Platanen. Er bestand darauf, zu bleiben, so dringend, so ängstlich sie ihn auch bat, mit ihr nach dem Schlosse zurückzukehren. Nein, Ottilie! rief er: das Außerordentliche geschieht nicht auf glattem, gewöhnlichem Wege. Dieser überraschende Vorfall von heute Abend bringt uns schneller zusammen. Du bist die Meine! Ich habe dirs schon so oft gesagt und geschworen; wir wollen es nicht mehr sagen und schwören, nun soll es werden.

Der Kahn von der andern Seite schwamm herüber. Es war der Kammerdiener, der verlegen anfragte: was nunmehr mit dem Feuerwerk werden sollte. Brennt es ab! rief er ihm entgegen. Für dich allein war es bestellt, Ottilie, und nun sollst du es auch allein sehen! Erlaube mir, an deiner Seite sitzend, es mitzugenießen. Zärtlich bescheiden setzte er sich neben sie, ohne sie zu berühren.

Raketen rauschten auf, Kanonenschläge donnerten, Leuchtkugeln stiegen, Schwärmer schlängelten und platzten, Räder gischten, jedes erst einzeln, dann gepaart, dann alle zusammen, und immer gewaltsamer hintereinander und zusammen. Eduard, dessen Busen brannte, verfolgte mit lebhaft zufriedenem Blick diese feurigen Erscheinungen. Ottiliens zartem, aufgeregtem Gemüt war dieses rauschende, blitzende Entstehen und Verschwinden eher ängstlich als angenehm. Sie lehnte sich schüchtern an Eduard, dem diese Annäherung, dieses Zutrauen das volle Gefühl gab, daß sie ihm ganz angehöre.

8/60 *Ankündigung für ein ›großes Kunstfeuerwerk‹ auf dem Nürnberger Schießplatz 1809*

Mit hoher Genehmigung

wird heute Sonntag den 26. November 1809.

Johann Luster, welcher bey Herrn Chiarini war,

die Ehre haben

ein großes Kunstfeuerwerk

a b z u b r e n n e n.

1) Wird sich ein Piket chinesisches Feuer präsentiren, welches sich in ein Feuerrad verwandelt.

2) Eine Sonne, welche allerley Schesminblumen von sich wirft.

3. Ein Cardinalshut, oder eine sogenannte Damen-Kapriose, welche sich 10mal verwandelt.

4) Ein Illuminations-Rad, welches verschiedene Couleuren zeigt.

5) Präsentirt sich eine kleine Sonne, welche sich das drittemal in eine Fixsonne verwandelt, und ihr Feuer 40 Fuß weit von sich wirft.

6) Ein kleines Rad welches im Anfang horizontal lauft, und zum Beschluß auf einer Scheibe spatronirt.

7) Zwey wilde Gäns, welche sich bis auf den Tod schlagen.

8) Die Allianzen von die 3 Königreich, oder die sogenannten 3 bayrischen Ringe, alles in Couleur-Feuer, ein ganz neues Stück welches noch niemals hier gesehen worden.

9) Auf Verlangen hoher Herrschaften stellet man wieder den großen Paradiesbaum vor, welcher 50 Schuh hoch brennet.

10) Stellet man vor die volle Sonne, welche sich in verschiedene Couleuren verwandelt.

11) Die große Schlacht von die 7 Tauben mit jeder ihrer Stimme, alles im Takt der Musik, als wenn das resp. Publikum in einen Tanzsaal wäre. Dieses Stück wird mit einem großen Cometstern angefangen, damit das Publikum sich überzeugt und Achtung auf dieses Stück giebt.

12) Die große Gallerie von dem türkischen Vezier.

13) Dieses Kunstfeuerwerk wird mit einer ganzen Menge steigender Raketen und Potave oder sogenannte Luftbegel, wo in jedem etliche 1000 Schwärmer sich befinden, produciren.

14) Wird man auch etliche Duo Billion steigen lassen, welche ganz neue Stücke noch nie gesehen worden.

15) Zum Beschluß stellet man vor den großen Tempel des heil. Petrus in Rom, wo der Hr. Luster die Ehre haben wird, den Petrus in Person, alles in Feuer vorzustellen, wo er in der Mitte des Tempels stehet, und auch zum Beschluß 24 Racketen und 6 Potove abbrennen wird.

Da ich nun keinen Kosten-Aufwand gesparet habe, um dieses Kunst-Feuerwerk recht vollständig zu geben; so bitte ich ein hochzuverehrendes Publikum ergebenst, mich mit einem zahlreichen Zuspruch zu beehren.

Dieses Kunstfeuerwerk ist das letzte in diesem Jahr; man recommandiret sich dem Hochzuverehrenden Publikum. Sollten Liebhaber sich etwas Feuerwerk Klein oder Groß wünschen, so können sie sich im weissen Roß am Heumarkt melden.

Johann Luster.

Der Anfang ist wegen der Kälte präcis um halb 6 Uhr; die Plätze sind sehr gut eingerichtet. Die Preiße der Plätze sind:

Erster Platz 24 kr. Zweyter Platz 12 kr. Dritter Platz 6 kr.

Der Schauplatz ist auf dem Schießplatz.

Clemens Brentano

BACIOCHIS ERZÄHLUNG VOM WILDEN JÄGER (um 1814)

Nachdem die Aufklärung dieses Ereignisses die Erzählung des Kroaten in ihrer Schauerlichkeit sehr gemildert hatte, kam man auf allerlei Jagdgespenster zu sprechen, und Lindpeindler fragte, ob einer in der Gesellschaft vielleicht je den wilden Jäger gesehen oder gehört habe? Da sagte der Feuerwerker: »Mir kam er schon so nahe, daß ich das Blanke in den Augen sah, und wenn die Jungfer Nanny sich tapfer halten und die ganze ehrsame Gesellschaft wenigstens so lange daran glauben will, bis die Geschichte zu Ende ist, so will ich sie erzählen.« Nanny erwiderte: »Erzähle nur, Baciochi, du kennst mein Temperament und wirst es nicht zu arg machen.« – »Erzählen Sie«, fiel Devillier ein; »wenn wir die Geschichte auch am Ende für eine Lüge erklären, so soll Ihnen bis dahin geglaubt werden.« Und bald waren alle Stimmen vereint, den Feuerwerker einzuladen, welcher alle aufforderte, sich an ihre Plätze zu setzen, und seiner Erzählung einen eigentümlichen theatralischen Charakter zu geben wußte. Alle saßen an Ort und Stelle, er machte eine Pause, steckte sich eine Pfeife Tabak an und schlug mit der Faust so unerwartet heftig auf den Tisch, daß die Lichter verlöschten und alle laut aufschrieen.

»Meine Feuerwerke fangen immer mit einem Kanonenschuß an«, sagte er, »erschrecken Sie nicht!«, und in demselben Augenblick brannte er mehrere Sprühkegel an, die er aus Pulver und vergoßnem Weine in der Stille geknetet hatte, und sagte: »Stellen Sie sich vor, Sie wären bei meinem großen Feuerwerke in Venedig, welches ich am Krönungstage Napoleons dort abbrannte. Es mußten mir einige Körner prophetischen Schießpulvers in die Masse gekommen sein; kurz gesagt: als der Thron und die Krone und das große Notabene, NB, Napoleon Bonapartes Namenszug, im vollen Brillantfeuer, von hunderttausend Schwärmern und Raketen umzischt, kaum eine Viertelstunde von einer hohen Generalität und dem verehrten Publikum beklatscht worden waren, fing mein Feuerwerk an, ein wenig zu frösteln; es platzte und zischte manches zu früh und zu spät ab, eine gute Partie einzelner Sonnen und Räder brannten mir in einer Scheune nieder, die dabei das Dach verlor. Das Schauspiel war so grandios angelegt, daß man diesen ganzen kunstlosen Scheunenbrand für seinen Triumph hielt, man klatschte, und ich paukte und trompete; schnell ließ ich alle meine übrigen Stücke in die Lücken stellen und von neuem losfigurieren. Aber der Satan fuhr mit dem Schwanz drüber, und die ganze Pastete flog mit einem Geprassel auf einmal in die Luft, die Menschen fuhren gräßlich auseinander, Gerüste brachen ein, alle Einzäunungen wurden niedergerissen. Die Menge stürzte nach den Gondeln, die Gondelführer wehrten ab, die Bürger prügelten sich mit den französischen Soldaten, meine Kasse wurde geplündert; es war eine Verwirrung, als sei der Teufel in die Schweine gefahren und diese stürzten dem Meer zu. Unsereins kennt sein Handwerk, man ist auf dergleichen gefaßt, mein persönlicher Rückzug war gedeckt. Ich ließ nichts zurück als alle meine Schulden, meine Reputation und meinen halben Daumen. Meine selige Frau, welcher der Rock am Leibe brannte, riß mich in die Gondel ihres Bruders, eines Schiffers, und der brachte mich an einen Zufluchtsort, worauf wir am folgenden Morgen die Stadt verließen. Als wir das Gebirg erreichten, nahten wir uns auf Abwegen einer Kapelle, bei welcher ich mit meinem liebsten Gesellen Martino verabredet hatte, wieder zusammenzutreffen, wenn wir durch irgendein Unglück auseinander gesprengt werden sollten. Mein gutes Weib hatte ein Stück von einer Wachsfackel, die bei der Leiche unsers seligen Töchterleins gebrannt hatte, in der Tasche und pflegte, wenn sie nähte, ihren Zwirn damit zu wichsen; aus diesem Wachs hatte sie während unseres Weges die Figur eines Daumens geknetet und hängte dieselbe, nebst einem Rosenkranz von roten und schwarzen Beeren, den sie auch sehr artig eingefädelt hatte, dem kleinen Jesulein auf dem Schoße der Mutter Gottes in der Kapelle als ein Opfer an das Händchen, und wir beteten beide von Herzen, daß mein Daumen heilen und wir glücklich über die Grenze in das Österreichische kommen möchten. Wir lagen noch auf den Knieen, als ich die Stimme Martinos rufen hörte: ›*Sia benedetto il San Marco!*‹; da schrie ich wieder: ›*E la Santissima Vergine Maria!*‹, wie wir verabredet hatten, und lief mit meinem Weibe vor die Kapelle. Da trat uns Martino in einem tollen Aufzug entgegen. Er hatte bei dem Feuerwerk den Meergott Neptun vorgestellt und in seinem vollen Kostüm Reißaus genommen; er hatte den Schilfgürtel noch um den Leib, einen Wams von Seemuscheln an und eine Binsenperücke auf, sein langer Bart war von Seegras, auf der Schulter trug er den Dreizack, auf welchem er ein tüchtiges Bauernbrot und drei fette Schnepfen, die er mitsamt dem Neste erwischte, gespießt hatte. Nach herzlicher Umarmung erzählte er uns, wie ihn seine Kleidung glücklich gerettet habe; die Strickreiter seien ihm auf der Spur gewesen, da habe er sich in das Schilf eines Sumpfes versteckt, und sein Schilfgürtel machte ihn da nicht bemerkbar. Als er stille liegend sie vorüberreiten lassen, hätten sich die drei Schnepfen sorglos neben ihm in ihr Nest niedergelassen, und er habe sie mit der Hand alle drei ergriffen. Das Brot hatte er von einem Contrebandier um einige Pfennige gekauft, der ihm zugleich die nächste Herberge auf der Höhe des Gebirges beschrieben, aber nicht eben allzu vorteilhaft, denn der ganze Wald sei nicht recht geheuer, der wilde Jäger ziehe darin um und pflege grade in dieser Herberge sein Nachtquartier zu halten. ›Wohlauf denn!‹ sagte ich, ›so haben wir heute nacht gute Gesellschaft; ich hätte den Kerl lange gern einmal gesehen, um seinen Jagdzug recht natürlich in einem Feuerwerk darstellen zu können.‹

8/61 *Feuerwerk anläßlich eines Parteitages der 1835 gegründeten Native American Party am 22. November 1845 in New York*

8/62.1 *›Firework Temple at Vauxhall‹, London 1845*

8/62.2 *›Joel il Diavolo's descent with Firework, at Vauxhall‹, London 1845*

8/63 *Feuerwerk am 30. July 1845 in Paris zur Feier des 15. Jahrestag der Juli-Revolution von 1830*

8/64 *Feuerwerk am 13. August 1845 in Köln, veranstaltet vom preußischen König zum niederrheinischen Musikfest*

8/65 *Abschieds-Feuerwerk für die englische Königin Victoria nach ihrem Deutschland-Besuch im September 1845 in Antwerpen*

8/66 *›Her Majesty's Visit to France – The fireworks at Versailles‹ (1855)*

Neuntes Kapitel ROM

9/1 *Francisco de Holandia, ›Girandola‹: Feuerwerk auf der Engelsburg, um 1540*

9/2 *Die ›Girandola‹: Feuerwerk zum Jahrestag der Wahl und Krönung Papst Gregors XIII. (13. 5. 1572), 1579*

9/3 *Die ›Girandola‹, 1580*

9/4 *Die ›Girandola‹, 1600*

9/5 *Die ›Girandola‹, 1773*

9/6 *Die ›Girandola‹ auf der Engelsburg und festlich illuminierte Kirche St. Peter, um 1823*

9/7 *Feuerwerk zu einer Turnierveranstaltung im Cortile del Belvedere des Vatikans, 1565*

9/8 *Osterprozession auf der Piazza Navona, 1589*

9/9 *Osterprozession im Jubeljahr 1650 auf der Piazza Navona*

9/10.1–4 *Feier der Geburt des Dauphin auf der Piazza Navona, 1729*

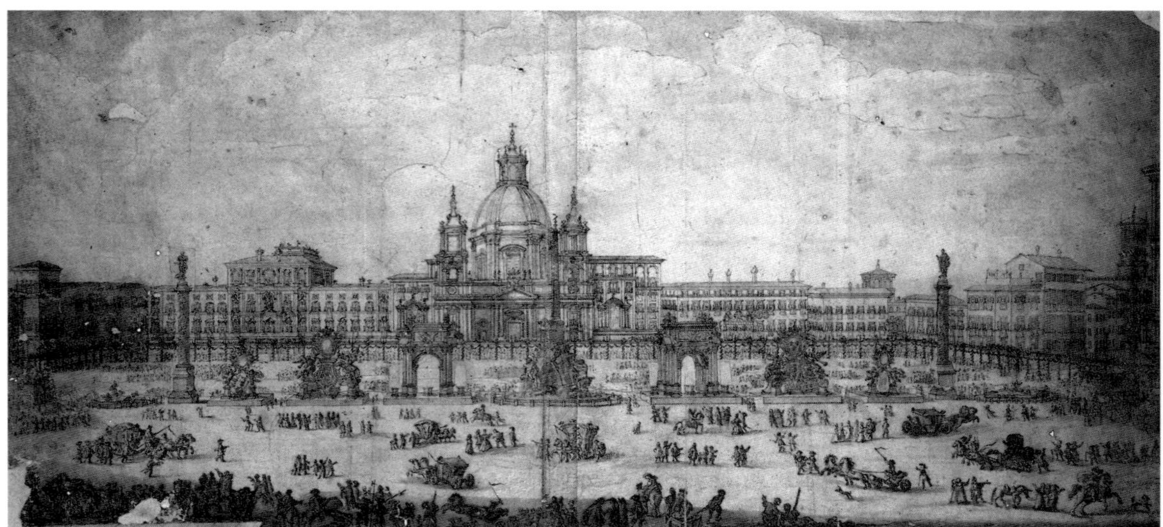

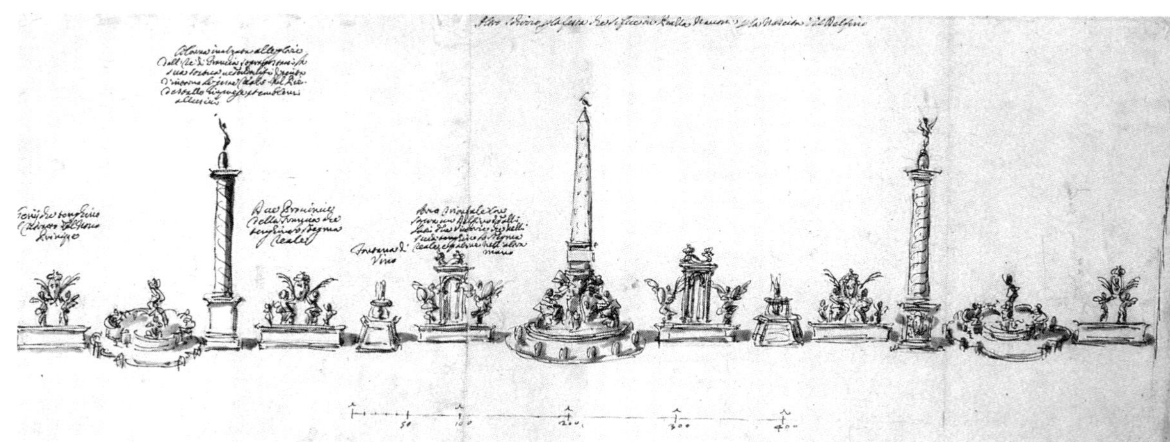

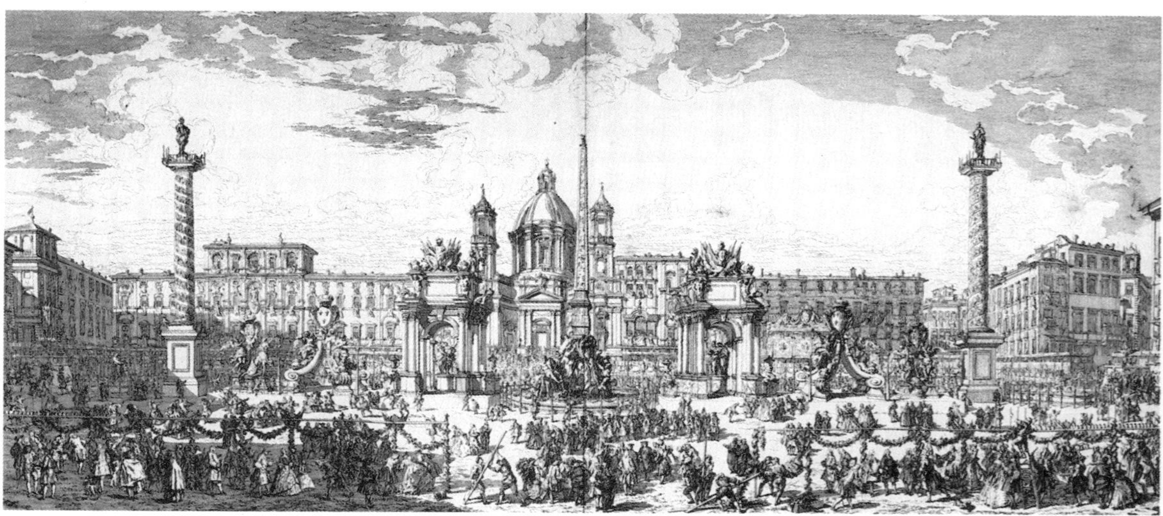

9/11 *Feuerwerksaufbauten für das Peter- und Pauls-Fest – ›Festa della Chinea‹ – errichtet von dem Gesandten des Königs beider Sizilien zu Ehren des Papstes vor dem Palazzo Colonna oder Palazzo Farnese von 1731–1785*

9/11.1 *Vereinigung der Götter auf dem Olymp, 1732*

9/11.2 *Apollo und die Musen auf dem Parnaß, 1733*

9/11.3 *Triumphsäule, 1752*

9/11.4 *Tempel des Äskulap gekrönt von dem Sonnenwagen des Apollo, 1753*

9/11.5 *Tempel der Ceres, 1756*

9/11.6 *Fernöstlicher Palast, 1758*

9/11.7 *Chinesischer Pavillon, 1760*

9/11.8 *Badanlage, 1761*

9/11.9 *Allegorische Darstellung der Weinlese*

9/11.10 *Palast, 1765*

9/11.11 *Triumphbogen mit der Statue des Herkules Farnese, 1767*

9/11.12 *Observatorium, 1770*

9/11.13 *Allegorische Darstellung zum Ruhme der freien Künste, 1775*

9/12 *Feuerwerkstempel*

9/13.1–2 *Feuerwerk auf S. Trinità dei Monti anläßlich der Genesung Ludwigs XIV. 1687*

9/14 *Allegorischer Feuerwerksaufbau auf der Piazza Farnese zur Feier des Friedens von Aachen, 1668*

9/16 *Feuerwerkstempel auf der Piazza della Cancellaria Apostolica um 1725*

9/15 *Feuerwerksmonument anläßlich des Sieges gegen die Türken und der Einnahme von Belgrad 1717*

9/17 *Feuerwerksaufbau – die Hochzeit von Amor und Psyche auf dem Olymp – aus Anlaß der Vermählung Ludwigs XV. von Frankreich mit Maria von Polen 1725*

9/18 *Feuerwerksaufbau auf der Piazza di Spagna anläßlich der Geburt eines Infanten, 1727*

9/19 *Feuerwerksaufbau – die Schmiede des Vulkan – auf der Piazza Colonna 1775 zu Ehren des Erzherzogs Maximilian von Österreich*

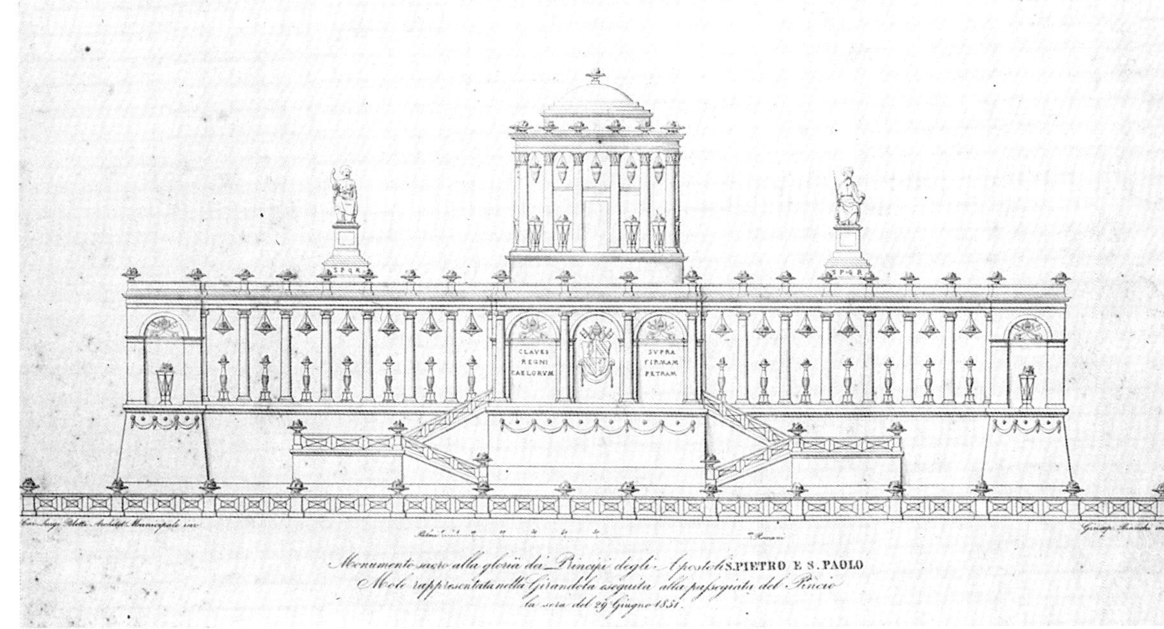

9/20.1 *Monument mit den päpstlichen Insignien: zum Peter- und Pauls-Fest 1851*

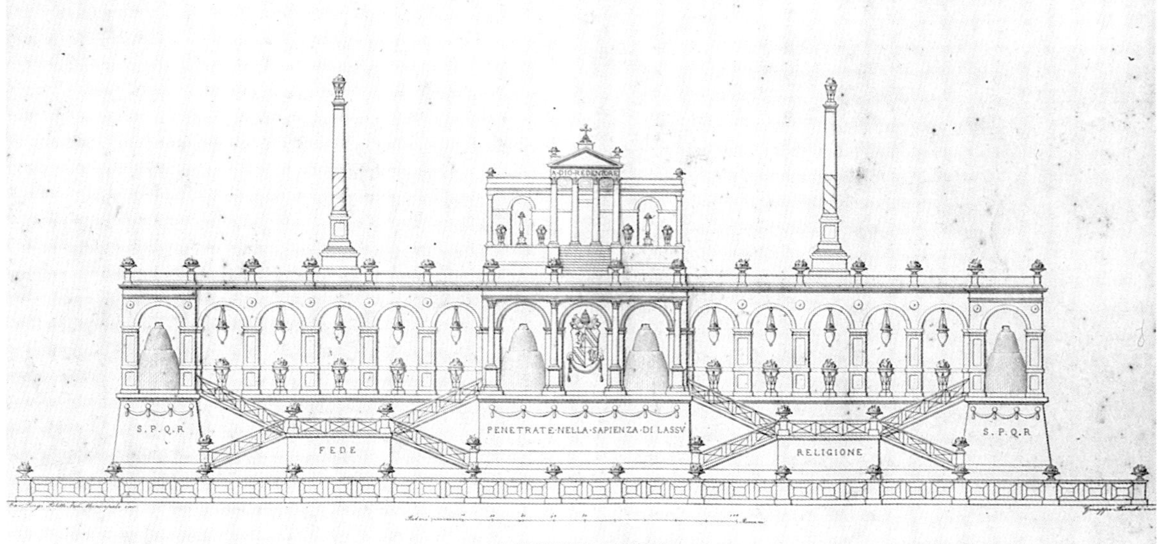

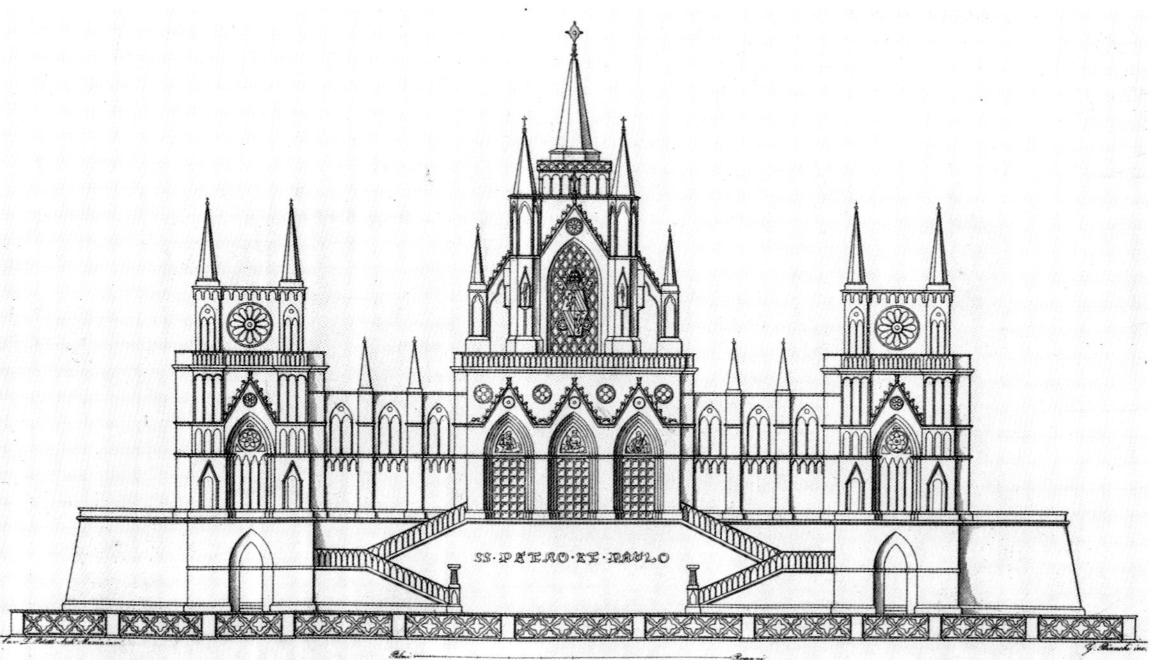

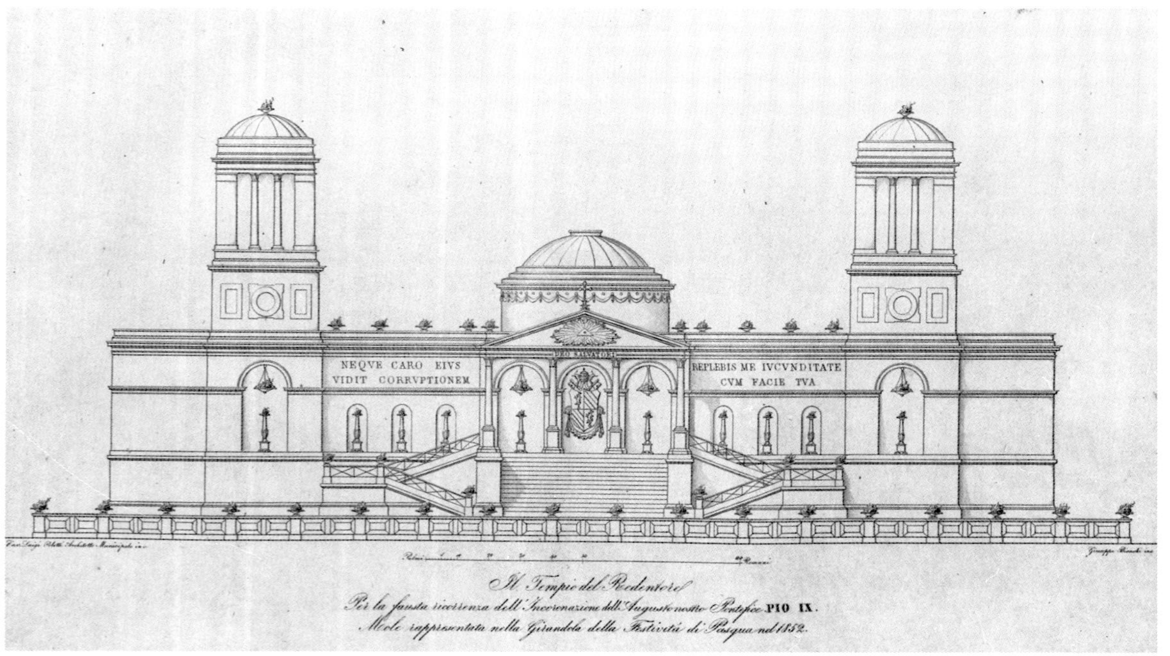

9/20.2 *›Il Tempio del Redentore‹: zum Pontifikatsfest Pius IX. 1851*

9/20.3 *Fassade einer Kathedrale: zum Peter- und Pauls-Fest 1852*

9/20.4 *›Il Tempio del Redentore‹: zum Pontifikatsfest Pius IX. Ostern 1852*

9/20.5 *›Il Tempio del Redentore‹: zum Pontifikatsfest Pius IX. Ostern 1853*

9/20.6 *Nachbildung der Fassade San Paolo fuori le Mura (Basilica Ostiense): zum Peter- und Pauls-Fest 1852*

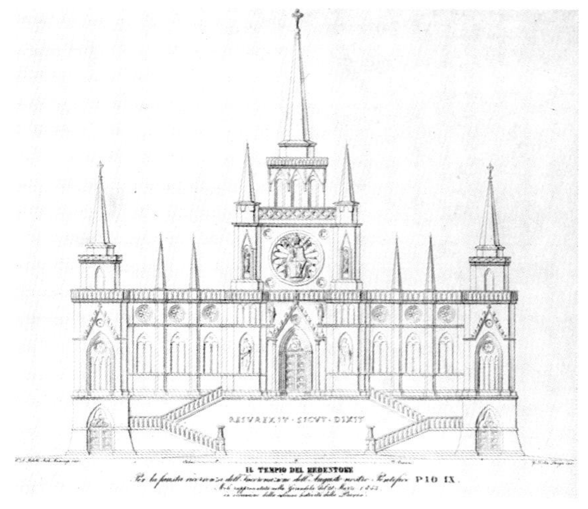

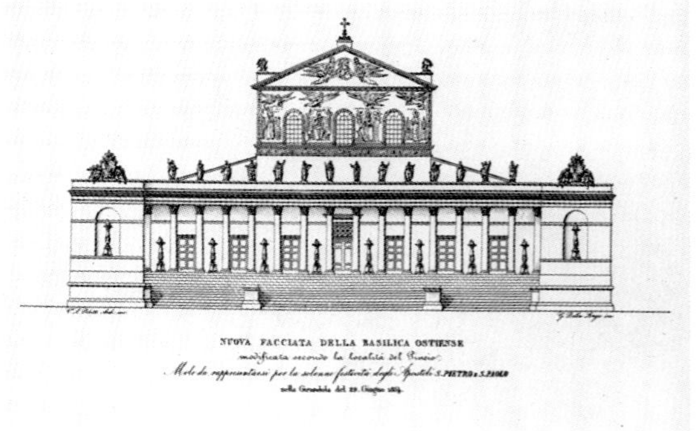

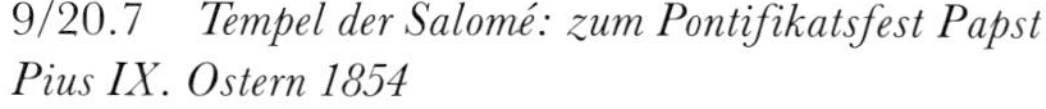

9/20.7 *Tempel der Salomé: zum Pontifikatsfest Papst Pius IX. Ostern 1854*

9/20.8 *›Monument der Jungfrau Maria‹: zum Pontifikatsfest Pius IX. Ostern 1855*

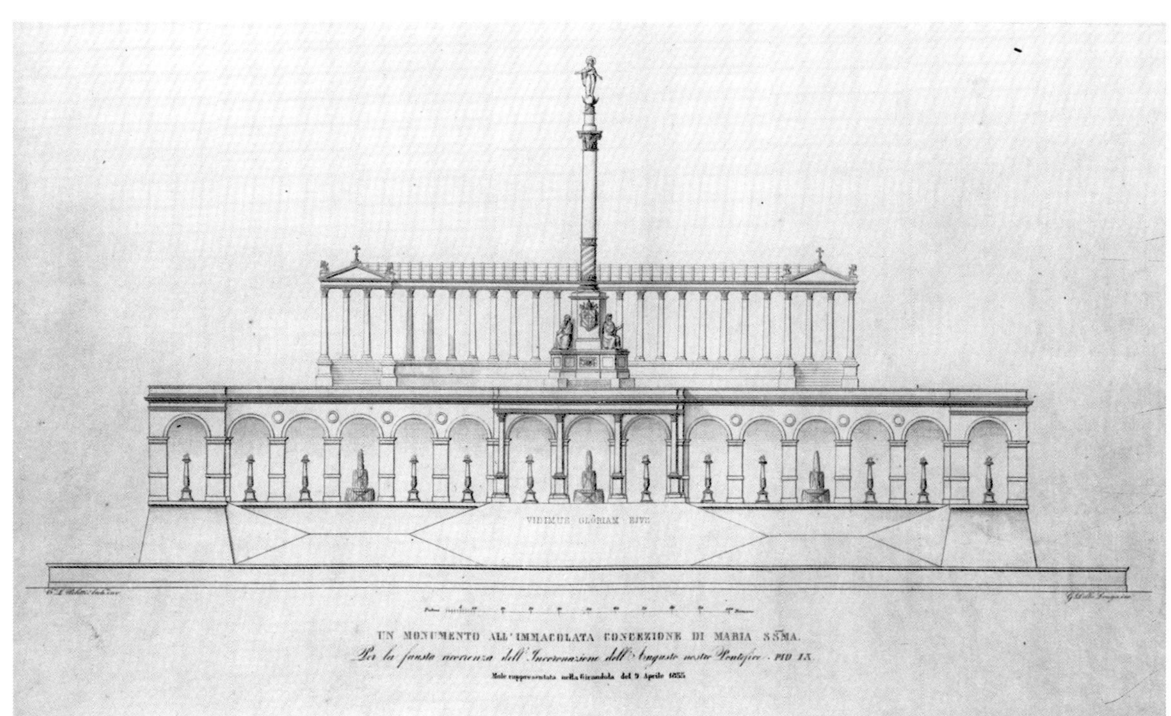

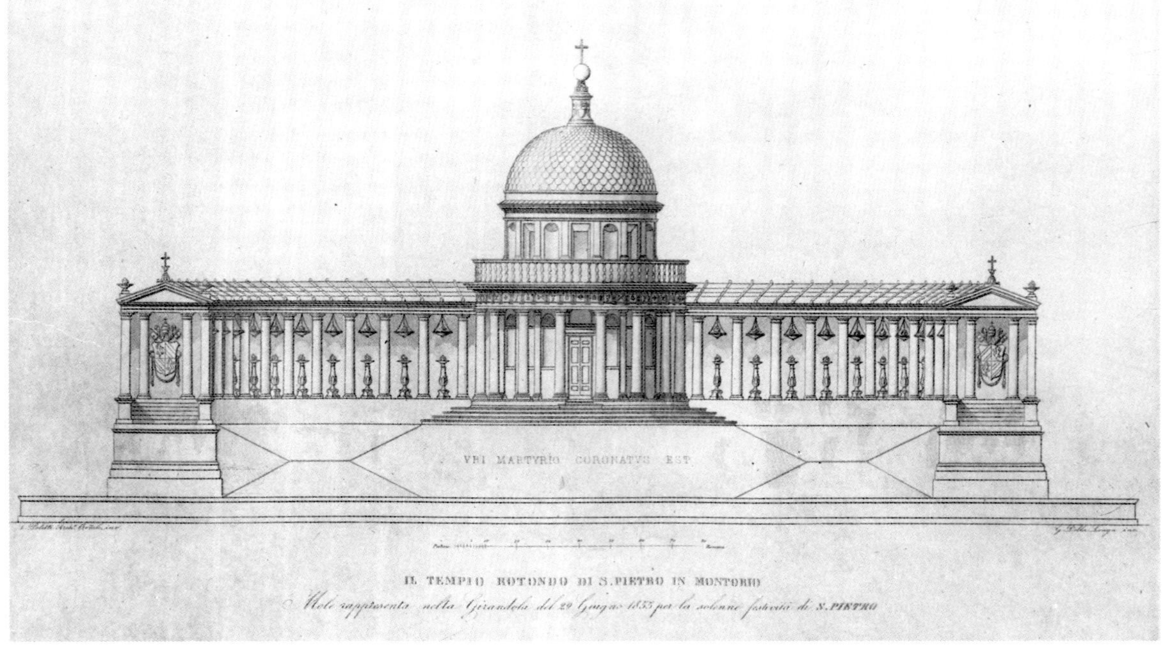

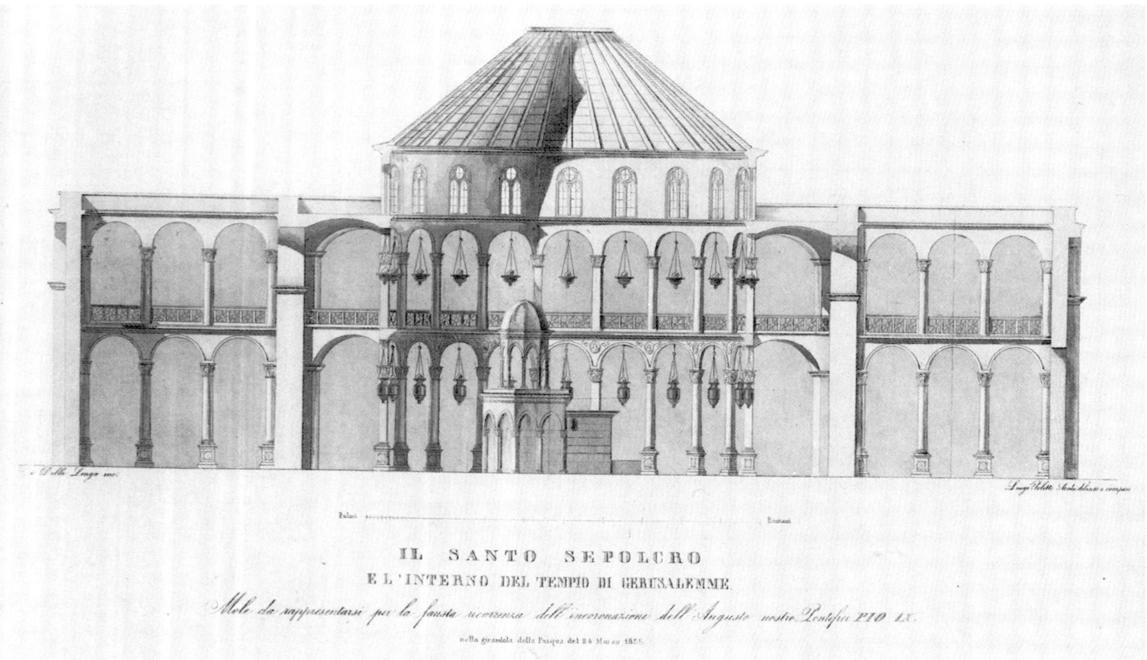

9/20.9 *Nachbildung des Tempietto im Hof von S. Pietro in Montorio: zum Fest S. Peters 1855*

9/20.10 *Friedensmonument: zum Peter- und Pauls-Fest 1856*

9/20.11 *Nachbildung des Heiligen Grabes und des Inneren der Grabeskirche von Jerusalem: zum Pontifikatsfest Pius' IX. Ostern 1856*

9/20.12 *Imaginäre Fassade eines Domes: zum Pontifikatsfest Pius' IX. Ostern 1857*

9/20.13 *›Basilica della immacolata concezione: ›zum Pontifikatsfest Pius IX. Ostern 1859*

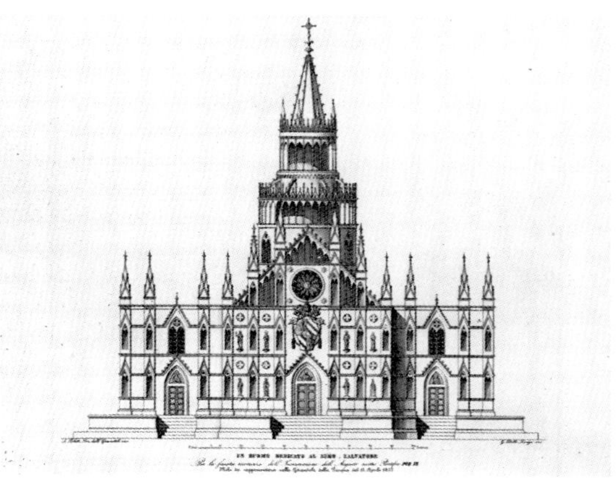

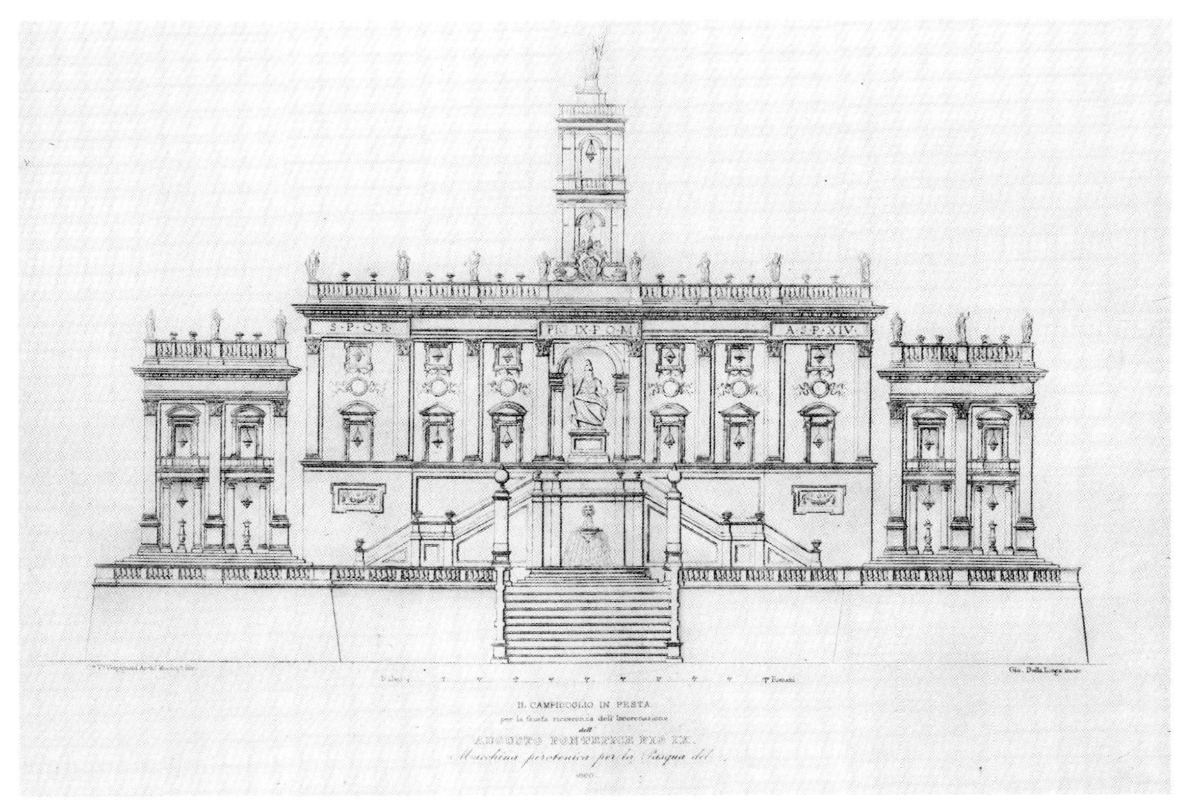

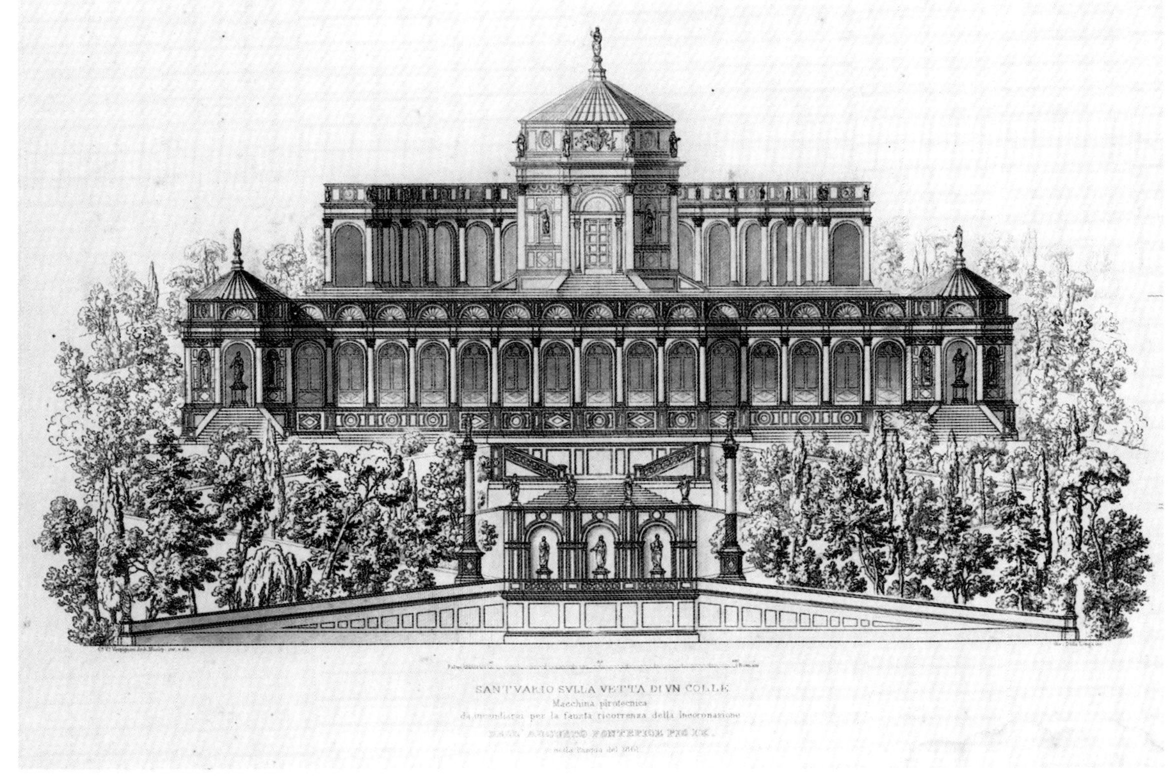

9/20.14 *Fassadennachbildung der Kathedrale von Bologna: zum Peter- und Pauls-Fest 1860*

9/20.15 *Nachbildung der Fassade des Palazzo Senatorio: zum Pontifikatsfest Pius IX. Ostern 1860*

9/20.16 *›Santuario‹: zum Pontifikatsfest Pius IX. Ostern 1861*

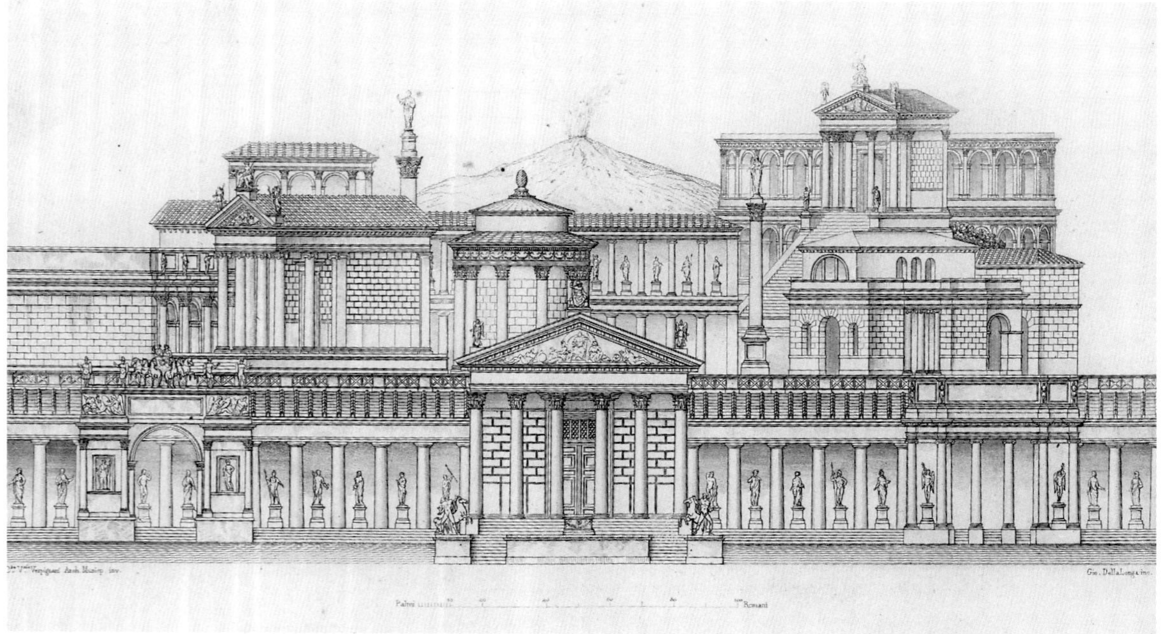

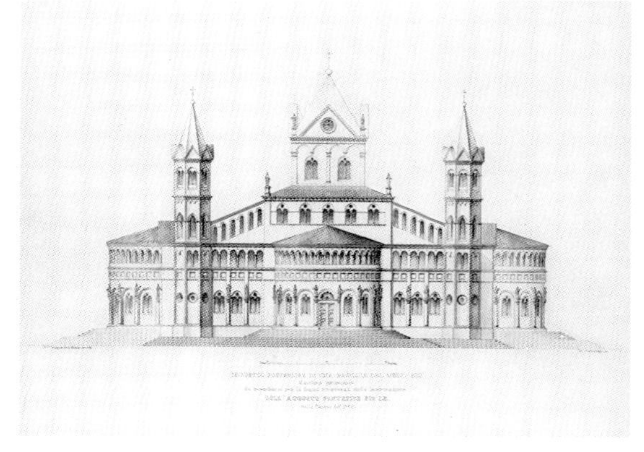

9/20.17 *Fassade einer Villa: zum Peter- und Pauls-Fest 1861*

9/20.19 *Befestigter Bergtempel des Friedens und der Abundantia: zum Pontifikatsfest Pius IX. Ostern 1863*

9/20.20 *Imaginäre Ansicht der durch den Vesuvausbruch 79 zerstörten Stadt Stabiae: zum Pontifikatsfest Papst Pius IX. Ostern 1864*

9/20.18 *Entwurf einer Fassade für eine mittelalterliche Basilika: zum Pontifikatsfest Pius IX. Ostern 1862*

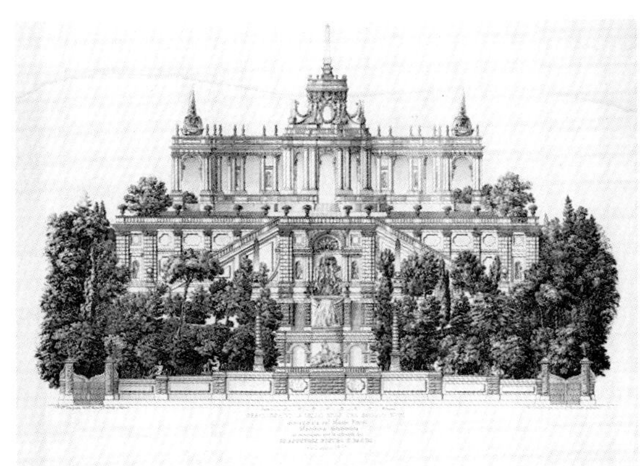

9/20.21 *Fassadenentwurf einer prachtvollen Villa auf dem Monte Pincio im Stile des 18. Jahrhundert: zum Peter- und Pauls-Fest 1865*

9/20.24 *Monument mit einer Statue der Jungfrau Maria zu Ehren Papst Pius' IX. – 1866*

9/20.22 *Fassade eines orientalischen Palastes: zum Peter- und Pauls-Fest 1866*

9/20.23 *Fassade eines maurischen Palastes: zum Pontifikatsfest Pius IX. 1866*

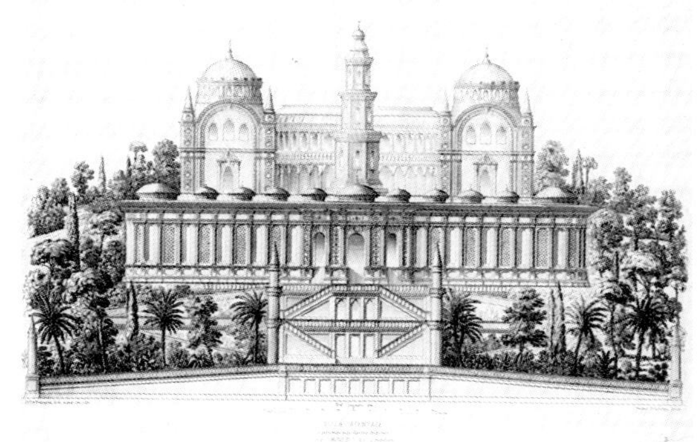

9/20.25 *Rekonstruktion der Peterskirche in konstantinischer Zeit: zum Pontifikatsfest Pius IX. Ostern 1867*

9/20.26 *Monument, erbaut aus Anlaß eines päpstlichen Konzils, 1869*

9/20.27 *Jerusalem der Apokalypse: zum Pontifikatsfest Pius IX. Ostern 1870*

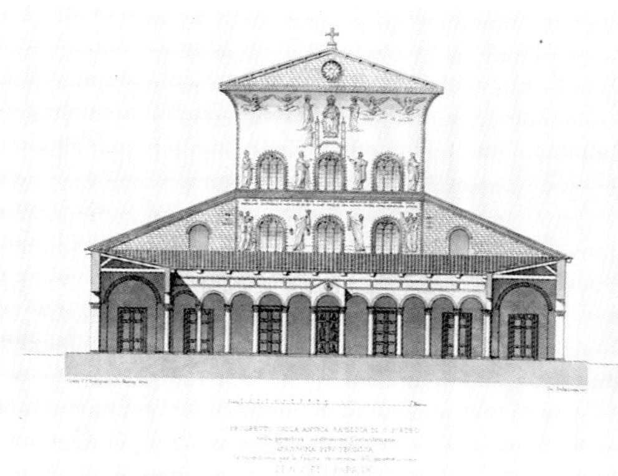

9/20.28 *Nachbildung der Villa d'Este in Tivoli: zum Peter- und Pauls-Fest 1866*

9/20.29 *Fantastische Rekonstruktion des von Tasso im 15. und 16. Gesang seines ›Befreiten Jerusalems‹ beschriebenen Palastes: zum Peter- und Pauls-Fest, 1868*

9/21 *Feuerwerksaufbauten zum Nationalfeiertag*

9/21.1 *Nymphäum im orientalischen Stil, 1875*

9/21.2 *Chinesische Pagode, 1879*

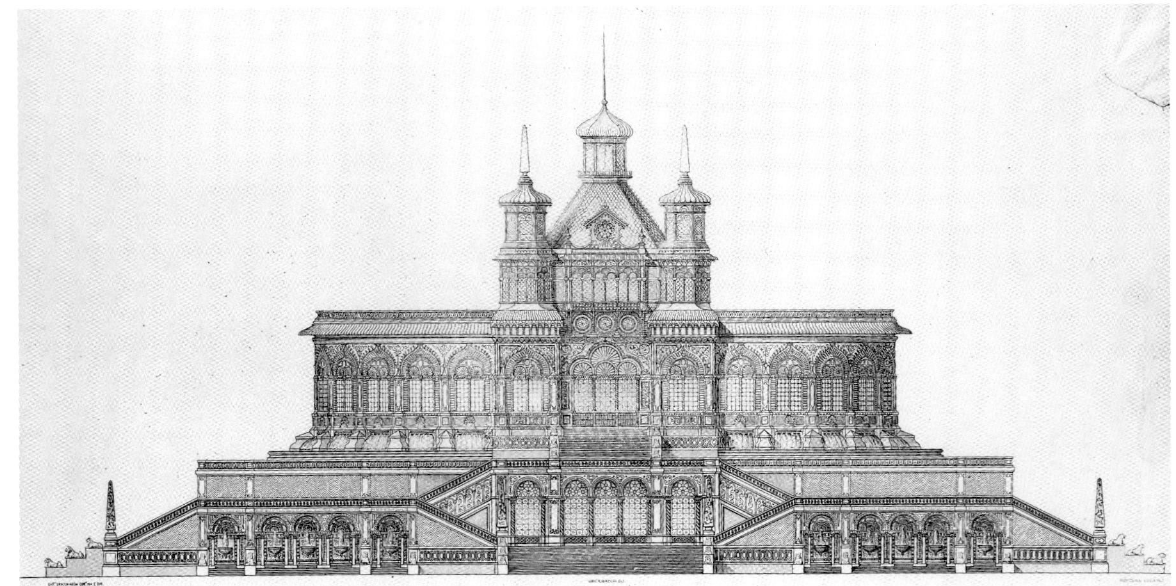

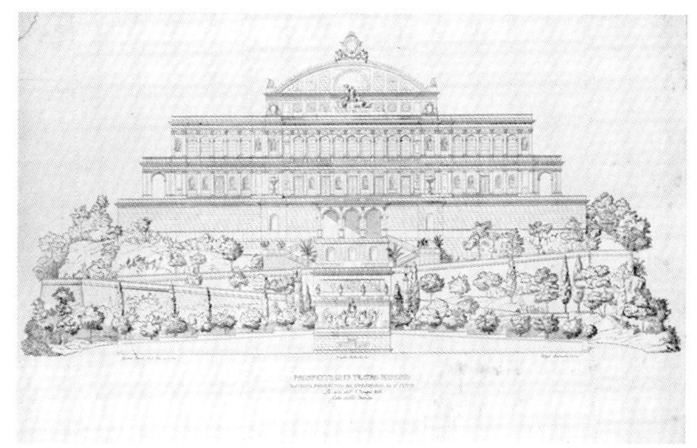

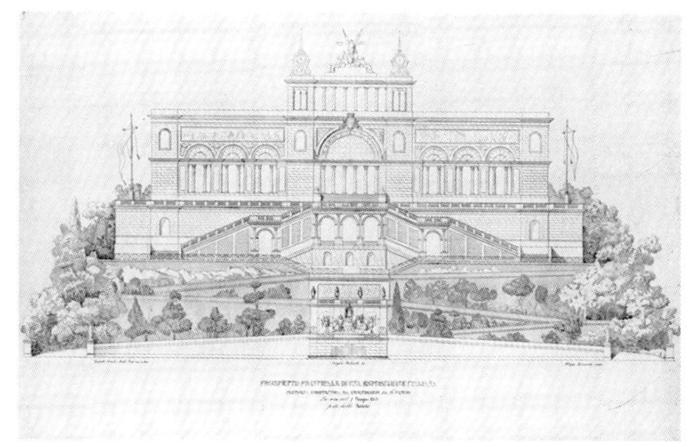

9/21.4 *Fassadenentwurf für ein ›Teatro Massimo‹ 1888*

9/21.5 *Fassadenentwurf für einen italienischen Ausstellungspavillon, 1889*

9/21.3 *Palast im orientalischen Stil, 1887*

9/21.6 *Fassadenentwurf für eine nationale Sporthalle, 1890*

9/21.7 *Fassadenentwurf für ein Rathaus, 1892*

9/21.8 *Historisierende Kirchenfassade, 1896*

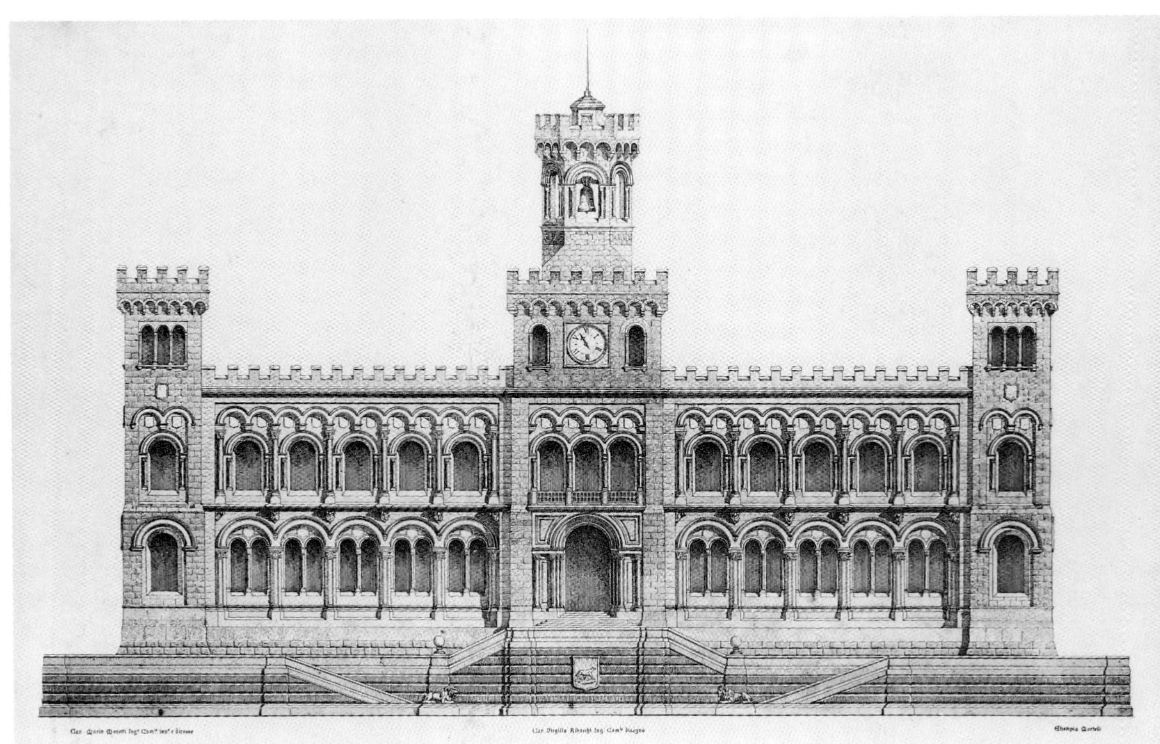

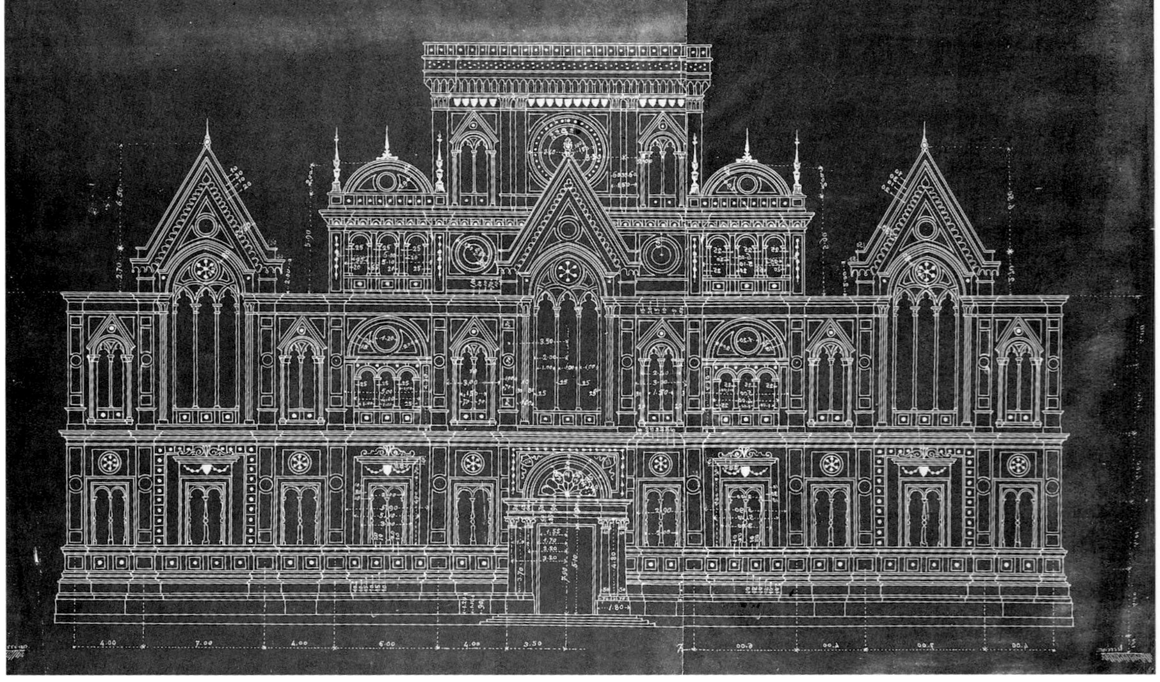

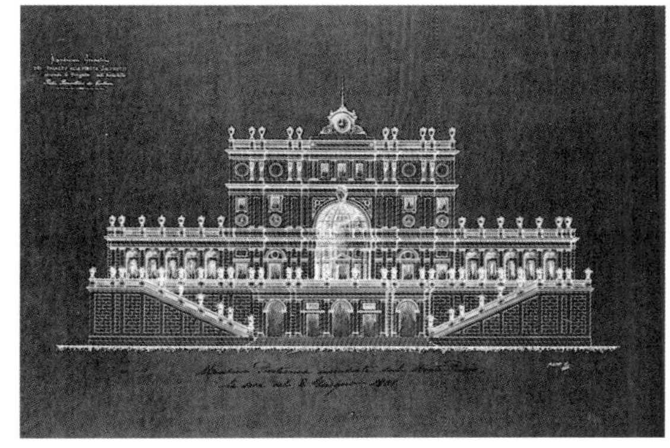

9/21.9 *Kommunales Gebäude, 1897*

9/21.10 *Rekonstruktion der Fassade der zerstörten Villa del Pigneto nach Vorlagen, die den Entwurf Pietro da Cortanas wiedergeben, 1901*

9/21.11 *Fassadenentwurf einer Akademie, 1905*

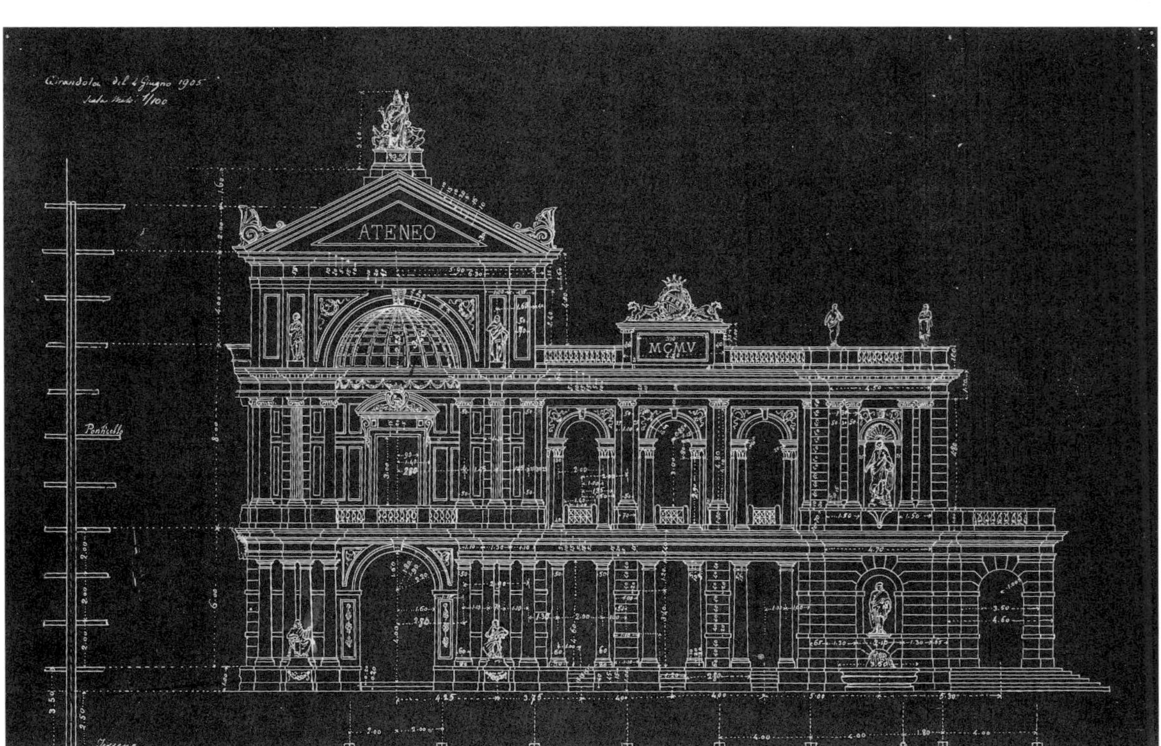

9/21.12 *Fassadenentwurf eines kommunalen Gebäudes, 1905*

9/21.13 *›Galleria del Lavoro‹, 1907*

9/21.14 *Fassadenentwurf eines Post- und Telegraphengebäudes, 1908*

9/22 ›*Fochetti*‹: *Feuerwerk in der Ruine des Augustus-Mausoleums*

ASIEN

China und Japan

Sybille Girmond

FEUERWERK IN CHINA

10/1 *Raketenpfeil (1628)*

10/2 *Hudun pao: Bombenschleuder (17. Jh.)*

10/3 *Einfache Bombe (1606)*

10/4 *Dreifach-Flammenwerfer (1412)*

Die Meinung, daß »die Chinesen zwar das Schießpulver erfunden haben, es aber nie für militärische Zwecke, sondern nur für Feuerwerk benutzten ...« ist eine Annahme, die wohl seit der Chinabegeisterung im Europa des 18. Jahrhunderts weit verbreitet ist, sich aber bei eingehender Betrachtung nicht länger vertreten läßt[1]. Bei der Suche nach den Anfängen des chinesischen Feuerwerks stößt man auf eine lange Tradition der Feuerwaffen. Die spätere Entwicklung des Himmelsfeuerwerks geht auf die Entdeckung des Schießpulvers und dessen Verwendung in auch militärisch genutzten Raketen zurück[2].

Drei Faktoren spielen eine Rolle in der Entwicklung des chinesischen Feuerwerks: die Beliebtheit primitiver Knallkörper aus frischem Bambus, die Erkenntnis, daß Feuer unter Zugabe verschiedener Stoffe wie Barium, Strontium, Kupfer etc. die Farbe wechselt und eben die Entdeckung des Schießpulvers.

Schießpulver und Knallkörper

Lange vor der Entdeckung des Schießpulvers kannte man verschiedene Arten der Belustigung mit Feuer. Die früheste Variante der auch heute in China noch überaus beliebten Knallkörper war ein frisch geschnittenes Stück Bambus, das ins Feuer geworfen wurde. Der an den knotenartigen Verdikkungen geschlossene Hohlkörper platzte mit lautem Krach. Daraus ergab sich der heute noch gültige chinesische Name für Knallkörper: *baozhu* (berstender Bambus). In sehr frühen Texten, etwa im *Shenyijing*, wird die abschreckende Wirkung des Geräusches auf Dämonen und böse Geister beschrieben. Und deshalb werden seit früher Zeit und noch heute symbolisch am Neujahrstag die bösen Geister mit Knallkörpern vertrieben[3].

Über die Entwicklung von Feuerwaffen und Feuerwerk in China schreibt der chinesische Historiker Wang Ling, allgemein bestehe die Annahme, daß in China die Sitte des Abbrennens von Knallkörpern zum frühesten Einsatz von Schießpulver führte, noch vor seiner Verwendung in Waffen. Feuerwaffen erlangten in China allerdings nie die Bedeutung, welche sie in der europäischen Geschichte hatten, weil die Chinesen Schießpulver anfangs weniger als Explosivstoff betrachteten denn als feuerverursachendes Material. Ihre Entwicklung verläuft aber zu einem Teil mit der des Feuerwerks parallel[4].

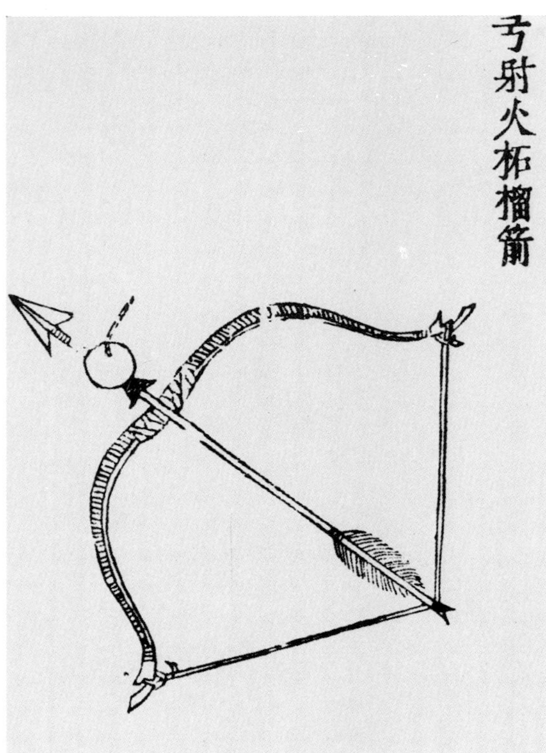

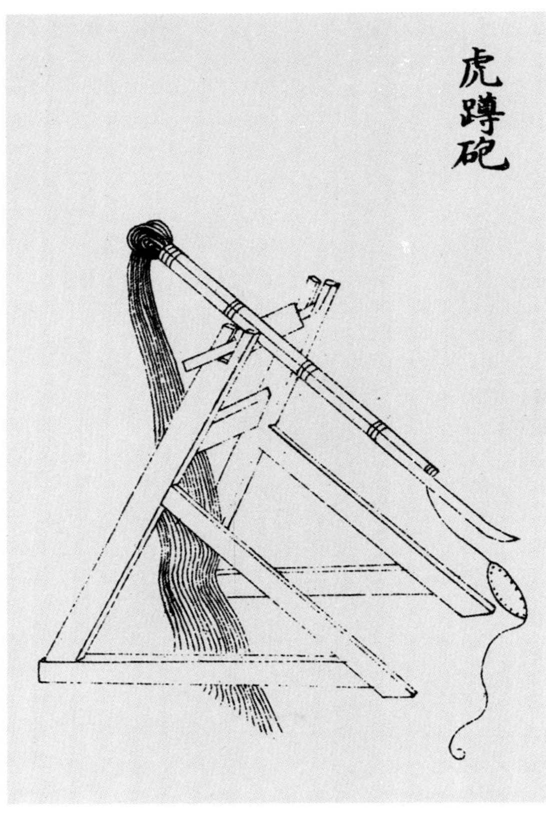

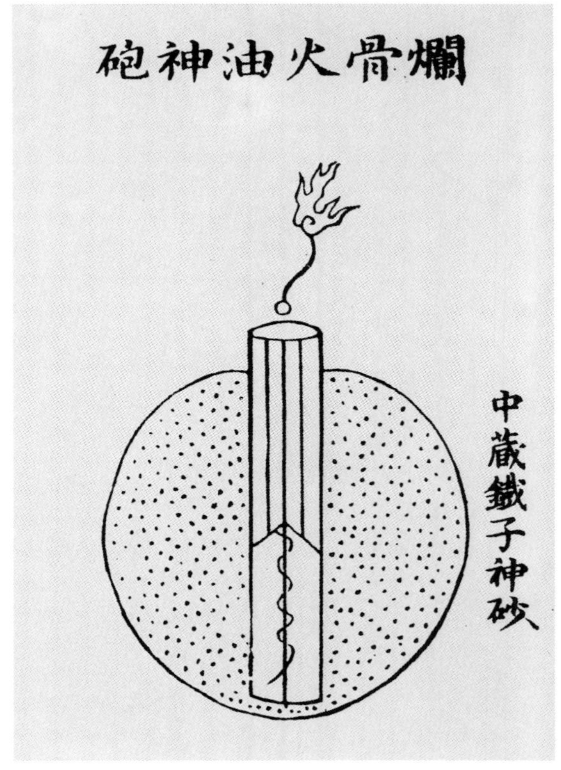

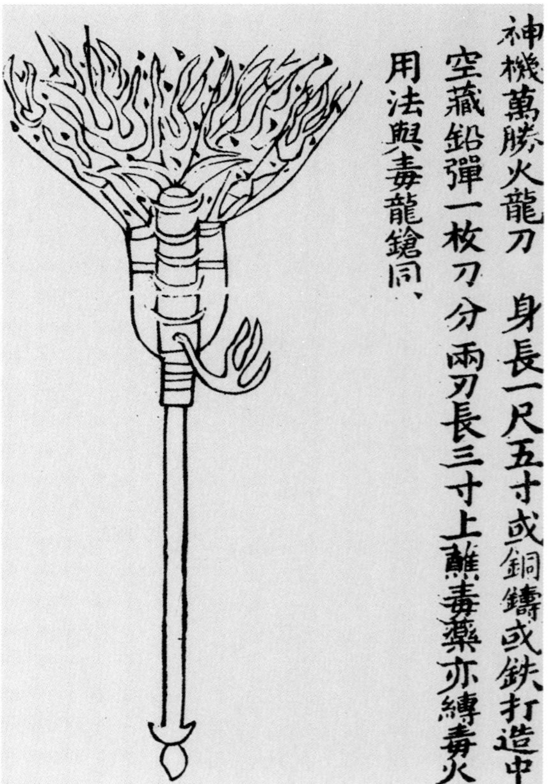

10/5 *Dämon mit Flammenwerfer (950)*

10/6 *Yibalien: Feuerlanze (1628)*

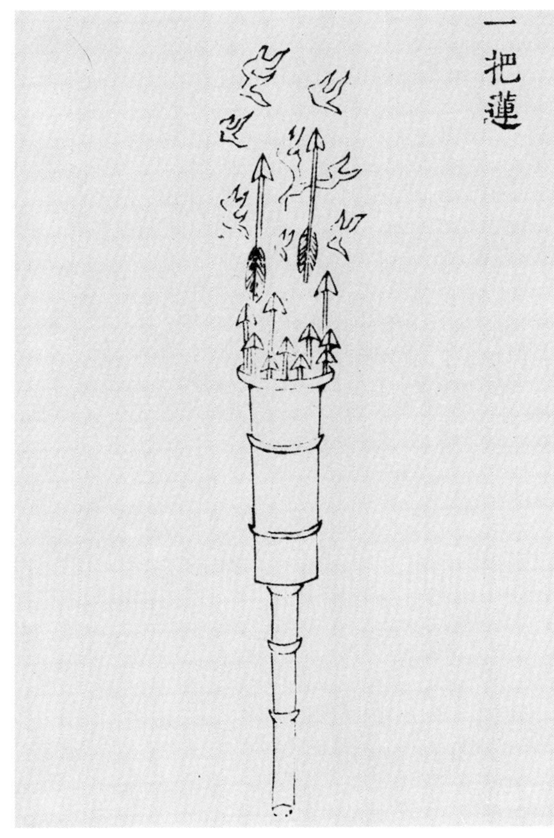

西瓜砲

火鼠帶鈎

鐵蒺藜

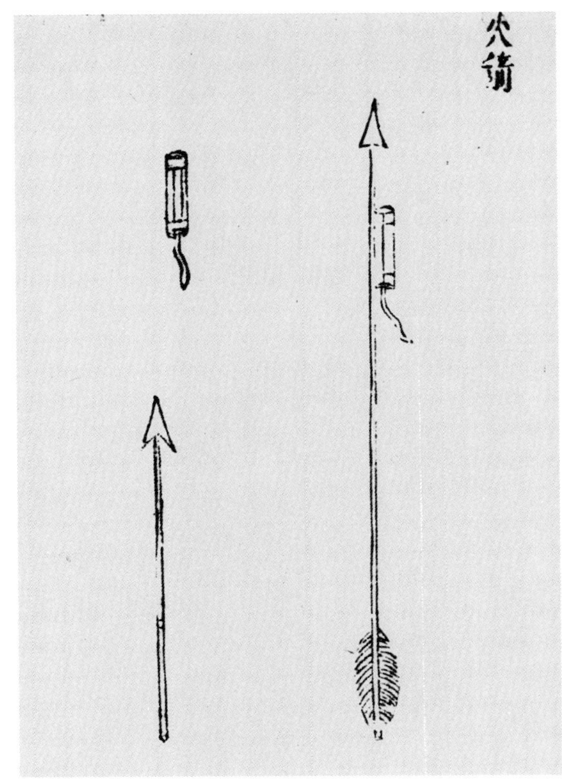

10/7 *Bombe mit kleinen Metallteilen (1606)*

10/8 *Huoqian: Pfeil mit Pulverladung (1628)*

10/9 *Abschußvorrichtung für mehrere Raketen (1628)*

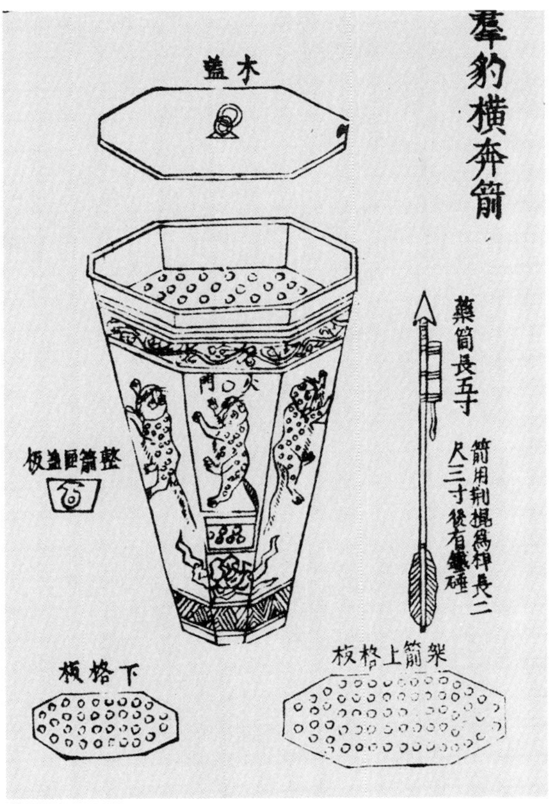

Die drei wichtigen Rohstoffe des Schießpulvers, Schwefel, Salpeter und Holzkohle, waren den Chinesen schon früh bekannt. Schwefel und Salpeter sowie ihre Gewinnung sind bereits in Texten der Han-Zeit (206 v. Chr. – 220 n. Chr.) erwähnt[5]. Im *Huainanzi* (ca. 200 v. Chr.) wird berichtet, jemand habe unter Zuhilfenahme dieser Rohstoffe Lehm in Gold umwandeln wollen[6]. Auch die Explosivität der verschiedenen Mischungen war bekannt, wie man mehreren Stellen des *Taiping-guangji*, einer Sammlung von Erzählungen von der Han- bis zur Song-Zeit (ca. 200 v. Chr. bis 1279 n. Chr.) entnehmen kann. Eine der Geschichten aus der späten Han-Zeit schildert, wie das Gebräu, welches sich ein alter Mann als Lebenselexier zusammengemixt hatte, plötzlich zu brennen begann[7].

In der Zeit zwischen dem 6. und 8. Jahrhundert n. Chr. führten alchemistische Versuche der Taoisten auf ihrer Suche nach dem Elixier der Unsterblichkeit zu der Erkenntnis, daß die Mischung von Salpeter, Schwefel und Holzkohle ein wirksamer Explosivstoff war[8]. Unter der Bezeichnung *huoyao* (huo = Feuer; yao = Droge, Medizin, Chemikalie) fand sie weite Verbreitung[9].

Vom Brandpfeil zur Rakete

In Kriegszeiten hatte man schon sehr früh Brandpfeile verwendet; auch Abschußvorrichtungen für brennende oder leicht brennbare Materialien waren bekannt (Abb. 10/1,2). Zunächst wurde Schießpulver noch mit derartigen Waffen eingesetzt, bevor gegen Ende der Nord-Song-Zeit ein verändertes Mischungsverhältnis beim Schießpulver mehr Explosivkraft freisetzte und die Herstellung von Bomben ermöglichte (Abb. 10/3). Das früheste überlieferte Rezept für Schießpulver ist im *Wu Jing Zong Yao* aus dem Jahr 1044 zu finden. Etwa um diese Zeit wurden auch die ersten Nebel- und Brandgranaten und sogar Sprenggranaten hergestellt[10].

Die Song-Zeit (960–1279) sah auch die Erfindung eines primitiven Feuerwerfers: aus einem dikken Bambusrohr wurden mit Hilfe von Schießpulver Flammen freigesetzt (Abb. 10/4). Auf einer Seidenmalerei aus den Höhlentempeln von Dunhuang, die heute im Musée Guimet in Paris aufbewahrt wird, ist die bisher früheste bekannte Abbildung eines Flammenwerfers zu sehen. Dieses Bild (Abb. 10/5) entstand um 950 n. Chr und illustriert den Versuch Maras und seiner Dämonen, den me-

10/10 *Jin Ping Mei: Feuerwerk zum Laternenfest (18. Jh.)*

10/11 *Vergnügungen am ersten Tag des Neuen Jahres, Kaiser Qianlong in seinem Sommerpalast (Ausschnitt, nach 1736)*

ditierenden Buddha Shakyamuni aus seiner Versenkung zu reißen. Einer der Dämonen hält eine Bambusröhre in der Hand, aus deren Öffnung Flammen auf den Buddha schießen.

In späterer Zeit werden auch Pfeile oder Kugeln verwendet (Abb. 10/6)[11].

In der Yuan-Zeit (1280–1367) wurden diese Waffen durch die Verwendung von Metallhüllen stabiler gemacht. Aus Malereien und im Original sind sie überliefert (Abb. 10/7)[12]. Zur gleichen Zeit wurden auch verschiedene Arten von Land- und Wasserminen entwickelt[13].

Während der Song-Zeit erfand man auch die ersten Pfeile, welche von einer weiteren Ladung Schießpulver angetrieben wurden (Abb. 10/8). Sie wurden für kriegerische und friedliche Zwecke eingesetzt: In ihnen kann man die frühesten Formen des Himmelsfeuerwerks erkennen (Abb. 10/9)[14].

Frühe Feuerwerksfeste

Der chinesische Name für Feuerwerk, *yanhuo*, bedeutet in wörtlicher Übersetzung »Rauchfeuer« und erscheint bereits im 4. Jahrhundert v. Chr. im Zusammenhang mit Neujahrsfeierlichkeiten[15]. Allerdings muß wohl angezweifelt werden, daß es sich dabei bereits um Feuerwerkskörper handelte. Aus der Regierungszeit des Sui-Kaisers Yangdi (605–616 n. Chr.) wird über die Entwicklung des *huoyao zaxi* berichtet, des »Feuerdrogen-Schauspiels«. Kaiser Yangdi, der Letzte seiner Dynastie, wurde in der Geschichte berühmt für seine Extravaganzen. Große Summen verwandte er auf die Unterhaltung am Hof. Wang Ling schließt aus einigen Gedichten und Berichten über das Leben am Hof Yangdis, daß die Erfindung des Feuerwerks im modernen Sinne sehr wohl in diese Zeit datiert werden kann[16]. Eine andere Geschichte berichtet, daß Yangdi, als seine Gattin nicht mehr lachen wollte, alle seine Soldaten durch Signalfeuer zusammenrief. Als sie die unwilligen Gesichter der Soldaten sah, soll sie nach langer Zeit wieder einmal gelacht haben[17].

Rauch- und Signalfeuer waren bereits sehr früh eingesetzt worden. Schon beim Bau der großen Mauer unter Qinshihuangdi (221–206 v. Chr.) wurden Standorte für Signalfeuer eingeplant[18].

Einige Zeilen aus Gedichten der Tang-Zeit (616–906 n. Chr.) können vielleicht als Beleg für Feuerwerk angeführt werden[19], obwohl man sich unter all den als *yanhuo* bezeichneten Veranstaltungen sicher noch etwas Anderes vorstellen muß als ein modernes Himmelsfeuerwerk.

Die Verwendung von Schießpulver, obwohl zu dieser Zeit bereits bekannt, ist nicht erwiesen, wohl aber, daß durch Zugabe bestimmter Materialien in ein Feuer verschiedene Farben und Reaktionen erzeugt werden konnten.

Ein Bericht über die Ereignisse des Jahres 1103 im *Dongjing Menghualu* (s. S. 171) schildert eines dieser »Feuerdrogen-Schauspiele« und legt damit Zeugnis ab für den hohen Stand der Feuerwerkskunst in der nördlichen Song-Zeit (960–1126)[20].

Bei den hier geschilderten Erscheinungen handelt es sich wahrscheinlich um auf Rahmen vorgefertigte Umrißlinien aus verschiedenfarbig manipuliertem, brennbarem Material, eventuell mit Schießpulver versetzt. Da der Einsatz von Schießpulver für kriegerische Zwecke aus den schriftlichen Quellen der Song-Zeit belegt ist, setzt Wang Ling eine Anwendung für Feuerwerk während dieser Periode ebenfalls voraus.

Während der südlichen Song-Zeit (1127–1279) war Feuerwerk nicht nur am Hof und in der Hauptstadt beliebt, sondern auch in weiter abgelegenen Gegenden[21]. Nach Needham waren in der zweiten Hälfte des 12. Jahrhunderts zwei Arten von Feuerwerk bekannt[22]. Die eine wurde von den Chinesen als *di laoshu* (Bodenratten) bezeichnet, die andere als *liuxing* (Sternschnuppen). Er nimmt an, daß Erstere mit Schießpulver gefüllte Bambusrohre waren, die nach dem Anzünden in alle Richtungen davonstoben. Ähnliche Explosivkörper (vgl. Abb. 10/8, 9), an Bambusrohren befestigt, flogen, von einer zweiten Sprengladung getrieben, in die Höhe, um dort auseinanderzubersten. Needham erwähnt in diesem Zusammenhang die berühmten Feste der Kaiser am Westsee in Hangzhou, damalige Hauptstadt der Song-Dynastie.

Während der Yuan-Zeit (1271–1368) und der Ming-Zeit (1368–1644) wurden Feuerwaffen und auch das Feuerwerk weiter entwickelt. Den hohen Stand der chinesischen Feuerwerkskunst im 17. Jahrhundert bezeugt die Unterhaltung zweier Missionare in China: »Es läßt sich jedoch kaum beschreiben«, fügte er hinzu, »wie genial sie es verstehen, Feuerwerk zu machen. Sie lassen das Feuerwerk Zeichen, Figuren und Bäume darstellen und das Feuer vielerlei Gestalten und natürliche Farben annehmen. Ich hatte den Berichten anderer über das Feuerwerk der Chinesen nie Glauben geschenkt, bis ich es mit meinen eigenen Augen sah. Ich sah auf den Boden des Saales, wo ich mich auf einem sehr seltsamen Fest befand, eine riesige

10/13 *Vergnügungen am Neujahrsfest (Ausschnitt, 1755)*

10/14 *Feuerwerkslaterne (17./18. Jh.)*

Weinrebe herabschweben – ich sah das Feuer, das die Form von Weinblättern und Weintrauben annahm. ...«[23]

Elf Jahre zuvor hatte, wie aus der Unterhaltung weiter hervorgeht, ein aus China zurückgekehrter Däne, der die Geheimnisse der chinesischen Feuerwerkskunst erforscht hatte, in Kopenhagen ein Feuerwerk veranstaltet, welches, »nachdem es raketenförmig in die Höhe gestiegen war, in verschiedene Flammenstreifen zerplatzt sein soll, welche in der Luft den Namen des Königs formten.«

Die Beschreibung des Feuerwerks aus Kapitel 42 des chinesischen Romans Jin Ping Mei (Abb. 10/10) gibt einen lebhaften Eindruck (vgl. dazu Text S. 172 f.) von der Größe und Prachtentfaltung eines privaten Feuerwerks[24].

10/17 *Chinesische Feuerwerkskugel (zeitgen.)*

Feuerwerk und Knallkörper in der chinesischen Kunst

Leider sind nur wenige Illustrationen chinesischen Feuerwerks enthalten. Auch in den späteren Bildern der Ming-Zeit (1368–1644) und Qing-Zeit (1644–1911) sind nur selten große Himmelsfeuerwerke abgebildet[25]. Die meisten ›Feuerwerks‹-Darstellungen zeigen mit Knallkörpern spielende Kinder am Neujahrstag, so auch die Abbildungen 10/11 und 10/12[26]. Auf beiden Bildern ist Kaiser Qianlong (reg. 1736–1796) in einer ähnlichen Situation zu sehen: Er sitzt in einem Pavillon des Sommerpalastes (Yuanmingyuan) und schaut einigen seiner Kinder beim Spielen mit Knallkörpern zu. Szenen vom chinesischen Neujahrsfest sind auch auf der Querrolle des Hofmalers Ding Guanpeng (tätig 1705–70) dargestellt (Abb. 10/13): Spielende Kinder umringen einen Feuerwerksverkäufer, der neben Knallkörpern auch größere Raketen in seinem Angebot hat.

Auch die bereits erwähnte Szene aus dem Jin Ping Mei (Abb. 10/10) schildert ein Feuerwerk im Verlauf der Neujahrsfestlichkeiten: Zum Laternenfest am 15. Tag des 1. Monats nach dem Mondkalender wird dieses Feuerwerk veranstaltet: An einem fest im Boden verankerten Bambusstab sprühen Funken, Feuerräder drehen sich im Kreis, und Spielzeugobjekte flattern zu Boden. Die im Englischen als *box lanterns* (etwa: Schachtellaternen) (Abb. 10/14, 15) bezeichneten *qu mi* bilden eine weitere Variante des Feuerwerks, wie es manchmal in Bildern dargestellt ist. Laternenartig aussehende Kästen sind übereinandergereiht und an erhöhter Stelle, eventuell mit einem Gerüst, aufgehängt. Sie sind etwa einen Meter hoch und wenn man sie anzündet, so brennen sie Schicht um Schicht ab, feuersprühend Episode um Episode einer volkstümlichen Erzählung oder eines Theaterstückes wiedergebend, das mit den herausflatternden Papierfiguren illustriert wird[27].

Auch heute noch spielen Feuerwerkskörper eine bedeutende Rolle bei den Festlichkeiten zum chinesischen Neujahrsfest, das noch immer entsprechend dem alten chinesischen Mondkalender Ende Januar, Anfang Februar gefeiert wird. Überall in China (mit Ausnahme von Hongkong) und in chinesischen Einflußgebieten herrscht dann ein ohrenbetäubender Lärm, erzeugt von Knallfröschen und Krachern, welche bei den Chinesen heute noch beliebter sind als die bunten Raketen, wie sie in Europa zum Neujahrsfest gerne verwendet werden. Eine chinesische Besonderheit sind lange, wie an einer Kette aufgereihte Knallkörper, die aus einem Fenster im oberen Stockwerk eines Hauses gehängt werden. Vom Boden aus zündet man sie an, krachend und funkensprühend züngelt die Flamme nach oben – minutenlang (Abb. 10/16)[28].

Meng Yuanlao

ERINNERUNGEN AUS DER ÖSTLICHEN HAUPTSTADT: DONGJING MENGHUALU (1103)

Mit dem Ertönen eines Krachers begann das Feuerwerk. Geisterähnliche Wesen erschienen, mit weißen Masken, wirrem Haar und spitzen vorstehenden Zähnen. Sie trugen goldene und schwarze Beinkleider, während ihre im Rücken kurzen Obergewänder von blauer Farbe waren und mit goldenen Blumen übersät. Sie waren barfüßig und trugen einen großen Gong, als sie mit tänzerischen Bewegungen sich vorwärtsbewegten. Diese Szene wurde »den Gong tragen« genannt. [...] Erneut kündigte der Klang der Knallkörper einige Gestalten an, deren Gesichter diesmal blau und grün waren, mit goldenen Pupillen in der Maske. Ihre Kleider waren mit Leopardenfellen und Stickereien verziert. Einige trugen ein Schwert oder eine Axt, andere einen Stößel oder Stab. Manche rannten umher und verfolgten einander, andere schauten und hörten zu.

Mit dem nächsten Knallton wurde eine seltsame Erscheinung sichtbar, mit einer Maske und einem langen Bart. Ihr Gewand war grün, und sie trug Schuhe wie bei Hofe. Sie hielt eine Ehrentafel in der Hand und sah aus wie der König der Geister. Eine andere Gestalt, die neben ihr stand, schlug einen kleinen Gong an, und die beiden tanzten miteinander. Dies wurde ›der tanzende Richter der Geister‹ [Zhongkui] genannt. Darauf erschienen zwei oder drei schlanke Gestalten, deren Körper [wie] mit weißem Puder bestäubt waren und deren Köpfe aussahen wie Totenschädel. Sie rannten und sprangen wie Schauspieler auf der Bühne, und gestikulierten miteinander. Dies wurde »Stummes Schauspiel« [Pantomime] genannt.

Nach erneutem lautem Knallkörperklang tauchten aus Rauch und Feuer sieben Gestalten auf. Ihr Haar war ungekämmt, ihre Körper mit vielfarbigen Flecken übersät, und sie trugen blaue Gazegewänder mit Stickerei. Einer von ihnen, der einen kleinen Hut mit einer goldenen Blume aufhatte, hielt eine weiße Fahne. Die anderen, die Turbane trugen, attackierten sich gegenseitig und schienen sich mit Schwertern zu durchbohren.

Anonym

PFLAUMENBLÜTE IN GOLDENER VASE: JIN PING MEI (um 1550)

10/15 *Feuerwerkslaterne (1976)*

Als den Damen Tee gereicht worden war, war Simen Tjing zu dem Haus in der Löwenstraße geritten, wohin er sich Jing Bo-Djau und Sjä Si-da bestellt hatte. Auf seine Anweisung war von den insgesamt beschafften vier Satz Feuerwerk ein Satz nach der Löwenstraße gebracht worden. Zwei Satz sollten abends vor den Damen abgebrannt werden. Ein Koch hatte zwei Behälter mit Speisen und Zukost und zwei Krüge Güldenprachter Wein hinbringen müssen. Zwei Sängerinnen, Holdchen Dung und Schmuckreifchen Han, waren hinbestellt worden. Simen Tjing hatte vorher schon Dai-an beauftragt, eine Sänfte zu mieten und die sechste Wang einzuladen, sich zu ihm in das Haus in der Löwenstraße zu begeben.

»Muhme Han, der Herr bittet Euch, zur Löwenstraße zu kommen, um am Abend ein Feuerwerk zu genießen«, sagte Dai-an, als er die sechste Wang erblickte.

»Das ist doch für mich zu peinlich, wie kann ich wohl dorthin gehen?« wehrte sie lächelnd ab. »Erführe es dein Oheim Han, müßte er nicht schelten?«

»Der Herr hat mit Ohm Han gesprochen«, erklärte Dai-an. »Er läßt dir sagen, du möchtest dich rasch fertig machen, da zwei Sängerinnen bestellt sind und niemand da ist, ihnen Gesellschaft zu leisten.«

[. . .] »Die erste Herrin beauftragte mich, allen Herren die Zukost zum Weine zu bringen. Sämtliche Damen sind noch da. Vier Akte des Schauspiels sind vorbei. Die Herrin hat die Damen noch zum Weine behalten und zum Feuerwerk.«

»Waren Zuschauer da?« fragte Simen Tjing.

»Die ganze Straße war gedrängt voll von Schaulustigen.«

»Ich hatte befohlen, daß vier von der Scharwache in schwarzer Uniform die Leute mit Stäben zurückhalten sollten, um Gedränge durch Unbefugte zu verhüten.«

»Ping-an und meine Wenigkeit haben mit den Begleitmannen beim Abbrennen des Feuerwerks aufgepaßt. Irgend einen störenden Zwischenfall hat es nicht gegeben.«

Simen Tjing ließ jetzt die übriggebliebenen Speisen abräumen und die vier gefüllten Behälter hinstellen. Aus der Küche wurde noch ein Gang fruchtgefüllter Reisklöße aufgetragen, und die beiden Sangesschönen mußten an der Tafel Wein einschenken. Den Schachjungen entließ Simen Tjing nach Hause, damit er dort Obacht gebe. Erneut sprach man dem köstlichen Weine zu und erquickte sich an den leckersten Speisen. Li Ming und Wu Hwe mußten an der Tafel einen Satz Lampenfest-Lieder spielen und singen. Als die Lieder verklungen und die Reisklöße verspeist waren, ging Han Dau-go als erster nach Hause. Bald danach befahl Simen Tjing, Lai-dschau sollte in den leeren unteren Zimmern die Vorhänge aufrollen und das Feuerwerk hinaustragen; Simen Tjing und seine Gäste wollten von oben zuschauen, die sechste Wang mit den beiden Musikschönen und mit Grünranke vom Erdgeschoß aus. Von Dai-an und Lai-dschau wurde das Feuerwerk mitten auf der Straße aufgebaut und alsbald angezündet. Auf beiden Straßenseiten drängten sich Schulter an Schulter und Hüfte an Hüfte unzählige Zuschauer. Es hatte sich herumgesprochen: Aus dem Herrensitz des Oberrats Simen werde ein Feuerwerk abgebrannt werden. Wer wäre da nicht zuschauen gekommen! Es war tatsächlich ein prächtiges, sorgfältig zusammengestelltes Funkenspiel:

Fünfzehn Fuß hoch ragte empor
der Feuerwerksaufbau.
Unten in Zelten nach allen vier Winden
war Leben und Treiben;
aber zu oberst auf dem Gerüste
ein Genien-Reiher
hielt im Schnabel ein Rotbuch.
Hier war die Stelle der Zündung:
Kalten Glanzes bohrte sich jetzo
eine Rakete
zischend hinauf und zwängte sich durch
in ein Sternbild des Himmels.
Knallend zerbarst dann mitten im Bau
eine Wassermelone,
und es schraken auf allen Seiten
die Gaffer zusammen,
während alles durchdröhnte zehntausendfach
rollender Donner.
Lotosbarken, bemalt, mit dem Mond
sich an Helligkeit messend,
drängten sich hintereinander,
zerplatzten plötzlich und streuten
weithin Lämpchen in Gold
wie vom ganzen Himmel die Sterne.
Purpurne Beeren sich ballten
an zahllosen Traubenspalieren,
rieselnd glichen sie dunkelen Perlen
im Bergkristallvorhang.
Von den Tyrannenpeitschen,
scholl scharfer Knall allerorten,
während tosend am Boden umherhuschten
feurige Ratten,
schreckend die Leute; denn sie verfingen sich
in ihren Kleidern.
Ziermustertassen und Edelstein-Tellerchen
drehten sich herrlich.
Schwerfällig flatterten Silbermotten
und goldene Grillen –
Strahlend erschienen
– sogar in der Mitte ihr Name erleuchtet –
langes Leben verheißend
der acht Unsterblichen Schemen.
Sieben Heilige, feuergestaltet,
bannten Gespenster.
Gelbliche Rauchraketen
und grünliche mengten die Dünste,
und unzählige Dämpfe
erglühten wie Morgenrotwölkchen.
Rasch brach etwas hervor
und wurde Blüte des Lotos,
langsamer dann aber andere Lotosblumen
sich formten,
blinkten und glitzerten gleich
zehn Ballen des Seidenbrokates.
Hier eine Rauchorchidee,
dort eine Chrysanthemumblüte!
Feuergebildete Birnenblüten
rangen im Wettstreit
um den Frühling mit Pfirsichblüten,
die fielen zur Erde. –
Tortürme, Schlösser mit Aussichtslauben
und leuchtende Stübchen
zeigten sich plötzlich den Blicken
und waren im Nu dann verschwunden.
Herrlich war ihr Anblick
von erhabner Erscheinung.
Weiler und Häuser mit dörflichem
Frühlingstrommeln sich zeigten,
nur daß sie gleichsam des freudigen Lärmes
Getöse nicht hörten. –
Dann ein Hausierer erschien;
sein Traggestell oben und unten
flammte in glänzendem Dunst
und war ganz deutlich erkennbar.
Vor und hinter dem Greis mit dem Karren
zerfloß wieder alles.
Jetzt die fünf Teufel, sich vor dem
Richter der Unterwelt balgend,
scheußlich gestaltet, am Kopf versengt
und mit brennende Stirne!
An zehn Stellen vom Hinterhalt her
sprengten reisige Reiter,
aber es gab weder wirkliches Siegen
noch auch Unterliegen.
Endlich erlosch unzähliger Wünsche
vergeudend Gehasche. –
Als das Feuer verglomm, der Rauch sich verzog,
blieb nichts als Asche.

Da Jing Bo-djau merkte, daß Simen Tjing berauscht war, begab er sich sofort nach Beendigung des Feuerwerks hinab. Als er dort die sechste Wang erblickte, rief er, indem er sich stellte, als müsse er ein kleines Bedürfnis verrichten, Sjä Si-da und Dschu Schi-niän hinaus, und alle gingen davon, ohne sich von Simen Tjing zu verabschieden.

»Wo wollt Ihr denn hin, Herr Jing?« rief ihm Dai-an zu.

»Einfaltstropf«, flüsterte Jing Bo-djau ihm ins Ohr. »Ich habe doch vorhin die Bettgeschichte berührt. Bräche ich nicht auf, so blieben die anderen doch nur sitzen, und dann wäre der ganze Spaß vorbei. Sollte der Herr fragen, so sag' ruhig, wir seien auf und davon.«

(Anm.: Die Umschrift folgt – bis auf die Überschrift – der Originalübersetzung.)

10/16 *Knallkörperkette (um 1950)*

Matteo Ripa

FEUERWERK IM GARTEN DES LANGEN FRÜHLINGS (um 1715)

Sobald wir nach Changchunyuan zurückgekehrt waren, wurden wir allesamt vom Kaiser eingeladen, dem Feuerwerk beizuwohnen, das wie jedes Jahr zur Feier des neuen Jahres abgebrannt wurde. Daher versammelten wir uns alle am Abend auf einem großen freien Platz innerhalb der Kaiserlichen Gärten. Der Kaiser und seine Damen waren anwesend, blieben jedoch den Augen der Öffentlichkeit verborgen. Das imposante Schauspiel begann mit einer Art großer Feuerfontäne, die aus dem Boden emporstieg. Während sie abbrannte, wurde ein großer Kasten an die hundert Fuß hoch in die Luft gehoben, von wo dann ein prächtiges Feuerrad herabkreiste. Kaum war dieses erlöscht, da stieg eine gewaltige Säule aus dem Kasten zur Erde nieder. Sie bestand aus einer unendlichen Zahl kleiner Sterne und vier weiteren Säulen, die aus erleuchteten Papierlaternen verfertigt waren. Dieses herrliche Gebilde war eine geraume Zeit zu sehen, bis es durch eine zweite Feuerfontäne abgelöst wurde, die der ersten weitgehend glich. Es folgten eine Reihe von Säulen in verschiedenen Formen und Farben, die ebenfalls einige Zeit lang zu sehen waren und die Zuschauer in einen Zustand des Entzückens versetzten. Alle Europäer bekannten, daß sie in ihren Herkunftsländern nie etwas derart Großartiges gesehen hätten. Auf diesen Teil des Spektakels folgte ein pyrotechnisches Schauspiel, das von den Chinesen *Der Krieg* genannt wird. Von zwei Seiten werden unzählige Raketen abgeschossen, die sich kreuzen und dann auf irgendwelche Tafeln aufprallen. Das Geräusch, das dabei entsteht, hört sich genau wie der Lärm zweier Armeen an, die sich mit Pfeilen bekriegen. Unterdessen schossen Flammenfontänen in verschiedenen Richtungen aus dem Boden hervor, überall drehten sich Feuerräder, Feuergarben zuckten auf und anhaltende, mächtige Explosionen, die wie Geschützsalven dröhnten, vervollständigten den Tumult. Derartige Feuerwerke werden an diesem Tag auch von anderen hochgestellten Persönlichkeiten auf ihren Grundstücken ausgerichtet; sie sind je nach den Mitteln der Veranstalter mehr oder weniger prächtig und dienen der Belustigung und Zerstreuung der Damen. Die niederen Schichten lieben diese Vergnügung in der Regel ganz besonders.

10/12 *Winterliche Vergnügungen im Yuanmingyuan, Kaiser Qianlong im ›Garten der Vollkommenen Klarheit‹ (Ausschnitt, nach 1736)*

Der Landsitz des Kaisers war von Kangxi selbst zu seiner Erholung erbaut worden. Er trägt den Namen Changchunyuan, was ›Langer Frühling‹ bedeutet. Er liegt in der Ebene inmitten anderer herrschaftlicher Sitze, die alle von Mauern umgeben sind und von seinen Söhnen und den Adeligen bewohnt werden. Die Zugänge zu diesem Palast und den dazugehörenden Ländereien werden ununterbrochen von tatarischen Soldaten bewacht, die niemanden den Durchgang gestatten. Ausgenommen sind nur die Eunuchen und jene Personen, die eine spezielle Erlaubnis vorweisen können und deren Namen dann auf Täfelchen festgehalten werden.

Johannes Grueber

CHINESISCHE FEUERWERKSKÜNSTE (um 1660)

»Es läßt sich jedoch kaum beschreiben«, fügte er hinzu, »wie genial sie es verstehen, Feuerwerke zu machen. Sie lassen das Feuerwerk Zeichen, Figuren und Bäume darstellen und das Feuer vielerlei Gestalten und natürliche Farben annehmen. Ich hatte den Berichten anderer über das Feuerwerk der Chinesen nie Glauben geschenkt, bis ich es mit meinen eigenen Augen sah. Ich sah auf den Boden eines Saales, wo ich mich auf einem sehr seltsamen Fest befand, eine riesige Weinrebe herabschweben – ich sah das Feuer, das die Form von Weinblättern und Weintrauben annahm. All das war so hübsch in natürlichen Farben dargestellt, daß man es mit dem Pinsel nicht schöner hätte malen können. Diese Erscheinung dauerte nur sehr kurz, und nachdem das Material verbrannt war, verschwand sie und hinterließ überall dort Rauchspuren, wo der Wein mit seinen Blättern und Trauben erschienen war. Diese Kunst ist auch ein wenig in Persien bekannt, aber sie gelingt den Persern nicht so gut. Die Chinesen sind sehr stolz darauf. Trotz alledem sind die Ausgaben dafür nicht sehr hoch, da man für zwei Pistolen ein Feuer für drei oder vier solcher Darstellungen haben kann.«

»Mein Vater«, sagte ich ihm dann, »Sie lassen mich etwas glauben, das ich bisher nicht glauben konnte: Vor elf Jahren war Herr Sestel Danois in Rom und sagte mir, man habe ihm aus Kopenhagen geschrieben, daß ein Däne, der aus China zurückgekommen war, dem König eine Art Feuerwerk vorgeführt hätte und daß dieses Feuer, nachdem es raketenförmig in die Höhe gestiegen war, in verschiedene Flammenstreifen zerplatzt sein soll, welche in der Luft den Namen des Königs formten.«

»Sie können das bedenkenlos glauben«, antwortete der Pater, »obwohl ich sehr darüber staune, daß dieser Mann in das Geheimnis der Feuerwerkskünste eindringen konnte, was ihm sicherlich nicht gelungen wäre, wenn er sich nicht darin geübt hätte – und das konnte er nur, nachdem er vorher den unerläßlichen Eid abgelegt hatte. Das bedeutete zugleich das Risiko, nach einem solchen Eid das Land nicht mehr verlassen zu dürfen.«

Johann Georg Unverzagt

FEUERWERK IN PEKING (um 1720)

Ich gehe wieder zu oberwehntem Feuerwercke/ welches also den 3. Tag vor des Weissen Monds vor sich ging. Wurden also 3. Mandarins zum Envoye gesandt/ mit Bericht/ in aller Eile sich zum Kayser mit seiner Suite zu begeben/ um selbiges beyzuwohnen/ ritten also gleich hin. Es stunden sehr vile Pöbel auf dem Felde/ um solches beyzuwohnen/ daß wir kaum kunten durchkommen.

Wir wurden also auf den grossen Plan/ so im Hintertheil des Kaysers Hoff darzu destiniret/ geführet/ und musten uns alle bey einem Lust=Hause auf denen vor uns hingebreiteten Filten lagern. Wir sassen da ohngefehr eine halbe viertel Stunde/ wurde uns Tarasun und Brandwein gebracht/ um uns zu wärmen/ indem so steckten sie einige tausend Laternen/ so auf beyden Seiten des Plans an Stangen von 5 à 6 Ellen hoch hingen an/ daran waren Fahnen von dem feinsten Flor/ und darauf allerhand Sinnbilder illuminiret/ mit unterschiedliche Coleuren oder Farben. Als solches vorbey/ kam eine Quantität Mongalischer Frauen und Jungfern/ und so wie mir berichtet ward/ des Mongalischen Königs (der als Vice-Roy regieret/ in der grossen Wüsteney) Hoff=Damen/ worunter auch soll seyn des Königs Gemahlin/ so eine von des Bogdechans Kamhi oder des Chinesis. Kaysers Tochter/ so an ihm verheurahtet/ gewesen seyn; Sie gingen aber uns vorbey über eine kleine Brücke/ so über einen Canaal geführet/ woselbst sie sich an einen bequemen Orte setzten/ daß sie das gantze Feuer=Werck sehen könnten. Es stund ein Galgen auf ebenen Plane/ worinnen ein viereckter Kasten mit 3 Boden hing/ und aus dem Boden ein Strick/ und von dem Strick ein kleinerer/ so da reichte bis an dem Lust=Hause des Kaysers/ worin sie das Feuerwerck anstecken kunnten. Nebst diesem Galgen stunden auf einigen Pfälen einige Figuren/ als die Wand=Uhren/ einige als Schlangen und Drachen. Abends um 9 Uhr steckten sie es an/ und zwar folgender gestalt: Längst dem kleinen Strick/ so vom Galgen ins Lust=Haus ging/ kam ein Feuer=Drache geflogen an das grosse Strick/ so aus dem Kasten hing/ und steckte es an/ von dannen lief der Drache zu die Uhr=Figur, andern Schlangen und Drachen mit grossem Zischen/ und daß in sehr grosser Eil/ und steckte dieselben an/ da dann aus jeder Uhr=Figur wohl tausend Raketen/ auf einmahl heraus stiegen/ daß wir auch von Crepirung derselben meineten/ daß es würcklich ein groß Donner=Wetter wäre. Nachgehends kamen noch viele Schwärmer aus denen Schlangen und aus denen Drachen allerhand Figuren in der Lufft/ welches einen erschrecklichen Knall gab/ als nun solches vorüber/ ward der Strick/ so aus dem Kasten hing/ bis an den Boden desselben abgebrand/ fiel also der erste Boden aus selben/ imgleichen ein Feuergalgen/ worinnen 2 Kerls hingen/ als bey uns in Europa die verurtheilte Diebe hangen. Als solches ausgebrand/ brennte der Strick höher/ bis der andere Boden ausfiel/ wie auch nach dessen Ausfallung ein Chinesischer Poecelain=Thurm mit sieben Absätzen/ woran man sehen kunte die Fenster/ Dächer mit ihren Couleuren und Farben/ als wann er in Natura da stunde/ welcher brandte ohngefehr eine halbe Stunde/ und war an der Höhe 25 kleine Ellen: Indem fiel er auch von einander auf der Erden/ und der Strick brandte noch höher bis zum 3ten Boden/ da er dann auch ausfiel/ indem fiel eine Reihe grosser Laternen aus dem Kasten/ woran wohl 15 Stück einer Ellen hoch/ schön illumniret/ gleich darauf noch eine andere Reihe etwas kleiner bis über 50 Reihen heraus gefallen waren/ in ziemlicher Eil. Als sie nun alle heraus/ steckten sie sich an/ mit unterschiedlichen Couleuren von Farben/ und wir wunderten uns am meisten darüber/ daß der Kasten so klein/ und so eine Quantität von Laternen herausgekommen. Item ein so grosser Thurm und Galgen/ und solches alles steckte sich selber an. Nach diesem stiegen wiederum einige tausend Raketen in die Höhe. Es waren noch viele andere rahre Stücke daselbst zu sehen/ kan aber es nicht alles beschreiben/ war also das Feuerwerck zu Ende.

Sybille Girmond

FEUERWERK IN JAPAN

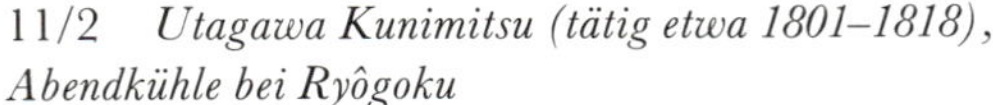

11/2 *Utagawa Kunimitsu (tätig etwa 1801–1818), Abendkühle bei Ryôgoku*

11/1 *Sechster Monat: Abendkühle bei Ryôgoku (nach 1738)*

11/3 *Utagawa Toyoharu (1735–1814), Abendkühle an der Ryôgoku-Brücke*

Die heute zu höchster Perfektion entwickelte Feuerwerkskunst in Japan blickt auf eine verhältnismäßig kurze Tradition im eigenen Land zurück. Das erste Feuerwerk, welches als reines Vergnügungsspektakel in Japan abgehalten wurde und in historischen Quellen erwähnt ist, fand im Jahre 1613 statt, vor wenig mehr als 350 Jahren. John Saris, der Gründer einer englischen Handelsniederlassung in Nagasaki, überbrachte als Gesandter einen Brief von James I. an den mächtigen Kanzler Tokugawa Ieyasu (1542–1616). In seinem Gefolge waren Chinesen, die im Beisein des Shôguns Ieyasu ein Feuerwerk veranstalteten[1].

Die japanische Bezeichnung für Feuerwerk, *hanabi*, wörtlich übersetzt »Feuerblumen« oder »Blumenfeuer«, erscheint erstmals in einem Text aus dem Jahre 1585, in dem berichtet wird, daß während der 100 Tage andauernden Kämpfe zwischen Minakawa Yamashinomori und den Anhängern des Satake-Clans *hanabi* zur Aufheiterung der Soldaten abgebrannt wurde[2]. Ob es sich dabei bereits um ein Feuerwerk im heutigen Sinne des Wortes handelte, oder um farbige Signalfeuer, ist undeutlich. Auch das Feuerwerk, welches Tokugawa Ieyasu und seine Familie begeisterte, war kein großes Himmelsfeuerwerk. Eine Quelle erwähnt das Wort *tachihanabi*, was soviel heißt wie »stehendes Feuerwerk«. Man nimmt an, es bezeichnet Feuerwerkskörper, die an einer fest im Boden verankerten Bambusstange abgebrannt wurden[3].

Für die Zeit vor der Einführung des chinesischen Feuerwerks lassen sich kaum Berichte über die Verwendung von Explosivstoffen in Japan finden. Im Jahr 664 wurden bei einem Kriegszug Rauch- und Feuersignale nach chinesischem Vorbild eingesetzt. Die erste Begegnung der Japaner mit Schießpulver läßt sich in das Jahr 1274 datieren, als mongolische Truppen auf der südlichen Insel Kyûshu landeten und dabei Feuerwaffen benutzten. Eine japanische Handrolle aus dem Jahr 1292 zeigt einen Krieger, auf den gerade eine mongolische Bombe oder Granate zugeflogen kommt[4].

1457 entdeckte man beim Bau des Schlosses von Edo (dem heutigen Tôkyô) »brennbare Erde«, womit vielleicht salpeterhaltiger Boden gemeint ist. Es wird berichtet, daß 1543 Schießpulver auf der Insel Tanegashima eingeführt wurde. Der dortige Machthaber, Tanegashima Tokitaka, befahl im folgenden Jahr seinem Untertanen Sasagawa Koshirô, die Herstellung von Schießpulver zu erlernen. Ein Jahr darauf ordnete er die Herstellung von Gewehren an.

Im Jahr 1543 hatte der Portugiese Fernão Mendez Pinto als erster Europäer (nach einem Schiffbruch) japanischen Boden betreten, und man darf wohl annehmen, daß die Japaner das Geheimnis der Schießpulverherstellung von den Europäern erlernten[5].

Auf den sogenannten *Namban-byôbu*, Stellschirmen mit Darstellungen der Ankunft der »Südbarbaren« (Namban, wie die Portugiesen zu jener Zeit genannt wurden) in Japan, erkennt man auch Gewehre in den Händen der Ausländer.

In der Schlacht von Nagashino im Jahr 1575 wurden Feuerwaffen auch von den Japanern eingesetzt, wie ein Stellschirm im Tokugawa-Museum in Nagoya belegt[6].

Im 17. Jahrhundert dann befanden sich unter den Soldaten der Shôgune und Daimyô auch Schießpulverspezialisten, und verschiedene Ämter wurden für sie eingerichtet.

Anfangs verbreitete sich das Feuerwerk in den dem Tokugawa-Clan unterstehenden Provinzen Owari, Kishû und Mito. Aber auch in der Hauptstadt Edo sowie in Kaga und Sendai erfreute es sich immer größerer Beliebtheit.

11/4 *Kitagawa Utamaro (1754–1806), Feuerwerk bei Ryôgoku*

Feuerwerk in Edo (Tôkyô)

Zu Beginn des 17. Jahrhunderts hatte die Militärregierung unter dem Tokugawa-Clan die Hauptstadt des Reiches von Kyôto nach Edo (dem heutigen Tôkyô) verlegt. Während der gesamten nach dem Regierungssitz benannten Periode, der Edo-Zeit (1600–1868), war es üblich, daß die lokalen Fürsten (Daimyô) abwechselnd ein Jahr in ihrer Heimat und ein Jahr in der Hauptstadt zubrachten. Um ihren Wünschen entgegenzukommen, bildeten sich in Edo große Vergnügungsviertel, wo die Daimyô nach Zerstreuung und Amüsement suchten.

Ab 1623, unter dem dritten Shôgun Tokugawa Iemitsu (1603–1651) fanden bereits so viele Feuerwerke in Edo statt, daß wegen Feuergefahr Restriktionen eingeführt wurden.

Allerdings hielt sich kaum jemand daran, und so wurden diese Einschränkungen in immer wieder neuer Auflage erlassen, in den Jahren 1648, 1652, 1665, 1670 und 1680. 1648 wurde bestimmt, daß Feuerwerk nur an der Mündung des Sumida-Flusses in der Bucht von Edo abgehalten werden

11/5 *Kitagawa Utamaro (1754–1806), Eröffnung der Bootssaison*

11/6 *Toyohara Kunichika (1835–1900), Abendkühle an der Ryôgoku-Brücke*

durfte. Doch selbst der Shôgun hielt sich nicht an diese Erlässe, und von Ietsuna (1639–1680) wird berichtet, daß er im Jahr 1679 sogar zweimal ein Feuerwerk in seinem Schloß veranstalten ließ[7].

Feuerwerk an der Ryôgoku-Brücke

Die räumliche Begrenzung der Feuerwerksveranstaltungen auf die Mündung des Sumidagawa verringerte zum einen die Feuergefahr innerhalb der Stadt, trug zum anderen aber auch zur wachsenden Popularität dieser Gegend bei. Bereits seit Beginn des Edo *bakufu* (Shôgunatsregierung), als die Hauptstadt von Kyôto nach Edo verlagert worden war, galt es als beliebtes Abendvergnügen im Sommer, die leichte Brise am Flußufer zu genießen. Man spazierte den Fluß entlang und konnte sich in einem der zahlreichen Teehäuser niederlassen, oder aber man bestieg eines der oftmals überdachten Vergnügungsboote und amüsierte sich dort mit Freunden oder in Gesellschaft schöner Damen beim Wein – und später Feuerwerk. »Schwimmende Händler« boten von ihren kleinen Booten aus Feuerwerk an, das sie dann für ihre Kunden abbrannten. Auf vielen Farbholzschnitten erkennt man diese Händler in ihren Booten stehend, wie sie ein Bambusrohr in Händen halten, aus dem ein Feuerwerk zum Himmel steigt und langsam wieder auf die Wasseroberfläche zurücksinkt.

»Abendkühle bei Ryôgoku« ist ein häufig erscheinender Titel dieser Bilder, und er kann beinahe als Synonym für »Feuerwerk an der Ryôgoku-Brücke« betrachtet werden. Die Ryôgoku-Brücke wurde 1659 gebaut, zwei Jahre nach einem Großfeuer, das fast ganz Edo zerstört hatte[8]. Die Vergnügungen am Fluß hatten kurzfristig ausgesetzt, und man wandte alle Aufmerksamkeit dem Wiederaufbau der Stadt zu. Die neue Brücke erstreckte sich von Nihonbashi im Westen nach Honjo im Osten. Sie sollte die Bevölkerung dazu ermutigen, sich auch in den Flachlandschaften östlich des Sumida-Flusses niederzulassen, denn man wollte eine Überbevölkerung der Stadt vermeiden, weil im Falle eines Großfeuers viele Menschen bedroht waren. Die Gebiete am Ostufer des Sumida-Flusses werden übrigens nicht mehr zur Hauptstadt Edo gezählt; man verließ mit dem Überqueren der Brücke den Bereich der Rechtssprechung der Stadt Edo.

Auf starken Pfeilern reichte die Brücke ca. 190 m lang über den Fluß, und an den beiden Enden waren jeweils freie Plätze geschaffen worden, die im

11/7 *Ikkei (tätig etwa 1870), Spielende Kinder mit Feuerwerk, Detail*

11/8 *Torii Kiyonaga (1752–1815), In der Abendkühle bei Shijôkawara, Detail*

11/9 *Anonym, Feuerwerk in Omagari, Detail (vor 1870)*

11/9A *Anonym, Kinomiya-Schreinfest in Nagato Ninomiya (1840)*

Fall eines Feuers dieses aufhalten sollten. Die Brücke war immer stark begangen, doch insbesondere während der Sommermonate war sie überfüllt. Mit der Fertigstellung (die Daten variieren zwischen 1659 und 1662) kamen auch die abendlichen Ausflüge an den Sumidagawa wieder in Mode und die verschiedensten schaustellerischen Attraktionen *(misemono)* waren dort zu finden.

Miteinander im Wettstreit liegende Feuerwerkshersteller boten ihre immer farbenprächtiger weiterentwickelten Produkte an. Man kann diese Entwicklung in den Farbholzschnitten mitverfolgen. Auf vielen Blättern findet sich – als sei es Reklame – der Name eines Herstellers, *Tama-ya*, auf einer roten Laterne, die das Boot des Feuerwerksverkäufers erhellt (Abb. 11/4, 5).

Kagi-ya und Tama-ya: Zwei Feuerwerksmeister

1659, im gleichen Jahr, als die Ryôgoku-Brücke fertiggestellt wurde, eröffnete in Nihonbashi eine Feuerwerksfirma namens Kagi-ya. Ihr größter Konkurrent, Tama-ya, erwuchs ihr in einem Lehrling, der sich später selbständig machte. Der Ruhm der Firma Tama-ya reichte bald noch über den der Firma Kagi-ya hinaus, und vielleicht ist das ein Grund dafür, weshalb man auf so vielen ukiyo-e-Drucken (Farbholzschnitten) das tama-Schriftzeichen (als Firmenzeichen des Tama-ya) auf den Laternen der Feuerwerksboote findet. Es wird auch berichtet, daß die Zuschauer, ähnlich wie bei Aufführungen im Kabuki-Theater, ihrer Begeisterung über die Vorführungen durch lautes Ausrufen des Namens der jeweiligen Firma Ausdruck gaben – und es Zeiten gab, zu denen nur noch der Name ›Tama-ya‹ gerufen wurde ... Mit der Zeit ergab es sich, daß ›Tama-ya‹ als Ausdruck der Anerkennung für jedes gelungene Feuerwerk verwendet wurde – egal von welcher Firma. Die Blütezeit der Firma Tama-ya soll auch die Periode gewesen sein, in welcher die meisten Feuerwerke im ukiyo-e dargestellt wurden. Unglücklicherweise zerstörte ein Feuer im Jahr 1843 nicht nur die Werkstatt, sondern auch zahlreiche Häuser in der Umgebung des Tama-ya. Da ein Feuer – egal ob Brandstiftung oder Unfall – zu jener Zeit als Verbrechen geahndet wurde, hatte dies die Ausweisung Tama-yas aus Edo und den Niedergang der Firma zur Folge. Außerhalb der Hauptstadt konnte sie nie wieder ihre vorherige Größe erreichen. Noch heute gibt es aber eine Firma, die diesen (übernommenen) Namen trägt.

Das Ryôgokubashi kawabiraki hanabi

Dieses offizielle Feuerwerk fand seit 1733 alljährlich zur Eröffnung der Bootssaison auf dem Sumidafluß statt. Im Jahr davor hatten Heuschreckenschwärme das Land zerstört; eine große Hungersnot war die Folge. Epidemien plagten das Land, und die Shôgunatsregierung unter Yoshimune versuchte, die bösen Geister mit einem *suijin-sai* (Festival für den Wassergott) zu vertreiben. Verschiedenste Buden und Restaurants durften sich auf der Ryôgoku-Brücke installieren, und ein Feuerwerk wurde veranstaltet. Daraus entwickelte sich in den folgenden Jahren das *Kawabiraki-hanabi*, das Feuerwerk zur (wörtlich) »Öffnung des Flusses«. Zu der Zeit, als Kagi-ya und Tama-ya um die Gunst der Zuschauer wetteiferten, wurde festgelegt, daß bei dieser Gelegenheit Tama-ya sein Feuerwerk oberhalb der Brücke, Kagi-ya das seine unterhalb der Brücke veranstalten solle[9]. 1842 wurde den beiden Häusern von der Regierung sogar genau diktiert, welche Summen für welche Art von Feuerwerk verwendet werden sollten und welche Variationen überhaupt gezeigt werden durften.

Nach dem ersten großen Feuerwerk fanden dann von Tag zu Tag neue, kleinere Veranstaltungen statt, oft in einem privaten Rahmen wie es auf den Farbholzschnitten dargestellt ist. Es ist nicht auszuschließen, daß nur die großen Landschaftsdarstellungen mit Himmelsfeuerwerk das *Kawabiraki hanabi* darstellen und die anderen Motive individuell gespendete kleinere Feuerwerke an gewöhnlichen Tagen abbilden. Oft erkennt man dies auch am Titel des Bildes. Mit Unterbrechungen fand das *Ryôgokubashi kawabiraki hanabi* bis in unser Jahrhundert hinein statt. Während der Meiji-Periode entstandene Farbholzschnitte geben oft das genaue Datum des Feuerwerks an. Es wird von speziell für dieses Ereignis neu errichteten Bahnlinien berichtet, und noch in unserer Zeit waren die schlechten Verkehrsbedingungen Sorge der Veranstalter. 1968 wurde das Ryôgoku-hanabi deswegen sogar abgeschafft. 1983 feierte man das zweihundertfünfzigste Jahr seit der Einführung des *Kawabiraki hanabi*, und seither findet dieses Ereignis unter dem Namen *Sumidagawa hanabi taikai* wieder alljährlich statt.

11/10 *Maruyama Okyo (1733–1795), Die vier Jahreszeiten, Detail*

11/12 *Matsukawa Hanzan (tätig etwa 1850–1882), Abendkühle an der Namba-Brücke, Detail*

11/11 *Miyagawa Isshô (tätig etwa 1751–1763), Vergnügungen am Sumidagawa, Detail*

11/13 *Utagawa Toyokuni (1769–1825), Feuerwerk bei Ryôgoku*

11/14 *Utagawa Kuniyasu (1794–1832), Feuerwerk bei Ryôgoku*

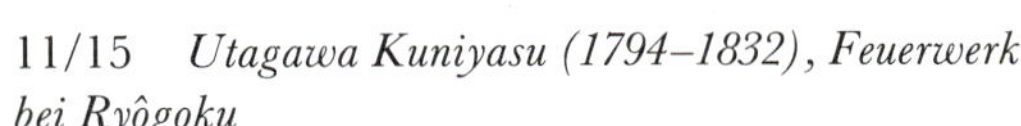

11/15 *Utagawa Kuniyasu (1794–1832), Feuerwerk bei Ryôgoku*

11/16 *Keisai Eisen (1790–1848), Nächtliche Landschaft an der Ryôgoku-Brücke*

11/17 *Keisai Eisen (1790–1848), Abendkühle an der Ryôgoku-Brücke in Edo*

11/18 *Utagawa Yoshikazu (tätig etwa 1850–1870), Feuerwerk*

11/19 *Utagawa Kuniyoshi (1797–1861), Abendkühle bei Ryôgoku*

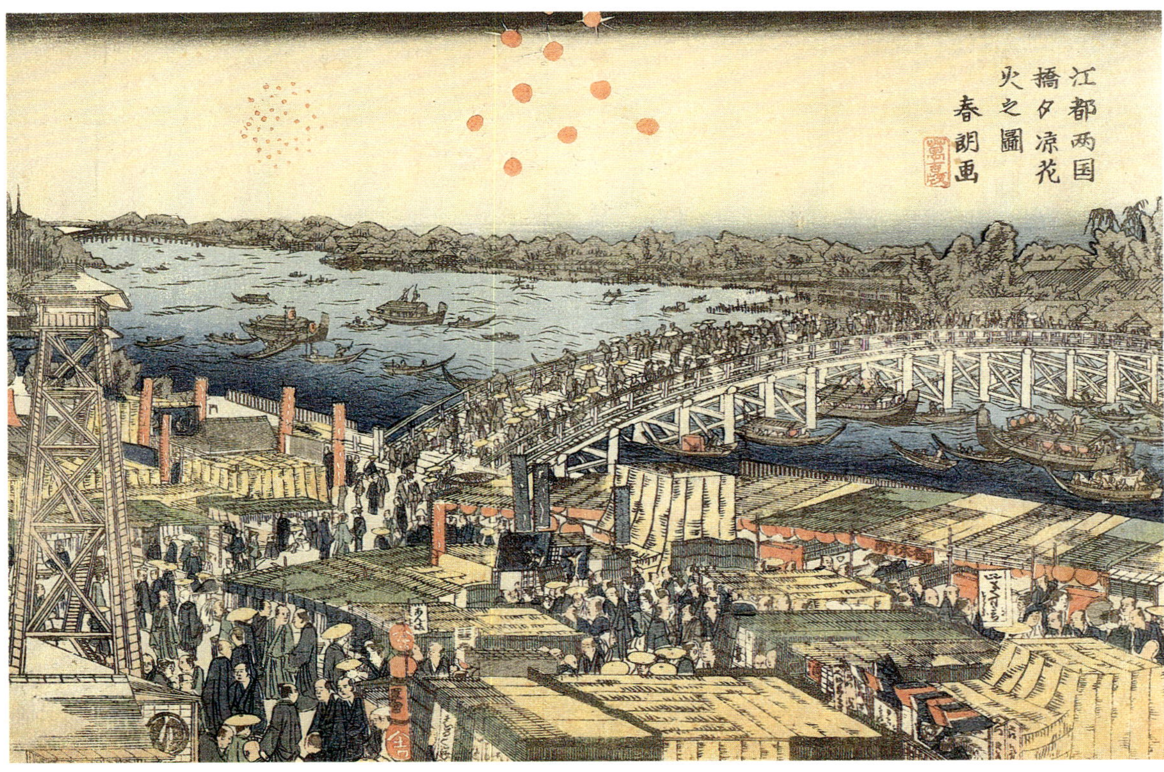

11/20 *Katsushika Hokusai (1760–1848), Feuerwerk in der Abendkühle an der Ryôgoku-Brücke in Edo*

11/21 *Okumura Masanobu (1686/7–1764), Abendkühle an der Ryôgoku-Brücke*

11/22 *Torii Kiyomitsu (1735–1785), Abendkühle bei Ryôgoku*

11/23 *Utagawa Toyohisa (tätig etwa 1801–1818), Ryôgoku*

11/24 *Katsukawa Shunshô (1743–1812), Abendliches Feuerwerk an der Ryôgoku-Brücke*

Die Entwicklung der Feuerwerkstechnik in Japan

Die ersten Feuerwerkskünstler waren Pyrotechniker, die im Dienste der lokalen Machthaber (Daimyô) oder des Shôgun standen. Zu ihren Aufgaben gehörte vornehmlich die Herstellung von Signalfeuern und später Schießpulver. Die ersten Feuerwerke am Sumidagawa in Edo scheinen sich aus den Signalfeuern entwickelt zu haben, die die in der Hauptstadt weilenden Daimyô zu ihrem Vergnügen am Flußufer abbrennen ließen. Daraus entstanden allmählich die Traditionen einzelner Feuerwerksmeister, eine Entwicklung, die auch an verschiedenen Stellen in der Provinz nachzuverfolgen ist.

Die Handwerker wetteiferten miteinander um die schönsten Feuerwerke, und ihre Herstellung war ein eifersüchtig gehütetes Geheimnis in jeder Werkstatt, das von Generation zu Generation überliefert wurde. Einige Handbücher zur Herstellung von Feuerwerk haben sich aus der Edo-Zeit erhalten, etwa das *Hanabi hidenshû*[10] (Geheime Überlieferungen zum *hanabi*) oder das *Tama-ya den* (Überlieferung des Tama-ya), das heute noch im Besitz einer Handwerkerfamilie im Omagari ist. In diesen Texten sind außer der chemischen Zusammensetzung und genauen Anweisungen zur Herstellung verschiedener Feuerwerkskörper auch mit schnellem Pinsel deren charakteristische Merkmale im Bild festgehalten. Man kann heute noch von diesen Texten ausgehend die Feuerwerksdarstellungen auf den einzelnen Farbholzschnitten identifizieren.

Im Vergleich zu den heutigen Feuerwerksdarbietungen müssen die der Edo-Zeit beinahe langweilig erscheinen. Man konnte noch keine so hohen Temperaturen erzielen wie heute, und auch die Möglichkeiten der Farbgebung waren beschränkt. Das änderte sich erst in der Meiji-Zeit, in der zweiten Hälfte des 19. Jahrhunderts. Dank der Einführung von Kaliumperchlorat und verschiedenen farbgebenden Materialien wurde das japanische Feuerwerk variationsreicher. Der Einschnitt war so deutlich erkennbar, daß man von diesem Zeitpunkt an von *Yôbi* (= westliches Feuer-Werk) im Gegensatz zum früheren *Wa-bi* (= japanisches Feuer-Werk: *wa* bedeutet Harmonie und ist eine alte Bezeichnung für Japan) spricht.

Eine während der Meiji-Zeit besonders beliebte Variante des Feuerwerks waren die sogenannten *fukuromono* (fukuro: Tasche oder Beutel), aus denen beim Aufbersten am Himmel kleine aus Papier hergestellte Figuren etc. herausfielen. Diese fanden sehr oft auch bei Tage statt, wie man aus erhaltenen Farbholzschnitten erkennen kann (Abb. 11/6)[11].

Während des Zweiten Weltkrieges waren die Werkstätten der Feuerwerker geschlossen oder in den Dienst der Armee gestellt. In der ersten Nachkriegszeit dachte man nicht an Feuerwerk, und das erste große Feuerwerk nach dem Krieg fand erst 1947 anläßlich der Verkündung der neuen japanischen Verfassung vor dem Kaiserpalast in Tôkyô statt. 1948 erlaubten die amerikanischen Machthaber zum ersten Mal wieder ein Feuerwerk am Sumida-Fluß, und seither entwickelten sich an vielen Orten in Japan alljährlich stattfindende Wettbewerbe und Feuerwerksveranstaltungen wie sie seit der Edo-Zeit zu bestimmten lokalen Festen abgehalten worden waren.

Der Einsatz von Sonderzügen zu den einzelnen Veranstaltungen wie z. B. am 15. August jedes Jahres von Tôkyô nach Kamakura ist keine Seltenheit. Viele Feuerwerke sind im ganzen Land berühmt, und wer es ermöglichen kann, besucht sie. Besonders im Hochsommer finden viele Feuerwerke statt, wie in der Edo-Zeit, als man vor der Tageshitze an die kühlen Ufer des Sumidagawa floh. Seit 60 Jahren findet einmal im Jahr in der kleinen Stadt Omagari in der Präfektur Akita am 3. Samstag im August der vielleicht größte Wettbewerb aller Feuerwerker statt: Mehr als 30 Feuerwerker aus ganz Japan zeigen hier ihre Künste, ihre neuen Entwicklungen. Das Handelsministerium vergibt an die besten Feuerwerker Preise.

11/25 *Shôtei Kokujû (tätig etwa 1789–1818), Abendlandschaft an der Ryôgoku-Brücke*

11/26 *Eisai Senju (tätig etwa 1830–1841), Abendkühle an der Ryôgoku-Brücke in Edo*

11/29 *Aôdô Denzen (?) (1748–1822), Abendkühle bei Ryôgoku*

11/27 *Keisai Eisen (1790–1848), Abendkühle an der Ryôgoku-Brücke*

11/28 *Sawa Sekkyô (tätig Ende des 18. Jh./Anfang 19. Jh.), Abendkühle an der Ryôgoku-Brücke*

11/31 *Toyohara Kunichika (1835–1900), Feuerwerk in der Abendkühle*

11/30 *Keisai Eisen (1790–1848), Acht Ansichten von Edo: Abenddämmerung an der Ryôgoku-Brücke*

11/32 *Utagawa Kunisada (1786–1864), Abendkühle an der Ryôgoku-Brücke*

11/33 *Utagawa Kunisada (1786–1864), Saisoneröffnung an der Ryôgoku-Brücke in der Östlichen Hauptstadt*

11/34 *Utagawa Kunisada (1786–1864), Abendkühle bei Ryôgoku*

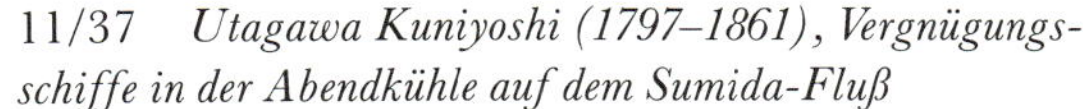
11/37 *Utagawa Kuniyoshi (1797–1861), Vergnügungsschiffe in der Abendkühle auf dem Sumida-Fluß*

11/35 *Utagawa Kunisada (1786–1864), Szene des Kawabiraki*

11/36 *Utagawa Kunisada (1786–1864), Darstellung einer berühmten Person*

11/39 *Anonym, Darstellung eines Feuerwerks im Stil der Östlichen Hauptstadt (Meiji-Zeit)*

11/41 *Kobayashi Kiyochika (1847–1915), Feuerwerk bei Ikenohata*

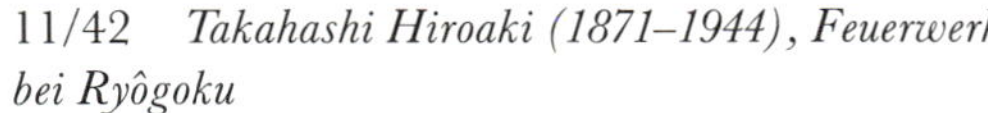
11/42 *Takahashi Hiroaki (1871–1944), Feuerwerk bei Ryôgoku*

11/40 *Kobayashi Kiyochika (1847–1915), Feuerwerk bei Ryôgoku*

11/44 *Sommermond über der Ryôgoku-Brücke*

11/43–11/52 *Farbholzschnitte von Utagawa Hiroshige (1797–1858)*

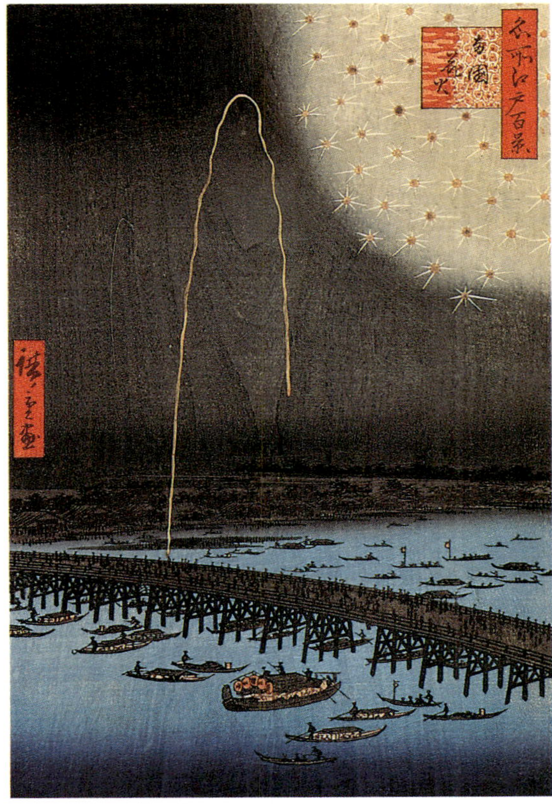

11/43 *Ryôgoku-Feuerwerk*

Die Feuerwerksdarstellungen in der japanischen Kunst

Im Gegensatz zu China hat sich in Japan eine große Zahl von Feuerwerksbildern erhalten. Zwar gibt es auch hier Bilder mit dem Thema ›Spielende Kinder‹ (Abb. 11/7), doch meist mit der Darstellung von Feuerwerk und nicht von Knallkörpern. Beliebt sind bei Kindern auch heute noch die sogenannten *senkô-hanabi*, Kleinfeuerwerke, die unseren Wunderkerzen nicht unähnlich sind (Abb. 11/8).

Neben den bereits erwähnten Pinselzeichnungen in den Handbüchern der Feuerwerksdarsteller gab es auch eine ganze Reihe von Bildrollen lokaler Künstler, welche die alljährlich stattfindenden Feste eines Ortes (nenju gyôji) und auch die verschiedenen Arten von Feuerwerk, die aus diesen Anlässen veranstaltet wurden, dokumentierten[12]. Solche Rollen werden bis heute noch in vielen lokalen Tempeln oder Schreinen aufbewahrt, wie die hier abgebildete Rolle im Shidara-Jinja, einem Shinto-Schrein in Omagari (Abb. 11/9, 9a). Selten nur wurden diese Bildrollen von berühmten Künstlern geschaffen, doch sind sie wichtige Dokumente.

Manche Bildrollen mit ähnlicher Konzeption sind aber auch von bekannteren Künstlern erhalten, wie etwa eine Rolle über die jährlichen Ereignisse in Kyôto von Maruyama Ôkyo (1733–1795), die heute im Tokugawa-Museum in Nagoya aufbewahrt wird (Abb. 11/10). Ein Knabe brennt zur Freude zweier auf einer Plattform über dem Kamo-Fluß sitzenden Männer ein kleines Feuerwerk ab. (Ein weiteres Detail, hier nicht abgebildet, zeigt einen Mann, der gerade zwei kleine Holzflöße mit einer Anzahl brennender senkô hanabi ins Wasser gesetzt hat.)[13]

Außer den bisher erwähnten, meist in der Geschichte der japanischen Kunst nicht besonders bedeutenden Werken der Malerei gibt es nur sehr wenige Feuerwerksdarstellungen außerhalb des ukiyo-e (›Bilder der ›fließend-vergänglichen‹ Welt‹: So wurden die Vergnügungsbezirke der Edo-Zeit genannt).

Auch die Darstellung auf dem Stellschirm (Abb. 11/11/Detail) ist dem ukiyo-e verbunden. Gezeigt ist im Mittelpunkt der Szene ein großes Vergnügungsboot, auf dem einer der Mitfahrenden aus rot-weiß umwickelten, kurzen Röhren ein golden und rot funkelndes Feuerwerk über dem Fluß abbrennt, ein Beispiel für eine kunsthistorisch bedeutsame Ausführung des Themas.

Vollkommen anders ist die in Abb. 11/12 gezeigte Darstellung eines Feuerwerkes in Osaka von

dem Maler Matsukawa Hanzan. Osaka war während der Edo-Zeit ein bedeutender Handelsplatz geworden, und mit zunehmender Wohlhabenheit konnten sich auch die Bewohner dieser Stadt großartige Feuerwerksveranstaltungen leisten, von denen dieses Bild Zeugnis ablegt.

Die sogenannten *meisho-zu-e* (Bilder berühmter Orte), Reiseführern nicht unähnliche, gedruckte Bände über verschiedene Orte Japans, enthielten ebenfalls oft Darstellungen von Feuerwerk, vor allem, wenn es zu einer der Attraktionen des jeweiligen Ortes gehörte. Am bekanntesten sind die *Owari meisho-zu-e*, eine Serie über die ›Berühmten Ansichten von Owari‹[14]. Dabei handelt es sich um einfache, schwarzweiß gedruckte Illustrationen.

Holzschnittzyklen mit Titeln wie *Edo meisho-zu-e* (Bilder berühmter Stätten von Edo) oder *Tôto meisho-zu-e* (Berühmte Ansichten der Östlichen Hauptstadt = Edo) erfreuten sich im 18. und 19. Jahrhundert großer Beliebtheit. Oft erscheint

11/38 *Kikugawa Eizan (1797–1861), Abendkühle bei Ryôgoku in Edo*

die Ryôgoku-Brücke als eine der Attraktionen des heutigen Tôkyô. Sie ist aus den verschiedensten Blickwinkeln heraus dargestellt, oftmals mit einem Feuerwerk (Abb. 11/13–19). Die Feuerwerksveranstaltungen am Sumidagawa, besonders um die Ryôgoku-Brücke, wurden zu einem beliebten Thema der japanischen Holzschnittkünstler, und man findet in ihren Holzschnitten die gesamte Entwicklung des japanischen Feuerwerks dokumentiert: Vom einfachen Feuerregen, der aus einem kurzen Bambusrohr auf die Wasseroberfläche fällt (Abb. 11/10, 11), über die weiterentwickelte Form, in der aus einem langen Schilf- oder Bambusrohr heraus fortlaufend hintereinander Feuerwerkskörper abgeschossen wurden (Abb. 11/1–5), bis hin zu den *uchiage-hanabi*, Feuerwerkskörpern, die erst hoch oben am Himmel in den verschiedensten Formen und Varianten zerbersten. Manche zeigen, wie ein Lichtstrahl nach oben zieht und sich dann teilt (Abb. 11/2, 3, 6, 19), bei anderen ist der Augenblick festgehalten, in dem das Feuerwerk als ›Chrysantheme‹, ›Päonie‹ oder ›Trauerweide‹ seine Pracht entfaltet (Abb. 11/12–17, 20).

Die frühen Malereien und Drucke sind mit leichten Farben und Tusche ausgeführt, die ersten ›farbigen‹ Drucke sind noch handkoloriert, wie etwa der des Okumura Masanobu (Abb. 11/21). Masanobu werden nicht nur die frühen kolorierten Drucke zugeschrieben, sondern er war auch einer der Initiatoren der sogenannten *uki-e*, perspektivischer Darstellungen, die versuchten, in Anlehnung an europäische Bilder mit Zentralperspektive Raumtiefe zu erreichen. Eine relativ große Anzahl der hier illustrierten Feuerwerksdarstellungen trägt im Titel die Bezeichnung *uki-e* (Abb. 11/2, 21, 22–28), und wir erkennen die Anstrengungen, die manche der Künstler unternahmen, um ihrem Ziel gerecht zu werden.

Oft steht nicht die Ryôgoku-Brücke im Mittelpunkt der Bilder, sondern Aktivitäten am Ufer, in kleinen Restaurants und Teehäusern (Abb. 11/21, 22). In manchen Blättern sieht man die Ryôgoku-Brücke auch nur in weiter Entfernung, weil der Künstler einen Standpunkt am Ufer (Abb. 11/29) oder bei einer der zahlreichen kleineren Brücken in der Nähe der Meeresbucht gewählt hatte (Abb. 11/30).

Manchmal dienen Brücke und Feuerwerk auch nur als Hintergrund für die Portraits berühmter Kabuki-Schauspieler (Abb. 11/6, 31) oder Darstellungen schöner Damen (Abb. 11/32). Diese beiden Themenkreise waren bei Holzschnittkünstlern sehr beliebt, und die Verbindung mit Feuerwerk machte die Bilder noch attraktiver für einen Käufer.

Gerade bei den Darstellungen schöner Frauen (*bijin*), meist Kurtisanen, wird eine wichtige Funktion der Holzschnitte deutlich: ihre Bedeutung als ›Modejournale‹. In zahlreichen Farbholzschnitten sitzen oder stehen die Damen in den Booten (Abb. 11/33, 37, 38) oder Restaurants am Ufer (Abb. 11/34, 35) und zeigen die Muster ihrer farbenprächtigen Kimonos. Ryôgoku-Brücke und Feuerwerk sind nur noch Kulisse für diese ›Modenschau‹.

Die Technik des Farbholzschnittes wurde in der Edo-Zeit ständig weiterentwickelt, und es entstanden Farbdrucke mit mehr als 15 Druckplatten für die verschiedenen Farben. Um 1830 setzte die Verwendung des importierten Farbstoffes ›Preußisch-Blau‹ (in Japanisch: *bero-ai* = ›Berliner Indigo‹) ein, und ab 1860 setzten sich die farbintensiven Anilinfarben durch, die gegenüber den traditionellen japanischen Farben den Vorteil hatten, nicht auszubleichen. Leider kann die stärkere Farbgebung (Abb. 11/39) der aus der Meiji-Zeit überkommenen Drucke nicht darüber hinwegtäuschen, daß sie technisch von geringerer Qualität als die Holzschnitte des 18. und frühen 19. Jahrhunderts sind. Kunichika (Abb. 11/6, 31) ist einer der letzten Künstler des traditionellen Ukiyo-e, und die Drucke des Kobayashi Kiyochika (Abb. 11/40, 41) verdanken westlicher Malerei fast ebensoviel wie dem ukiyo-e. Auch Komposition und Farbgebung von Abbildung 11/39 erinnern noch stark an Edozeitliche Drucke, obwohl dieses Bild in der Taisho-Ära entstand. Ohne Abbildungen hier, doch erwähnenswert, sind die zahlreichen Darstellungen des Meiji-Kaisers und seiner Gemahlin bei offiziellen Anlässen in Tôkyô. Bei sehr vielen dieser Veranstaltungen wurden Feuerwerke abgebrannt, oft fukuro-mono und Tagesfeuerwerke. Diese Drucke sind ausschließlich mit Anilinfarben hergestellt.

11/45 *Eine berühmte Ansicht von Edo. Ryôgoku-Feuerwerk*

Die Feuerwerksdarstellungen Utagawa Hiroshiges

Utagawa Hiroshige (1797–1858), ist auch unter dem Namen Andô Hiroshige bekannt. Er studierte ukiyo-e-Malerei und Druckkunst bei Utagawa Toyohiro, interessierte sich aber auch für Malerei im Nanga-Stil (Tuschmalerei, die sich an die chinesische Literatenmalerei anlehnte) und der Shijô-Schule (Malschule in Kyôto, 18. und frühes 19. Jh.).

Etwa 8000 Arbeiten werden ihm heute zugeschrieben, und am bekanntesten darunter ist sicher die Holzschnittserie der *53 Stationen des Tôkaidô*. In seinem späten oeuvre überwiegen Landschaftsdarstellungen und *kachôga* (Blumen- und Vögel-Malerei). Er ist der im Westen bekannteste japanische Holzschnittmeister.

Hiroshige produzierte zahlreiche Farbholzschnitte mit Feuerwerksdarstellungen, von denen ein Teil hier vorgestellt werden soll[15]: Es ergibt sich so ein Rundblick über die Gegend um die Ryôgoku-Brücke, die aus den verschiedensten Blickwinkeln heraus erfaßt wurde. Interessant ist auch, daß man bei dieser Zusammenstellung der Werke Hiroshiges zwei Sets von Holzschnitten erhält, in denen der gleiche Grundstock Verwendung fand, jeweils nur leichte Abwandlungen vorgenommen wurden. So erscheint dieselbe Szene zweimal, in ein vollkommen anderes Licht getaucht, und durch ein vom Typ her verschiedenes Feuerwerk stark verändert (Abb. 11/45, 46, 48). Dies erweckt den Eindruck, als wolle Hiroshige mit diesem Trick denselben Ort, die gleiche Nacht, aber verschiedene Phasen eines Großfeuerwerks, darstellen.

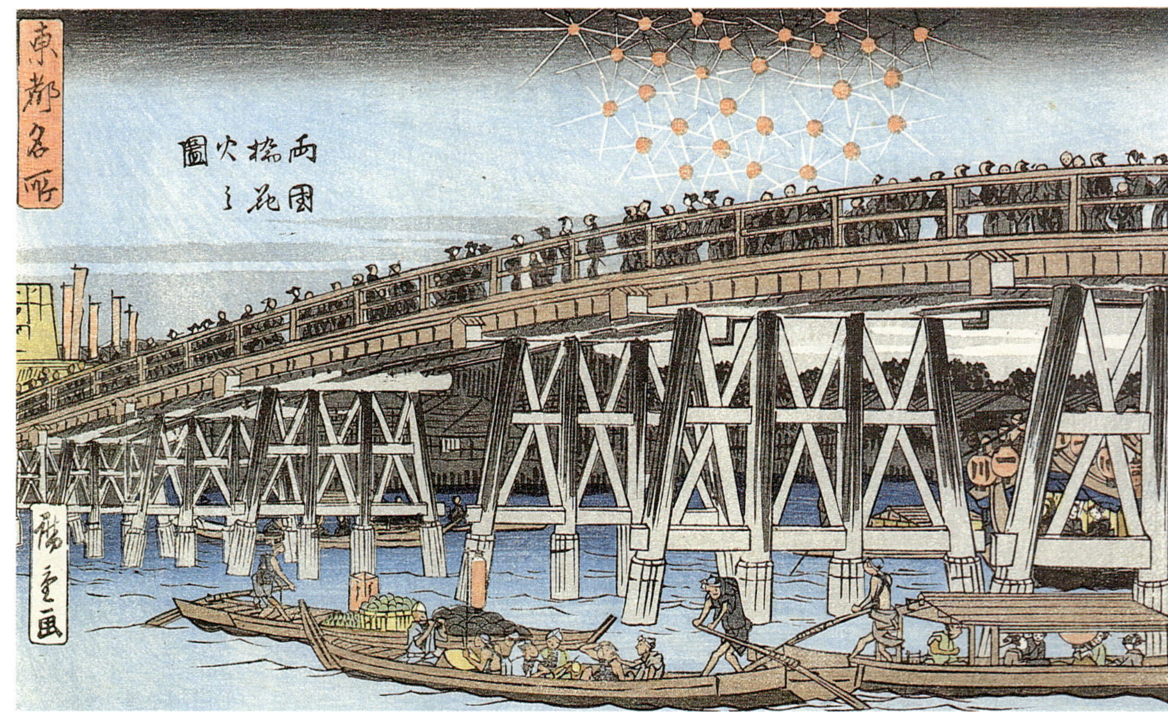

11/47 *Berühmte Ansichten der Östlichen Hauptstadt: Feuerwerk an der Ryôgoku-Brücke*

11/48 *Berühmte Ansichten der Östlichen Hauptstadt: Abendkühle bei Ryôgoku*

11/50 *Feuerwerk in der Abendkühle bei Ryôgoku*

11/46 *Berühmte Ansichten von Edo. Ryôgoku-Feuerwerk*

11/51 *Feuerwerk in der Abendkühle bei Ryôgoku*

11/49 *Berühmte Ansichten der Östlichen Hauptstadt: Gesamtansicht der Ryôgoku-Brücke in der Abendkühle*

Clara Whitney

FEUERWERK AN DER RYÔGOKU-BRÜCKE IN TOKYO (um 1878)

Sonntag, 14. Juli 1878: Die Fahrt nach Ryôgoku war schön. Wir fuhren durch die Schloßanlagen von Nishinomaru, den schönsten Teil der Stadt. Der Mond, halb hinter den Wolken verborgen, enthüllte schattenartig große massive Tore, die wir passieren mußten. Das Schloß lag auf einer Anhöhe, für Feinde nur schwer erreichbar. Luftig türmten sich seine Stockwerke, gekrönt von goldenen Fischen. Aus dem Schloßgraben erhoben sich in einem leichten Bogen die mit Steinen und feinem Rasen bedeckten Uferbänke, gekrönt von Pinien und Zedern, die im Mondlich seltsam groteske Kreaturen zu sein schienen. Schon bald überquerten wir eine der Zugbrücken am Morgengras-Tor und erreichten das hektische Asakusa. Wir erreichten Nakaharas Teehaus, genannt das ›Haus der Tausend Matten‹. Man bot uns Sitzplätze im Garten an. Von dort bot sich die schönste Aussicht auf Fluß und Feuerwerk. Der Fluß war belebt vom Licht der Laternen, die in vielen Farben leuchteten, in vielen Formen auf den Booten befestigt waren. Der Klang zahlreicher Shamisen strich über das Wasser. Einige der Laternen auf den Booten fanden große Bewunderung. Ein Boot glitt vorbei, behängt mit Laternen von einer weichen Perlfarbe, die Ränder verziert mit karmesinroten, mäandrierenden Bändern. Weich und klar, als käme es nicht von Laternen, sondern von großen, mattierten Silberkugeln, einige blau, einige rot, leuchteten diese Laternen. Einige Male glitt eine fröhliche Festgesellschaft vorbei, singend und spielend. Oder ein Theaterboot kündigte mit großen Laternen und einer Kapelle mit Trommeln und Flöten seine Attraktionen an. Ich interessierte mich mehr für die Umgebung als für das Feuerwerk, obwohl es das schönste Feuerwerk war, das ich je gesehen hatte: Raketen, Kometen, Römische Kerzen, blaue, rote und grüne Lichter. Andere Feuerwerkskörper stellten den Fuji, eine Dame, Schirme, Hunde, Männer und viele andere Dinge dar, die ich nicht erkennen konnte. Viel Applaus die ganze Zeit.

11/52 *Feuerwerk in der Abendkühle an der Ryôgoku-Brücke*

ANHANG

NACHWORT

Zum ersten Mal in Europa erscheint mit diesem Buch eine wissenschaftliche Bildgeschichte des Lust-Feuerwerks in Europa und Asien, ergänzt um Essays zur Geschichte des Feuerwerks in Europa, in China und Japan. Erst nach weltweiter Bilderjagd konnte das umfangreiche Bilderbuch zusammengestellt werden.

Anlaß war ein großes japanisches Feuerwerk, das die Berliner Festspiele 1987, zur 750-Jahr-Feier der Stadt Berlin veranstalteten. Und ohne das Engagement der Berliner Festspiele hätte dieses Buch nicht erscheinen können; hierfür sei insbesondere dem Intendanten, Dr. Ulrich Eckhardt, und Hinrich Gieseler gedankt.

Bei der Bilderjagd in Europa haben bedeutende Bibliotheken und Sammlungen geholfen. Die Stiftung Preußischer Kulturbesitz stellte freundlicherweise umfangreiches Abbildungsmaterial zur Verfügung: Besonderer Dank gilt Professor Dr. Bernd Evers, dem Direktor der Berliner Kunstbibliothek, und seiner Stellvertreterin, Dr. Gretel Wagner; Dr. Tilo Brandis, dem Direktor der Handschriftenabteilung der Staatsbibliothek, und Dr. Hans Mielke, Kustos am Kupferstichkabinett. Der Leiter des Bildarchivs Preußischer Kulturbesitz, Dr. Pütz, unterstützte das Projekt ›Feuerwerk‹ nachhaltig. Kostbarkeiten des Germanischen Nationalmuseums in Nürnberg machte der Kustos, Dr. Hermann Maué, zugänglich. Das Staatsarchiv in Nürnberg erlaubte den Abdruck wichtiger Dokumente.

Die Badische Landesbibliothek gestattete Reproduktionen aus wichtigen Handschriften; hierfür danken wir dem Leiter der Handschriftenabteilung, Dr. Gerhard Stamm. Die Bibliothèque Nationale in Paris stellte unter anderen Fotos mit Aquarellzeichnungen von Stephano della Bella zur Verfügung.

Bei der – noch komplizierteren – Bilderjagd in Japan gab es viele Helfer, denen wir danken möchten: Professor Dr. Ledderose (Heidelberg) machte uns auf Sybille Girmond aufmerksam, die den japanischen und chinesischen Teil dieses Buches bearbeitete. In Tokyo hat Birgit Mayr mit Geduld und Ausdauer die Bildarchive der Museen durchforstet. Yoichi Shimizu von der Japan Foundation in Tokyo half, wann immer nötig, vermittelnd und fördernd. Die japanischen Museen und Sammlungen waren, nachdem sie unser ungewöhnlicher Wunsch nach Feuerwerks-Abbildungen erreichte, bereit, das Projekt zu fördern. Insbesondere danken wir hier Matsuo Murayama vom Tokyo Nationalmuseum, Takehisa Machida, dem Direktor des Ukiyo-e Ota Memorial Museum in Tokyo, Ryuji Moriguchi vom Städtischen Museum in Osaka, Herrn Ochi im Museum der Stadt Kobe, Michiko Kaya von der International Society for Educational Information in Tokyo, und Ikuo Nakahara von der Bibliothek der Stadt Shimonoseki. Dirk Reinartz (Buxtehude) stellte das Foto einer Bildrolle aus Omagari (Präfektur Akita) zur Verfügung.

Korrespondenz in japanischer Sprache übersetzte mit Geduld und Verständnis Frau Yukiko Sumoto-Schwan (Berlin). Zum Schluß möchten wir dem Verleger Franz Greno danken, der es wagt, ein Feuerwerks-Bilder-Buch auf den Markt zu bringen und der für die Verdoppelung der Abbildungszahl großes Verständnis aufbrachte; Eberhard Delius sei für die viele Mühe gedankt, die ihm die Produktion dieses Buches zweifellos bereitet hat.

Gereon Sievernich
Hendrik Budde

VERZEICHNIS DER ABBILDUNGEN

Hendrik Budde
EUROPA

Die Technik der Abbildungen ist, wenn nicht anders angegeben, Kupferstich oder Radierung.
Die Maßangaben beziehen sich auf die Größe der Platte, bei beschnittener Platte ist die Größe der Zeichnung (Z.) angegeben.

Erstes Kapitel
EINLEITUNG

1/1 *Feuerwerkseffekte beim Nürnberger Schembartlauf*
Aquarellzeichnung in: Nürnberger Schembartbuch
um 1540
Handschrift
Berlin, SMPK, Kunstbibliothek (Lipp. Sn 1)

1/1.1 *Schembartläufer mit ›Hölle‹*
Beschreibung: *1503 Jar was Jorg Ketzel und Caspar Baumgartner haubtleut Im Schempert und waren Je .93. Mendlein in grün und weis ein leinen leib gemalt und wulle hosen und luffen aus zum Mylla am Obßmarckt bestanden von Metzlern umb 15 gulden und die hell was ein helffant und ein Schloß darauff*

1/1.2 *Schembartläufer schwenkt ein mit Feuerwerkssätzen bewehrtes Reisigwedel*
Beschreibung: *1490 Jar, was Thomas Fuchs hendschuchmacher hauptman im schömpart* [...]

1/2 *Allegorische Darstellung eines Feuerwerkers*
in: Nicholas de l'Armessin, Allegorien der Handwerker und Gewerbe
Paris 1695
Bez.: *A Paris Chez N. de L'Armessin in Rüe, S. Iacq., à la pomme d'Or pres St. Severin*
Bildunterschrift: *Habit d'Artificié*
Berlin, SMPK, Kunstbibliothek (Lipp. Pe 4)

1/3 *Imaginäres Feuerwerk in der Kaiserstadt Pekings*
Romeyn de Hooghe
in: Simon de Vries, Curieuse Aenmerckingen der bysonderste Oost- en West-Indische verwonderens-waerdige dingen; nevens die van China, Africa, en andere gewesten des werelds, Bd. 4
Utrecht 1682
Berlin, Staatsbibliothek Preuß. Kulturbesitz (Uz 20924-4)

1/4 *Chinesische Feuerwerkssprengsätze*
in: The Universal Magazine, 1764 (Abb. n. A. St. H. Brock, Pyrotechnics, London 1922, n. S. 100)
Bildüberschrift: *Manner of Making Representing Flowers, ec. in the Chinese Fireworks.*
Illustration zu dem Bericht eines Jesuitenmissionars über das chinesische Feuerwerk.
Berlin, SMPK, Kunstbibliothek

1/5 *Symbolische Darstellung der pyrotechnischen Künste*
Bez.: *Johannes Meyerus fecit*
Bildtitel: *Et delectat et terret – Es ergetzet und verletzet*
Bildunterschrift:
Die Stücke / die Mörser und ander Geschütze
So blitzen und krachen wie Donder in Blitze,
Mann Jupiter zornig am Himmel erscheint,
Und alles in Asche zu kehren vermeint
Die Zielen offt mahlen zu widrigem Zwecke,
Zu lustigen Spielen / Zu traurigem Schreke,
Sie weiden die Augen / ergetzen den Muth,
Erschrecken den Hertzen / verletzen das blut,
Wie kan man nicht offte kurtzweilig ansehen
Die Freüde-Feür häuffig in Lüfften aufgehen?
Mann scheinet der Himmel auf Erde zu seyn,
Mann Wasser und Fewer sich mengen gemein.
Mann Kugeln auffliegen mit feürigen glantzen
Mann Sterne bey tausend im Wasser unbdantzen
Raqueten und Kuglen versetzet mit Kunst
Im Wasser behalten helleüchtend Brunst
Hingegen / was könte grausamer erscheinen
Erwecken mehr schrecken / mehr heulen und weinen
Als Kugeln / Granaten / Carcassen und Krüeg.
Sturmfasse / Feür-ballen und Bomben im Krieg?
Die Schlösser und Stätte mit brennen und sengen
Umkehren und alles im grunde versprengen.
Das Gwissen deß Menschen so pfleget zu seyn
Das gute voll Freude / das böse voll Pein
Ein gutes Gewissen / ein täglich Wolleben
Den Himmel auf Erde den Frommen thut geben,
Das böse zerplaget und naget das Hertz
Versprenget und senget mit höllischem schmertz
Den Leibe zu schirmen vom Gschütze fehr fahre
Die Seele zu retten das Gwüssen bewahre.
Gesellschaft der Constaffleren
im Zeug-Hauß zu Zürich Ao 1690
Nürnberg, Germanisches Nationalmuseum
(Kapsel 1219a HB K. 19.999)

Zweites Kapitel
BERLIN UND PREUSSEN

2/1 *›Ware ab Conterfeyung des herlichen freuden feurs so auf dem Christlichen Kindtauffen Johanns Georgen Margraven Von Brandenburg zu Collen an der Spree den 14 Decem Ano 1592 gehalten worden.‹*
Georg Keller (?) nach Philipp Uffenbach (?)
in: Jacobus Francus (Conrad Memmius), Historicae relationis continuatio, Warhafftige Beschreibung aller fürnemen und gedenckwirdigen Geschicht / so sich [...] hiezwischen nechstverschiener Franckfurter Herbstmeß Anno 1592. und etliche Monate darvor / biß auff gegenwertiger Fastenmeß [1593], verlaufen und zugetragen haben o. O. 1593
Beschreibung des Feuerwerks (Fol. 37' ff.): *Gegen Abend aber ward in der vorgedachten Rennbahn / ein Freudenfewr angestellet / welches zwischen 4 und 5. uhr angangen / als nemlich erstlich / war bei dem Judicier Haus ein wolgemachter Adler* ***[31]*** */ welcher mit seinem lincken Fuß auff einem dreyeckichten Pfosten stunde / und mit dem rechten Klawen deß Churfürsten von Brandenburg Keyserlichen Scepter hielte / alles voller Schüsse / darunter dem Chur und Furstlichen Hause Brandenburg zu ehren ein Verß geschrieben gewesen.*
Auff der andern seiten des Judicier Hauses saß ein grosser Held auf einem hohen viereckichten Postament. ***[32]*** */ alles voller Schüsse / und ausfahrender Fewr / welcher in seiner lincken Hand die Churfurstliche Wappen hielte / und in der rechten ein Schwerd führete. Vor ihm stund ein klein erhaben Postament / daraus hernach Fewr kommen / und die Hand sampt der Wehr verbrennet / welches die alte Römische Historiam von Cajo Mutio fürgebildet / welcher zu Rom uber die Tieber geschwummen / das gentzlichen vorhabens / den König Porsennam / so die Stadt mit gewalt belagert / umbzubringen / weil ihm aber sein fürnemen mißrahten / und er den Cantzler an stat deß Königs erstochen / hat er sein hand sampt dem Schwerdt selber im Fewer verbrennet. Auff dem Postament / da der Helde auffgesessen stunden diese Versi* [Legende des Mucius Scaevola in mehreren Versen]. *Nicht weit darvon waren auch 15. Morsel stücklein eingegraben* ***[33].*** *Item / Fewrmühlen* ***[34]*** */ Schlagkugeln / Fewerstangen / fewrige Dusacken / fewrige Peitschen / und etliche hundert Racketlein.*
Als nun dieses alles geordnet / hat der Churfürst von Brandenburg selber ungefehrlich umb 8. Uhr / vom Ercker herab geruffen: Meister Hans / wenn ich ruffe oder pfeiffe / so las es gehen / welches auch ein wenig vor 8. uhren geschahe. Der Churfürst lag in einem Schlaffbeltz und Hirschheuten Mutzen / sampt vielen Fürstlichen Personen / oben in einem Ercker. Da nu das Fewrwerck angangen / und Cajo Mutio die Hand und Schwerd erstlich angezündet ward / gab es viel schläge / schüsse und außfahrende Racketlein hin und wider in dem Schloß / und fuhr sonderlich J. C. F. G. [Ihro Chur Fürstlichen Gnaden] *eines über das Häupt / und waren auch andere Fürstliche Personen nicht gar sicher darvor.*
Darnach kam es auch an den Adler / welcher viel schüsse und schläge gegeben / hierzwischen wurden auch allerhand Kurtzweilen mit brennenden Rennstangen / Sebeln / Pausianen / Tartschen ***[37-40]*** */ und fewrigen Mühlwerck getrieben.*
Als nun diese kurtzweil fast eine gantze stunde gewehret / hat man auch die vorgemelte funffzehen Morschene Stücklein nach einander mt solchern Gewalt abgehen lassen / das der Erdboden davon erzittert / viel Fenster im Schloß zersprungen / unnd der Schnee von den Dächern herab gefallen / also das die Heerbaucker und Trommeter / so am obersten Ercker stunden / ihr Ampt vor dem Schnee nicht wol verrichten kondten. Doch ist durch Gottes Gnaden / alles one schaden / und mit sonderliche kurtzweil allenthalben abgangen.
Abb.: Berlin, Staatsbibliothek Preuß. Kulturbesitz, Handschriftenabt. (YA 2622 kl.)
Buch ohne Abb.: Wolfenbüttel, Herzog August Bibliothek
(T 267 b. 4^0 Helmst. 4)

2/2 *›Freuden feuer so .I.C.F.G. Von Brandenburg zu Cüstrin gehalten den 23 Junii Ano [15].95. uff die gluckselige ankunfft des Margraffen zu Brandenburg und Hertzogen in Preussen & als die Historia Erklert.‹*
Georg Keller (?) nach Philipp Uffenbach (?)
in: Jacobus Francus (Conrad Memmius), Historicae Relationis continuatio. Warhafftige Beschreibung allerfürnemen [...] Historien / so sich [...] Hiezwischen nechstverschiener Franckfurter Fastenmeß [...] biß auff gegenwertige Herbstmeß dieses 1595 Jahre zugetragen und verlaufen haben
Wallstatt 1595
Beschreibung (S. 101 f.): *Margraff Johann Sigmund von Brandenburg / etc. unnd Hertzog in Preussen ankunfft unnd einrit zu Cüstrin* [...] *Und den folgenden Montag* [23. Juni 1595] *hat ihre Churfürstliche Gnade ein herlich freuden Fewer auffrichten lassen / in form unnd gestalt einer grossen runden Kugel / darauff die gantze Welt sampt den vier Winden gemahlet / zwischen jedern Wind war ein Fewer Stadt mit etlichen hundert schlegen / welches stund auff ein Demant Fundament und oben auff derselbigen Kugel eine grosse wolgezierte Figur / in der gestalt eines Römischen Helden mit dem Gesicht nach dem Chur. Schloß gericht / hat mit dem rechten Arm umbfangen ein grosse Columnam auff welche geschrieben stundt / mit Lateinischen gülden Buchstaben / Fortitudo in expugnabilis: in der Lincke Hand aber ein Eyseren Stab / auf demselbigen Stab eine runde gemachte Sache wie ein Kürbiß / dardurch man das Fewerwerck hat angezündet / unten an demselbigen Staab einen Schildt / darauff auch mit güldenen Buchstaben diese Verslein geschrieben:*
Demant ist fast ein Edelsstein.
Den man nicht kan gantz schlagen klein.
Also eines Mannes Dapfferkeit /
Ob Unfal hat / bestendig bleibt.
Das Fundament aber von diesem Fewerwerck war besetzet mit 40. gewaltigen Cammerstücken / und 12. ein wenig erhöchten Zündtlöchern / dadurch man diese 40. gemeldte Stücke kundte loß schiessen / auch waren hierzu verfertiget allerley ding / als Fewerräder / Fewerstangen / Fewrige Dusaken / Fewrige Peutschen und entliche tausend Ragetlein / Als dieses nu alles von den Obristen Zeugmeister Caspar Schab und seine Mithülffen / wolbestelt und angeordnet / sind hernach etliche Fenster im Schloß mit schwartzen Sammten Decken bekleidet / und J. C. G. ungefehr nach 9. Uhren in einem Schlaffpeltz mit den anwesenden Fürsten / und Herrn an die Fenster gekommen / Als dann hat das freuden Fewer seinen anfang gehabt / und durch die Kürbs der Römer lincken hand das fewerwerck angezündet / Nach dem nun solches ein zeitlang gewehret / hat der Römer mit sampt der Seule / so viel seltzame schlege / schüß unnd auff fahrende Fewer / vom Scheytel an biß auff die Fußsolen von sich außgeworffen / daß es uber die maß wunderbarlich doch lustig anzusehen gewest / Demnach das Fewer aller erst in die Kugel kommen / so in die 8000. schleg gehabt / da hat sich ein Fewrer regnen / Fewer speyen und andere seltzam auffahren erhaben / daß menniglich sich darob erlüstiget / Endtlich hat mann die Cammerstück in dem Fundament abgehen / und auff der Burg die Heertrummen und Trommeten auch erschallen lassen / und mit Fewerstangen / Fewerdusäken / Fewerpeutschen so viel kurtzweil getrieben / das es eine herrliche Lust anzusehen gewesen.
Abb.: Berlin, SMPK, Kupferstichkabinett (P. Uffenbach 198, 3-58 N)
Buch o. Abb.: Wolfenbüttel, Herzog August Bibliothek (Ge. 482, 5)

2/3 *Zeichnung nach der Vorlage (2/2)*
in: Feuerwerksbuch (vgl. **5/2**), Fol. 99'
Straßburg (?)
nach 1598
Handschrift
Aquarellierte Federzeichnungen
Karlsruhe, Badische Landesbibliothek (Hs D 100)

2/4 *›Freuden feuer so ihre C. F. G. zu Brandenburg ihr König: Wird in Denmarck zusondern ehren hat abgehn lassen zu Cölnn, an der spre Anno.1595.‹*
Georg Keller (?) nach Philipp Uffenbach (?)
in: Jacobus Francus (Conrad Memmius), Historicae relationis continuatio, Warhafftige Beschreibung aller fürnemen und gedenckwürdigen Historien / so sich [. . .] Hiezwischen nechstverschiener Franckfurter Herbstmeß und etliche Monate darvor / biß auff gegenwertiger Fastenmeß diese 1596. Jahr zugetragen haben
Wallstatt 1596
Beschreibung (S. 58 ff.):
Von dem Einzug / des Durchleuchtigsten /etc. Fürsten und Herrn / Herrn Christiani gebornen Königs in Dennemarck / zu Berlin / und wie er von ihrer Churf. Gnad. statlich empfangen worden. [. . .] *Den andern folgenden Tag* [im Oktober 1595] */ ist ein herrlich Fewerwerck zwischen dem Schloß und Stall zu gericht worden / als in der Figure zu ersehen / welches anzeigte / zum ersten 3. Wasserpferd / Num.* **1.** und **2.** *und dahinter ein Schiff / Num.* **3.** *auff welches schnautze voran gestanden / Neptunus mit der Meergabel in der rechten Hand / Num.* **4.** *und die Zeum der Pferd in der lincken Hand / Num.* **5.** *in gemeltem Schifflein aber seind zwo Jungfrawen / in eines Menschen größ gesessen / so ein ander umbfangen / darvon die eine das Mercurische signum in der Hand / und die ander ein Columna in dem lincken Arm haltent / Num.* **6.** *und* **7.** *hinden auff gemelten Schifflein aber / ein runde Kugel / Num.* **8.** *als der Weltlauff / und darauff ein groß Bild / als die Fortuna gestellet / Num.* **9.** *und an der lincken Hand dieser Fortuna war ein Schnur biß auff den Churfürstlichen Schloßboden gezogen / darauff ein gekrönter Schwan / künstlich bereitet / Num.* **10.** *welchen man gleichsam fligend hinauff J. K. W.* [Ihro Königlichen Würden] *zu besondern Ehren hat schweben lassen. Dieweil J. K. W. ein gekrönten Schwan in ihrem Wappen führen / mitlerzeit / dieses nachfolgendes Liedlein J. K. W. zu Ehren / auf allerley Instrumenten auff die Melodey / O holdselig Bild / mit nachfolgenden worten spielen und singen lassen* [. . .] *unnd zum ende diese Lieds / also gar biß auff gemelter lincken handt der Fortuna gefahren / das Fewerwerck angezündet / darauß viel tausent schlege / und außfarende fewren kommen / auch unden am Schiff grosse Kammerstücken / wie Cartaunen loßgangen / Num.* **11.** *und* **12.** *so ein lange zeit gewehret / und ein Fürstliche Frewde daran zu hören und zu sehen war.*
Abb.: Berlin, Staatsbibliothek Preuß. Kulturbesitz, Handschriftenabt. (YA 2813 kl.)
Buch o. Abb.: Wolfenbüttel, Herzog August Bibliothek (Ge. 482, 6)

2/5 *Zeichnung nach der Vorlage (2/4)*
in: Feuerwerksbuch (vgl **5/2**), Fol. 102'
Straßburg (?)
nach 1598
Handschrift, Fol. 102'
Aquarellierte Federzeichnungen
Karlsruhe, Badische Landesbibliothek (Hs D 100)

2/6 *›Prospect des Feuer-Wercks welches auf den 26ten April A° 1706. Eingefallene Jubilaeum in Franckfurt an der Oder praesentiret worden.‹*
Bez.: *J. G. Wolffgang ex. Berlin.*
in: Saecularia sacra Academiae Regiae Viadrinae, quibus sub augusti auspiciis [. . .] Regis Borussiae [. . .] natalem tertium [. . .] celebravit [. . .] Francofurti ad Viadrum [1706]
Frankfurt an der Oder 1706
Berlin, SMPK, Kunstbibliothek (Os 2781 aufg.)

2/7 *Feuerwerksbühnen und Wasserfeuerwerk anläßlich der Hochzeit des Kronprinzen Friedrich Wilhelm von Preußen 1706 in Berlin.*
Constantin Friedrich Blesendorf
Z. 49,3 × 72,8 cm
Lateinische Bildunterschrift: *Lux publica et profesta in nuptiis serenissimi principis ac domini Frederici Guielielmi regni Borussiae et electoratus Brandenburgici haeredis accensa et laetitiae publicae data Berolini D IX Decemb. Anno MDCCVI.*
Berlin, SMPK, Kunstbibliothek (Os 2870 aufg.)

2/8 *Feuerwerksaufbauten anläßlich der Hochzeit König Friedrichs I. von Preußen und seiner dritten Gemahlin in Berlin 1708*
in: Theatrum Europaeum, Oder Außfuhrliche und Warhafftige Beschreibung aller und jeder denckwürdiger Geschichten / so sich hin und wieder in der Welt / fürnemblich aber in Europa, und in Teutschlanden / so wol im Religion- als Prophan-Wesen [. . .] zugetragen haben, Teil 18, 1708, n. S. 88.
Frankfurt a. M. 1720
Berlin, SMPK, Kunstbibliothek (OS 2874 aufg.)

2/8.1 *›Des Königl. Preusischen Feuerwerckes Erste Representation.‹*
Bez.: *L. Beger Sc.*
Beschreibung: *Die erste Handlung im weissen Feuer stellet zu Ehren Sr. Majestat des Konigs einen Koniglichen Thron zwischen 2. Tropheen vor* [Beschreibung der Inschriften] *Die Seiten des Throns seynd mit einer Colonnate in Gestalt eines halben Monds eingefasset / allwo zwischen den Colonnen die vornehmsten Heydnischen Gottheiten / so mit Sr. Majest. ruhmwürdigen Thaten eine Gleichheit haben auf ihren Postamenten gesehen werden / und leuchtet auf denen Capitälen derer Colonnen jedes mahl ein Preußischer Ordens Stern. Die Überschrifften seynd folgende. Auf dem rechten Flügel: Jupiter, Jovi Servatori – Mars, Marti Patri – Hercules, Herculi victori – Genius, Genio felici. Auf dem lincken Flügel: Apollo, Apollini Augusto – Mercurius, Mercurio pacifico – Janus, Jano perenni – Pax, Paci aeternae.*

2/8.2 *›Des Königl. Preusischen feuerwerckes zweyte Representation.‹*
Bez.: *L. Beger Sc.*
Beschreibung: *Die zweyte Handlung im weissen Feuer stellet zu Ehren Ihro Majestät der Königin eine Ehren-Pforte vor / auf deren Fronton 2. Obelisci stehen / welche sich in Feuer-Flammen endigen.* [Beschreibung der Inschriften] *Um die Ehren-Pforte ist ein Garten-Werck / dessen rechte und lincke Seiten mit einem Feuer-speyenden Brunnen beschlossen worden. Unter dem Bogen des Garten-Wercks stehen im Perspectiv einige weibliche Gottheiten / nemlich zur rechten Hand die Juno mit denen Worten: Junoni Reginae – Minerva, Minervae augustae – Vesta, Vestae piae – Maja, Majae floridae. Zur lincken die Venus, Veneri felici – Isis, Isidi salutari – Diana, Dianae pudicae – Spes, Bonae spei.*

2/9 *›Dieses Feuerwerck, wovon das erste in weissem Feuer, und das andere in weissen und blauen Feuer, das dritte aber auf dem Wasser allein in blauen Feuer, ist den Juny 1728 bei Anwesenheit Seiner Königl. Maj. in Pohlen Friderich August u. Dero Königl. Prinzen, als selbige Dero Visiten des Königs in Preussen Maj. gegeben, zu Charlottenburg praesentiret und verbrand worden.‹*
Bez.: *G. P. Busch Sculp.*
60 × 87 cm.
Berlin, Staatsbibliothek Preuß. Kulturbesitz, Handschriftenabt. (YB 4542 gr.)

2/10 *›Representation der Illumination und des Lust-Feuers, welches die Pfältzer-Colonie zu Magdeburg den 19. Julii 1742 angestellet‹*
Bez.: *G. P. Busch exc.*
33 × 45 cm.
Feuerwerk zur Feier des Friedens von Berlin in der Pfälzerkolonie zu Magdeburg am 19. Juli 1742.
Berlin, Staatsbibliothek Preuß. Kulturbesitz, Handschriftenabt. (YB 5926 gr.)

2/11 *›Dieses Wasser Feuer Werck ist bei der hohen Vermählung S^r. Königl. Hoheit Herrn Adolph Friderichs, Trohnfolgers des Königreichs Schweden, mit Ihro Königl. Hoheit Louisa Ulrica Princessin von Preussen den 21 July 1744 in der gegend des Königl. Preuss. Lust Schlosses Charlottenburg vorgestellt worden.‹*
Bez.: *J. G. Schmidt sculp. Berlin.*
Z. 56 × 41 cm.
Berlin, Staatsbibliothek Preuß. Kulturbesitz, Handschriftenabt. (YB 6040 gr.)

2/12 *Feuerwerk und festliche Illumination in Berlin aus Anlaß des Friedens von Dresden*

2/12.1 *›Abbildung deß Tempels Janus, welcher in Berlin, den 12. Januarius 1746 gegen den Opern Haus über, representiret wurde, wegen der Publication des Friedens, zwischen Seiner Königlichen Majestät in Preussen, und denen Höffen von Wien und Dresden.‹*
Bez.: *Busch excudit.*
29,5 × 35 cm.
Berlin, SMPK, Kunstbibliothek (OS 2907 aufg.)

2/12.2 *›Abbildung des Friedens Tempel, welcher in Berlin d. 12 Jan 1746 gegen den Opern Hause über ist Presentiret worden‹*
Bez.: *Schmidt excudit*
16 × 25 cm
Berlin, Staatsbibliothek Preuß. Kulturbesitz, Handschriftenabt. (YB 6250 kl.)

2/12.3 *›Abbildung der Illumination, welche des Printzen in Preussen und Marggraffen zu Brandenburg Carls Königl. Hoheit, den 28ten December 1745 als des Königs Friedrich in Preussen Maj. mit Sieg und Frieden aus Sachsen in hiesiger Residens Stadt glorreich eintraffen vor Dero und des Ritterl. St. Johanniter Ordens Palais vorstellen lassen‹*
Bez.: *Gez. u. gest. J. G. Schmidt, Berlin*
Berlin, Staatsbibliothek Preuß. Kulturbesitz, Handschriftenabt. (YB 6230 gr.)

Drittes Kapitel

PYROTECHNIK I
DIE FEUERWERKSKÖRPER

3/1 Mayer, Friedrich
Bichssenmeistery auch // von allerley schimpfflichen und ernst-//lichen Feuerwerckken
Beschrieben durch // Friederich Meyern geweßter Feldt // zeugmeister und bürger zu Straßburg // Im Jahr nach Christi unsers Herren ge- // burt als man zalt 1594. den 24 Decembris erschinen
Handschrift Titelseite
Das Buch wurde von Werner Graf von Tilly, einem Neffen Johann Tillys, in der Bibliothek des böhmischen Feldherrn Jaroslaus Smirzizki, der es dem Kurfürsten von der Pfalz, Friedrich V., verehren wollte, in Prag entdeckt und dem bayerischen Kurfürsten Maximilian zum Geschenk gemacht.
München, Bayerische Staatsbibliothek, Handschriftenabt. (Cod. germ. 8143)

3.1.1 *Titelseite*

3/1.2 *Vom Salpeter*
Fol. 5
In dem ersten theil diß büechs würdt beschriben die salpetter erden ihre aigenschafft und wie sie zuerkhennen, auch wie die laugen davon gemacht und zum wachsen gesotten nachmals der rohe salpetter geleüttert und das saltz davon gescheiden, und rein gemacht solt werden [. . .]
In der *Dedicatoria* (Fol. 4') an den bayerischen Kurfürsten verweist Graf von Tilly auf die militärische Bedeutung des Buches: *Ohne zweifel unsere feind, hätten die / theoriam dises Buchs, gern wider uns practicè länger gebraucht. So hat / es ihnen Gott genommen und uns in die Hände gegeben, das wir sol- / che ihnen zu schaden gebrauchen können.*

3/2 Johann I. von Nassau-Siegen (1606–1623)
Etliche schöne Tractaten von aller- // handt Feüerwercken // und deren Künstlichen Zubereitung //
Darbey Vollkommener // Bericht von Salpeter Pulver // undt Racketen machen, sampt umbständlicher // anzeig vieler Ausserlesener Satzen. Item Lust- // und Ernst Fewerwercken in specie, mitt an- // gehengten nötigen remediis, wie man uff den // nothfall sich gegen solche Brandtschäden defen- // dieren möge //
zusammen bracht Durch: // Johann den Eltern // Graven zu Nassaw, Catzen- // elnbogenn, Vianden undt Dietz // Herrn zu Beilstein. // Anno // 1610.
Aufschrift rechts unten im Schriftfeld: *Moritz Graff zu Nassaw Catzenelnbogenn* [Johann Moritz von Nassau Siegen (1606–1679)]
Dat. rechts unten in der Rahmenverzierung: *16* [Anker-Symbol] *10.*
Prachthandschrift
Titelseite und Abbildungen im Text Aquarellzeichnungen mit Gold gehöht
Widmung (S. 2) an Kurfürst Friedrich Wilhelm von Brandenburg, datiert 17. Januar 1647
Berlin, Staatsbibliothek Preuß. Kulturbesitz, Handschriftenabt. (Ms. Germ. Fol. 4)

3/2.1 *Titelseite*

3/2.2 *›Wie die salpeter laug probirt wurdt‹* (Hs. S. 6)
Daß faßlein darin der salpeter erden zur prob abgelaugt wurdt **A.** *Daß fäßlein darin die laug rindt* **B.** *Daß wägleinn* **C.** *Der Meister, welcher die laug probirt* **D.** *Daß Blech darauf vornen an der Spitzen* [?] *die prob im schäälelein stehet* **E.** *Daß luht damit die prob eingesotten wurdt* **F.**

3/2.3 *›Wie der südtt gemachtt, das saltz daraus gehaben wurdt, und die starke laug im wachs stehet‹* (Hs. S. 12)
Die lauge schmale büttem, darin der sudt kühlt **A.** *Der offen darin der kessel stehet* **B.** *Der Meister der den sudt macht und mit der kellen daß salz außhebt und in ein schaumb korblein so uber dem kessel stehet, gibt, daß die ubrige starcke*

laugen wirdt in den kessel fleust **C.** *Daß schuem körble* **D.** *Die kleine bütten daraus starcke laug zu kessel zulauft* **E.** *Die multhen darin der rote salpeter wächst* **F.** *Die vier kessel so in der erden stehen, darin der rote salpeter wächst* **G.** *Ein starcke bütt darin die laug vom wachs gegoßen wurdt* **K.**

3/2.4 *Salpeter Siedwerk* (Hs. S. 20)
Das Vordertheil der salpeter hutten, darunter die laugenbütten stehen **A.** *Das hindertheil darunter der kessel stehet und gesotten würdt* **B.** *Die alten hallen daraus salpeter erden gehabt wurdt* **C.** *Das Holz zum siden* **D.** *Der knecht so die erden von den alten hallen schabt* **E.**

3/2.5 *›Hanffstengel kolen zuebrennen‹* (Hs. S. 38)

3/2.6 *Zubereitung des Pulvers* (Hs. S. 68).

3/2.7 *Mahlen des Pulvers mit der Hand* (Hs. S. 88)

3/2.8 *›Wie man die Hilsen zue den rageten ziehen soll‹* (Hs. S. 115)
F. der meister so die Ragett zeugtt

3/2.9 *Abschußvorrichtungen für Feuerwerksraketen* (Hs. S. 132)

3/2.10 *Abfeuern von Raketen aus der Hand* (Hs. S. 133)

3/2.11 *›Ein rädlein, welches so es angezündet wirdt, von sich selbst umblaufft‹* (Hs. S. 156)

3/3 *[Antwerksbuch] Ein Buch zusamen gezogenn aus vielenn probirten Künsten und Erfarung, wie ein Zeughaus sampt aller monition anheimisch behaltenn werden sol. Auch von salpeter, pulver, schwebell, Kollen. Etlich muster der Brechzeug, Fewerpfeihl. Sampt der Kunst der Buchsenmeinstereyen [. . .],*
(späterer Eintrag auf der Titelseite: *1545. Andres Pregnitzer, Stuckgießer zu Culmbach)*
Handschrift 16. Jh.
Berlin, Staatsbibliothek Preuß. Kulturbesitz, Handschriftenabt. (Ms. Germ. Fol. 487)

3/3.1 *Radfeuer* (Fol. 75')

3/3.2 *Feuerwerkskasten* (Fol. 75')

3/4 Stefano della Bella
Traicté des feux artificielz de joye et de recreation
Paris 1649
Handschrift
Aquarellzeichnungen
Paris, Bibliothèque National (Ms. Fr. 1247)

3/4.1 *Titelseite*

3/4.2 *Aussieben von Salpeter und Zerstoßen zu Pulver*
Fol. 60, Illustration zu: *Chapitre IIIIA. La methode pour Faire Le / Salpestre et La poudre*

3/4.3 *Pressen von noch feuchter Pappe zur Herstellung einer Kartusche*
Fol. 33, Illustration zu: *Chapitre IIII. Comme Il fault faire Les / cartouches des Fuzéés / vollants*

3/4.4 *Ziehen einer Raketenhülse aus Pappe*
Fol. 35, Illustration zu: *Chapitre IIII. Comme Il fault faire Les / cartouches des Fuzéés / vollants*

3/4.5 *Herstellung von schlangenförmigen Feuerwerkskörpern*
Fol. 39, Illustration zu: *Chapitre IX. La mèthode de faire des / Serpenteaux*

3/4.6 *Herstellung von sternförmigen Feuerwerkskörpern und Goldregen*
Fol. 40, Illustration zu: *Chapitre X. Comme Il faut faire les / etoilles en estoupe, celles a / pet et en paste et Leur / Composition – Chapitre XI. Comme se faict la pluye dor*

3/4.7 *Aufwickeln von Feuerwerkskörpern genannt ›Würste‹ und Tauchen und Trocknen von Lunten*
Fol. 41, Illustration zu: *Chapitre XII. Comme Il faut faire Les saucissions / Revestus – Chapitre XIII. Comme se faict La corde amorce / Autrement dicte L'estoupil*

3/4.8 *Raketenbatterien für Salvenzündungen*
Fol. 46, Illustration zu: *Chapitre XVIII. Comme se font Les potz a Feu Doubles / Et Simples*

3/4.9 *Waagerechte und senkrechte Radfeuerwerke und eine rotierende Raketenbatterie*
Fol. 49, Illustration zu: *Chapitre XXI. Comme se Font Les Girandoles*

3/4.10 *Zünden einer in einem Holzkasten installierten Raketenbatterie*
Fol. 54, Illustration zu: *Chapitre XXVI. Comme se Font les / Departemens*

3/4.11 *Entzündung einer Stabrakete mit einem Feuerschutzschirm*
Fol. 36, Illustration zu: *Chapitre VI. Comme Il fault assembler Les / Parties d'une fuséé pour la rendre / Preste a tirer en Lair*

3/4.12 *Entzündung eines großen Raketensatzes*
Fol. 37, Illustration zu: *Chaptire VI. Comme Il fault assembler Les / Parties d'une fuséé pour la rendre / Preste a tirer en Lair*

3/4.13 *Feuerwerker, der einen eisernen Hut mit entzündeten Feuersätzen trägt*
Fol. 44, Illustration zu: *Chapitre XVI. La methode de faire un Bonnet / chargé de feu d'artiffice lequel se / tire Laiant sur la teste et Dure / Longtemps en Jettant feu d'artiffice.*

3/4.14 *Feuerwerkssätze, in einer Kerze versteckt, als Scherzfeuerwerk*
Fol. 45, Illustration zu: *Chapitre XVII. Commes Lon faict des chandelles / d'artiffice Lesquelles Jettent / Plusieurs petittes fuséés en Lair.*

3/4.15 *›La Trompe‹ – zylindrischer Stab mit Feuersätzen als tragbare Fackel*
Fol. 52, Illustration zu: *Chapitre XXIIII. La methode comme Il / faut La Trompe*

3/5 Krems, Mathia
Pyrotechnia seriae et recreationis. / Daß ist / kurtze anweißung, waß ein junger feurwerckher zu wissen nöthig habe / Apert beschrieben von Mathia Krems Ing. / Artium cult. 1692.
Handschrift
Aquarellierte Federzeichnungen
Titelseite
Karlsruhe, Badische Landesbibliothek (K 402)

3/6 *Hängefeuerwerk*
in: S. Vanoccio Biringuccio, De la Pirotechnia, fol. 166'
Venedig 1540
Holzschnitt
Berlin, SMPK, Kunstbibliothek (OS 3293)

3/7 *Einrichtung eines Feuerwerks*
in: Joseph Furttenbach, Halinitro Pyrobolia. Beschreibung einer newen Büchsenmeisterey / nemlichen: Gründlichen Bericht / wie der Salpeter / Schwefel / Kohlen / unnd das Pulfer zu praepariren / zu probieren / auch langwirrig gut zu behalten: Das Fewrwerck zur Kurtzweil und Ernst zu laborieren. [. . .], Abb. N° 16
Ulm 1627
Beschreibung der Darstellung:
Lustfewr / mit zusammensetzung aller stuck Fewrwercks
A–I *9. Sorten Ragetten* **L** *ein Fewr-Rädlin* **M** *Pumppen mit außfahrenden Ragetten* **V** *10. von dickem Holtz gedrehte Stäck* [zum Abschuß von Kugeln] **B** *Ein halbrundts geschnitten doppelts Brett / darzwischen mögen 40. in 50. kleine Ragettlin mit B. sampt ihren Stäblin gelegt / die fahren so wol grad / als nicht weniger beyseits / solcher gestalt / das sie ein gantzes Feldt dardurch mit Fewrmachen uberlaufen* **E** *einander durch löchertes Brett / darauff dann 60. biß 100. Ragettlin E. mit ihren Stäblin auffrecht gesetzt / in ire Schläg mögen sternenfewr gethan / und alle zu gleich in Lufft geschickt / so abermahlen gute opera / und ein schönen Fewrregen machen* **W** *ein Kuffen voller Wasser / in welchen zum ersten die schiessenden / zum andern die mit einem Tempo / drittens die von 2. Tempi außfahrenden Ragetten / Wasserkugel / geworfen werden N° 15 Sturmkugel mit eysern Schlägen* **S** *ein Pöler auß welchem ein dergleichen Sturmkugel in die ferrne zu werffen* **T** *ein anderer Pöler / darauß ein Kugel mit ausfahrenden Ragetten / in die ferrne / und in ein Wasser zu werffen* **R** *der dritte Pöller / auß welchem ein Spräng / oder Regenkugel zu werffen*
Berlin, SMPK, Kunstbibliothek (Lipp. Qb 36 mtl.)

3/8 *Ausführliche Beschreibung der grossen Feuerwercks- oder Artillerie-Kunst*
Casimiri Simienowicz
Frankfurt a. Main 1676
Titelseite
Bez.: *Casimirus Simienowicz inuent. et delineavit – Meurs sculp.*
Berlin, SMPK, Kunstbibliothek (OS 1956)

3/8.1 *Titelseite*

3/8.2 *›Steig Raggeten mit Stäben‹*

3/8.3 *Leuchtschrift, Mörser und Feuersätze*
Beschreibung: *Von der Manier die Lust-Kugeln auß dem Feuer Mörsern zu werffen / und wie viel Pulver man vonnöthen habe / ingleichen auch von den darzu gehörigen Setzkammern* [Fig. **102–103**] – *Von den Schlägen zu den künstlichen Lust-Feuer* [aus Papier, dünnem Kupfer- oder Eisenblech] [Fig. **106–108**] *Ernst-Kugeln / so in Kriegs-Zeiten gebrauchet werden* [Fig. **109–115**].

3/9 *Vertikale Radfeuer und horizontal rotierende Raketenbatterien*
in: Daniel Manlyn, Pyrotechnia of meer dan hondertderleye Konstvermakelijcke Vuurwerken, (Figure 7)
Amsterdam 1678
Berlin, SMPK, Kunstbibliothek (OS 3299)

3/10 *Pyrotechnische Werkstätte*
in: Amédée François Frezier, Traité des feux d'artifice pour le spectacle [. . .],
(Vignette S. 57)
Paris 1715
Berlin, SMPK, Kunstbibliothek (OS 3300)

3/11 Perrinet d'Orval,
Essay sur le feu d'artifice
Paris 1745
Berlin, SMPK, Kunstbibliothek (OS 3302)

3/11.1 *Rakete die eine Leuchtschrift – ›Vive Le Roi‹ – trägt*
(3eme Planche)

3/11.2 *Feuerrad*
(7eme Planche)

3/12 *Herstellung von Feuerwerkskörpern*
in: J. C. Stövesandt, Deutliche Anweisung zur Feuerwerkerey, (Tab. A/B)
Leipzig 1757
Berlin, SMPK, Kunstbibliothek (OS 3303[a])

3/12.1 *›Tab. A.‹*
Beschreibung: *Fig.* **1** *zeiget wie der Salpeter gebrochen wird* **2** *wie man einen Handschwärmer schläget* **3** *wie man einen Saz auf der Reibetafel zurichtet* **4** *wie man eine Hülse reutert* **5** *wie die Hülse in den Stok geschoben wird*

3/12.2 *›Tab. B.‹*
Beschreibung: *Fig.* **1** *weiset wie man das Gewölbe an der hülse würget* **2** *wie eine Raquete geschlagen wird* **3** *wie man die geschlagene Raquete aus dem Stocke bringet* **4** *wie die Raquete auf der Borbank geboret wird* **5** *wie man die Feuer-Leucht- und Brandkugeln hangend stopfet*

3/13 *Trägerkonstruktionen von Feuerwerkskörpern*
in: Robert Jones, A New Treatise on Artificial Fireworks, (Plate 4,6)
London 1765
Abb. bezeichnet: *R[t]. Jones del.-W. Darling sculp. (fec[t].)*
Berlin, SMPK, Kunstbibliothek (OS 3305[b])

3/13.1 *›Plate 4‹*

3/13.2 *›Plate 6‹*

3/14 *Raketensätze und Trägerkonstruktionen von Feuerwerkskörpern*
in: Johann Daniel Blümel, Gründliche Anweisung zur Lust-Feuerwerkerey
Straßburg 1771
Berlin, SMPK, Kunstbibliothek (OS 3306)

3/14.1 *›Tab. IV.‹*
Beschreibung: *Fig.* **1** *steigende Rakete die andere steigende auswirft* **2** *drey aneinander gesteckte steigende Raketen* **3** *eine Rakete, die im Steigen kleine Raketen auswirft* **4** *Raketen, die ohne Stäbe steigen* **5** *eine Tisch-Rakete, Tourbillon genannt* **6** *ein vierfaches Turbillon* **7** *Schnur-Feuer* **8** *ein Schnur-Feuer, das hin und her lauft.*

3/14.2 *›Tab. VII.‹*
Beschreibung: *Fig.* **1** *Horizontal-Maschine, in deren Mitte zwo Piramiden sich befinden, und in einander laufen* **2** *Ein umlaufendes Rad, welches sich in eine Cascade oder Wasserfall verwandelt* **3** *Horizontal umlaufende Raeder eine Cascade oder Wasserfall zu formiren* **4** *mit Hellfeuer garnirte umlaufende Säule* **5** *ein großes Feuerrad, welches mit anderen Rädern garnirt ist* **6** *ein über und unter sich werfendes Feuerrad, Caprice genannt* **7** *Ein Rad, daß eine Zeit lang horizontal brennt, fällt, und vertical brennt* **8** *Ein horizontal Rad, von welchem Raketen in die Höhe steigen*

Viertes Kapitel
DAS 16. JAHRHUNDERT

Hochzeiten

4/1 *Feuerwerkspantomimen auf dem Rhein anläßlich der Hochzeitsfestlichkeiten des Herzogs Johann Wilhelm von Jülich, Cleve und Berg 1585 in Düsseldorf*
in: Diederich Graminäus, Furstliche Hochzeit So [. . .] Wilhelm Hertzog zu Gulich und Cleve und Berg [. . .] In [. . .] Dusseldorff gehalttenn [. . .] 1585
Köln 1585

Die Feuerwerksspiele auf dem Rhein wurden an drei aufeinanderfolgenden Abenden veranstaltet.
Berlin, SMPK, Kunstbibliothek (OS 2821)

4/1.1 *Schiffsschlacht*
Bildunterschrift:
Ein Schiff, in Außleggers gestalt
Herlich sich auf dem ancker halt.
Von drei Schiflein besturmet wirt
Die all zu gleich werden abgekert
Kompt ein groß ihm darnach an bort,
Do must es auch seher baldt her fort,
Erobert wirtt es mitt gewaltt,
Dort auß vertriben jung und altt.
Die wacker auß dem Schiff gesprungen
Und in das ander sich gedrungen.
Darnach ihr Schiff mit fewr behendet
Woll auf dem Rhein lustich verbrent.

4/1.2 *Kampf Herkules gegen die Hydra*
Bildunterschrift:
Vorm Furstlichen hauß auf dem Rhein
Die Hell war zugerust gar fein
Und Hercules mit großer machtt,
Hydram bestehet wol in der nachtt
Soldaten kummen an als baldt,
Die Hell besturmen sie mit gwallt.
Das fewr ihr aller meister ist,
Teuffel und Hell in kleiner frist
Verbrent; Das war ein Omen gutt
Macht Furstlich ehestandt wolgemutt.
Anno Domini 1585, am 18 Juny

4/1.3 *Kampf eines Drachen gegen einen Wal*
Bildunterschrift:
Nach gehaltenem Roß Thurnir
Ist auf Wunderbarer manir,
Ein scheuzlich feuerwerck angestelt
Der Drach den Wälfisch streng anvelt
Denselben zu dempffen mit fewrr,
Goß der fisch groß wasser hervor
Und leschet geschwind den brandt
Und thut dem Drachen widerstandt.
Zeigen ellendt und Ungeheuer
Deßhalben sie zergen in fewr,
Sencken hen ein zur abgrundtz glut
Obs Hell & Teuffel, verdriessen thutt.

4/2 *Zeichnungen nach der Vorlagen (4/1.2–3)*
in: Feuerwerksbuch (vgl. **5/1**)
Straßburg (?) nach 1598
Handschrift
Aquarellierte Federzeichnungen
Karlsruhe, Badische Landesbibliothek (Hs D 100)

4/2.1 *Kampf Herkules gegen die Hydra* (Fol. 65')

4/2.2 *Kampf eines Drachen gegen einen Wal* (Fol. 108')

Geburt und Taufe

4/3 *Feuerwerk anläßlich der Taufe Prinzessin Elisabeths von Hessen 1596 in Kassel*
in: Wilhelm Dilich, Historische Beschreibung der [...] Kindtauff Fräwlein Elisabethen zu Hessen [...] im Augusto deß 1596. Jahrs zu Cassel gehalten
Kassel 1598
Die Feuerwerkspantomime zeigt den *Abgott Cacharet*, auf einem Feuerwerksschloß sitzend, ihm gegenüber auf einem Felsen einen Drachen. Davor steht *der große Riese und Schewsal Onus*.
Berlin, SMPK, Kunstbibliothek (Lipp. Sbd 1 mtl.)

4/4 *Zeichnung nach der Vorlage (4/3)*
in: Feuerwerksbuch (vgl. **5/1**)
Straßburg (?)
nach 1598
Handschrift, Fol. 108'
Aquarellierte Federzeichnung
Karlsruhe, Badische Landesbibliothek (Hs D 100)

Sieg und Frieden

4/5 *›Das freuden ffeuer zu Nurmberg‹*
(1535)
Erhard Schön
Einblatt-Holzschnitt, 41 × 57 cm (Blattgröße einschl. d. Texte)
Feuerwerksfiguren, die Türken darstellen, werden anläßlich der Eroberung von Tunis durch Karl V. 1535 auf der Nürnberger Burg entzündet.
Bildunterschrift: *Als man zalt nach der gepurtt Jesus Christi MDXXXV jar hat got dem grossmechtigen cristlichem keisser karolo unsserem herrn den sig geben das er selbst mit in eygner person gezogen ist und das gros mechtig kunigreich thunis in affryca ein genümen und gebunnen hat und sunst mer ortten in welchen er pei zbintzig thaussen cristen erlediget hat und ander solcher zum glauben angenumen umb welches sigs wilen den im got geben hat das er auß gepreyt wirt hat man ein freuten feüer geschürt zu nürmberg auff der festen am dreitzehent tag septtembris und ist gebest wie oben verzeichent ist ein turckiser keisser in eim schlos gestanden das hat gehabt sechtzehen hundert schus und drey hundert steigente feürer dar nach zechen grosse stuck und fieter poler dar auß hat man zechen turckisch mender geborffen under das volck und die zechen stuck hat man ab lassen gan zu dem dritten mal sampt dem gechütz und stucken auss allen thürnen und hat alle glocken geleut und got zu lob und er in allen kirchen gesungen welcher den sig und die krafft alein geit dem sey ebig lob und preis geben. gedruck zu nurmberg durch steffan hamer*
Der Text neben der Abbildung *Ein spruch von dem freüden fewer zu Nürnberg verbrent* [...] ist von Hans Sachs verfaßt.
Berlin, SMPK, Kunstbibliothek (OS 1834,4)

4/6 *Feuerwerksfigur eines Türken auf dem Nürnberger Burgberg*
16. Jahrhundert
Aquarellzeichnung, 30 × 39 cm
Nürnberg, Germanisches Nationalmuseum (Kapsel 1280 HB 2349)

4/7 *›Frewden fewr gemacht zu Lyon den 21. Jun. 1598. Wegen des Friedens‹*
Dises Thurns (so da von holtzwerck auf 2 Schiff gebawt und auf der Sone verbrent) höhe ist 50 lyonisch schuch, und die breite unden 40 Schuch, drauf Bellona stehend auf dem Monstro des 37 järigen Kriegs, durch welches ernehrt worden alle untugenden als [Aufzählung von 20 *Untugenden*]
Feuerwerk in Lyon auf der Saône 1598 anläßlich der Beendigung der 1562 ausgebrochenen Glaubenskämpfe in Frankreich durch Heinrich IV.
40,5 × 24 cm
Nürnberg, Germanisches Nationalmuseum (Kapsel 1219[a] HB 126)

4/8 *Zeichnung nach der Vorlage (4/7)*
in: Feuerwerksbuch (Vgl. **5/1**), Fol. 97'
Straßburg (?)
nach 1598
Handschrift
Aquarellierte Federzeichnung
Karlsruhe, Badische Landesbibliothek (HS D 100)

Empfänge

4/9 *Entwurf für ein Schloßfeuerwerk mit Artilleriekampf anläßlich des Besuchs Kaiser Karls V. in der Reichsstadt Nürnberg*
1541
Aquarellierte Federzeichnung, 32 × 42 cm
Nürnberg, Staatsarchiv (SIL 134/19)

4/10 *›Anzeygung des Freuden Feurs so auff den XVII. tag des Hornungs zu Nürnberg geschehen im XXXXI.‹*
Kolorierter Einblattdruck, 28,5 × 36 cm
Bildunterschrift:
Alls man zallt M.D. XXXXI. Jar
Das Freudenfeur zu Nürnberg fürwar
Im Hornung des Fünfftzehenden tag
Das man offenbarlich sah
Auff dem Bolwerck außwendig der Festen
Zwey Schloß nach dem aller besten
Mit Dürnen / Mauren und gewer
Alls wolt es vorstehen eim gewaltigen her
Auff disen tag wardt verpflicht
In yedem Schloß zwey Fenlin auffgericht
Die warn gut seyden mit ganztem fleiß
Ir farb die was Rot und weyß
Dise Fänlein die zaygten an
Als leg in eim Schloß Tausend man
Nyemant west was es wolt bedeut
Ein yedes Schloß forcht seiner heut
Auch waren die beyde Schloß
Nach notturfft versehen mit geschoß
Das hat lassen bawen ein Erbarer Rath
Zu eheren Keyserlicher Mayenstat
Auff den XVII. des Hornungs ward bedacht
Gar nahent ein stund in die nacht
Do das Freuden fewr an sollt gan
In beyden Schlossen sahe man etlich man
Hoch oben auff den Zynnen
Sie schossen alls wer der Teuffel drinnen
Also fieng sich das Freuden feur an
Und ward manch Tausend schüß gethan
Den Schlossen war zustürmen gach
Man schoß das Fewr hundert klaffter hoch
Die Rüstmeyster warn unverdrossen
Sechs Mörser haben sie geworffen
Die Kugell hoch mit grossem prauß
Ein Kugell theylt sich hundert feltig auß
Wol in der höhe mit grossem schall
Thetten auch manchen maysterlichen knall
Da man die Kugel hat geschossen
Hat das Feür gewaltig umb sich gesprossen
Sie sein auch maysterlich bestanden
Das würt man sagen in teutsch und welsch landen
Man darff wol bei der warheyt yehen
Des Fewerß gleichen wardt nye gesehen
War alles nach meysterlicher handt
Auff dise nacht waren beyde schloß verprant
Dem Kayser zu einem freuden Feur
Got kum uns in aller notturft zu steur.
AMEN.
Nürnberg, Germanisches Nationalmuseum
(Kapsel 1219a HB 25858)

4/11 *Entwürfe für einen artilleristischen Feuerwerkskampf anläßlich des Besuches Philipps II. von Spanien in Nürnberg*
Aquarellierte Federzeichnungen
Nürnberg
1541
Philipps Kriegszüge gegen die Mohammedaner werden durch artilleristische Feuerwerkskämpfe versinnbildlicht.
Nürnberg, Staatsarchiv, Rst. Nbg. Karten u. Pläne (1732 a–c)

4/11.1 *Ein Elephant, der ein maurisches Kastell trägt, attackiert eine christliche Festung*
46 × 1230 cm (zwei zusammengeklebte Bll.)

4/11.2 *Mörser beschießen ein Feuerwerksschloß über dem eine türkische Fahne weht*
63 × 46 cm

4/11.3 *Artilleristischer Feuerwerkskampf zwischen einer christlichen und einer maurischen Festung*
46 × 65 cm

4/12 *›Eigentliche Contrafactur und abmahlung der zweier Schlösser / wie die in erster new / auff der Bastey / ausserhalb der Vesten so zierlich aufferbaut / gestanden / von meingklich ehe sie verbrandt / sein gesehen worden / zugericht zu Ehren / dem Großmeitigstem aller Durchleuchtigsten Keiser / Maximiliano / dem Andern / im 1570. jar dis Monats Junij.‹*
28,5 × 36 cm
Nürnberg, Germanisches Nationalmuseum (Kapsel 1219[a] HB 13836)

4/13 *›Eigentliche und ware Abconterfactur der zweyer Schlösser / und anderm Fewerwerck / So zu Nürnberg auff der Vesten geworffen und verbrent sind worden / zu Ehren / dem Großmechtigsten und Allerdurchleuchtigsten Kaiser Maximiliano dem andern diß Namens / Geschehen im Jar / 1570. den 8. Junij.‹*
Jost Ammann
Kolorierter Einblattdruck, 23,5 × 35,3 cm (ohne Textleiste)
Bildunterschrift (auf dem kolorierten Blatt abgeschnitten):
Als nach Christi gepurt zelt war
Tausend / fünffhundert / sibentzig Jar /
Den sibenden Junij einreitten thet
Erstmals / Kaiserlich Maiestet
Maximilian wol bekandt /
Der ander / diß Namens genandt /
Gen Nürmberg / auff eim schönen Schimel /
Undter eim rot Sammaten Himel.
Ward von eim Erbarn weisen Rhat
Empfangen / und blait durch die Statt /
Biß in das Schloß / hoch auff die Vesten.
Zwey Schlösser stundten nach dem besten /
Darinn waren vil tausendt Schüß /
Die man alle abgehen ließ.
Man zündt solch bede Schlösser an /
Wie gsehen hat manch Biderman /
Auch warff man etlich Mörser gut /
Wie die Figur anzeigen thut.
Solchs ist von einem Erbarn Rhat

Ihr kaiserlichen Maiestat
Zu grossen Ehren angericht /
Wie mans dann hie vor augen sicht /
Welchs alles geschah ohne schad /
GOTT geb uns ewig seine Genad / Amen.
Berlin, Staatsbibliothek Preuß. Kulturbesitz, Handschriftenabt. (YA 896 m 4)

4/14 *Entwürfe für ein allegorisches Feuerwerksspiel anläßlich des geplanten Kurfürstentreffens in Nürnberg 1580*
Aquarellierte Federzeichnungen
Nürnberg, Staatsarchiv, (Rst. Nbg., Karten u. Pläne, Nr. 1650)

4/14.1 *Siebenköpfiger Drache nähert sich einem Burgtor*
45,5 × 74 cm

4/14.2 *Konstruktionszeichnung*
44 × 70,5 cm

4/15 *Feuerbäume und Schnurfeuerwerk anläßlich der Ankunft des Oberstatthalters in den Niederlanden Erzherzog Ernst von Österreich in Antwerpen 1594*
Petrus van der Borcht
in: Johann Boch, Descriptio publicae gratulationis spectaculorum et Ludorum, in adventu [...] principis Ernesti Archiducis Austriae [...] 1594
Antwerpen 1595
Berlin, SMPK, Kunstbibliothek (OS 2944 mtl.)

Fünftes Kapitel

PYROTECHNIK II FEUERWERKSBAUTEN UND PROBEFEUERWERKE

5/1 *Feuerwerksschlösser und andere Bauten*
in: Feuerwerksbuch
Straßburg (?) nach 1598
Handschrift
Aquarellierte Federzeichnungen
Titel von Fol. 1': *Volgt nun verner ein kurtze beschreibung von allerhand schümpfflichen, lust und trumpf feurwerkhen* [...]
Karlsruhe, Badische Landesbibliothek (Hs D 100)

5.1/1 *Schloß mit dem Stadtwappen von Straßburg* (Fol. 77)
Die Figurenausstattung stellt Aktaion, der Artemis mit ihren Nymphen im Bade überrascht, dar.

5/1.2 *Schloß bekrönt von einem Türken* (Fol. 84)

5/1.3 *Schloß bekrönt von einem Drachen* (Fol. 90)

5/1.4 *Holzkonstruktion des Schlosses (5/1.3) mit einer Drehvorrichtung für den Drachen* (Fol. 91)

5/1.5 *Achteckiges Kastell bekrönt von einem siebenköpfigen Drachen* (Fol. 95)
Die Figur des Drachen orientiert sich an Albrecht Dürers Blatt *Die babylonische Hure* aus der Holzschnittfolge der *Apokalypse*

5/1.6 *Rundes Kastell mit gewendelten Turm* (Fol. 96)

5/1.7 *Pegasus fliegt über den Musenberg Helikon* (Fol. 98)

5/1.8 *Achteckiges Monument mit den Symbolen der Apostel und allegorischen Figuren* (Fol. 101)

5/1.9 *Feuerwerksbrunnen* (Fol. 103')

5/2 *Feuerwerkschlösser und Feuerwerksbrunnen*
in: Johann I. von Nassau-Siegen, Etliche schöne Tractaten von aller-/ handt Feüerwercken / und deren Künstlichen Zubereitung [...] 1610 (vgl. **3/2**)
Berlin, Staatsbibliothek Preuß. Kulturbesitz, Handschriftenabt. (Ms. Germ. Fol. 4)

5/2.1 *Schloß* (Hs. S. 394)

5/2.2 *Schloß* (Hs. S. 397)

5/2.3 *Schloß* (Hs. S. 399)

5/2.4 *Schloß* (Hs. S. 402)

5/2.5 *Schloß* (Hs. S. 405)

5/2.6 *Schloß* (Hs. S. 409)

5/2.7 *Schloß* (Hs. S. 415)

5/2.8 *Schloß* (Hs. S. 418)

5/2.9 *Schloß* (Hs. S. 420)

5/2.10 *Schloß mit Türken* (Hs. S. 423)

5/2.11 *Konstruktion eines Schlosses* (Hs. S. 424)

5/2.12 *Schloß* (Hs. S. 427)

5/2.13 *Schloß mit allegorischen Darstellungen der vier Elemente* (Hs. S. 428)

5/2.14 *Brunnen* (Hs. S. 394)

5/2.15 *Brunnen* (Hs. S. 394).

5/3 Stefano della Bella
Feuerwerksbauten
in: Stefano della Bella, Traicté des feux artificielz de joye et de recreation (vgl. **3/4**)
Paris 1649
Handschrift
Aquarellzeichnungen
Paris, Bibliothèque National (Ms. Fr. 1247)

5/3.1 *Obelisk, verziert mit Kerzen und Feuerrädern* (Fol. 1)

5/3.2 *Entzündetes Feuerwerksmonument der Siegesgöttin* (Fol. 4)

5/3.3 *Tänzer entzünden in rhythmischem Takt einen sie umgebenden Raketenzaun auf einer schwimmenden Bühne auf der Seine* (Fol. 53),
Illustration zu: *Chapitre XXV. La methode comme Il / fault faire Lartiffice par eause.*

5/3.4 *Modellaufbau des Feuerwerkspiels ›Perseus rettet Andromeda‹* (Fol. 56)
Illustration zu: *Chapitre XXVIII. Lordre quil fault tenir Et / observer pour construire bien / un feu de Joye*

5/4 *Feuerwerksobelisk*
in: Mathia Krembs, Pyrotechnia seriae et recreationis. / Daß ist / kurtze anweißung, waß ein junger feurwerckher zu wissen nöthig habe (vgl. **3/5**)
1692
Handschrift
Aquarellierte Federzeichnung
Figura 113. (Maßstab in *verjüngte ulmische werckschuch*)
Karlsruhe, Badische Landesbibliothek (K 402)

5/5 *Konstruktionsdarstellungen für ein ›Schloss Feürwerckh‹*
in: Joseph Furttenbach, Architectura universalis
Ulm 1635
Abb. bezeichnet: *Joseph Furtenbach, Inventor. – M. R.*
Berlin, SMPK, Kunstbibliothek (OS 1956)

5/5.1 *›Schloss Feürwerckh, Grundriss‹* (N°. 58)

5/5.2 *›Schloss Feürwerckh, der Ander Durchschnidt‹* (N°. 59)

›Schloss Feürwerckh, der Dritte Durchschnidt‹

5/5.3 *›Das verferttigte Schloss Feürwerkh‹* (N°. 60)

5/6 *Konstruktionsdarstellungen von Feuerwerksschlössern und Feuerwerksbrunnen*
in: Casimiri Simienowicz, Ausführliche Beschreibung der grossen Feuerwercks- oder Artillerie Kunst (vgl. **3/8**)
Frankfurt a. Main 1676
Berlin, SMPK, Kunstbibliothek (OS 1956)

5/6.1 *Konstruktion eines Schlosses* (Fig. 33/34)

5/6.2 *Schloß* (Fig.34)

5/6.3 *Konstruktion eines Brunnens* (Fig. 202)

5/6.4 *Brunnen* (Fig. 203)

5/7 *Naumachia*
in: Jean Appier (gen. Hanzelet), La Pyrotechnie de Hanzelet Lorrain ou sont representez les plus rares et plus appreuuez secrets des machines et des feux artificiels. Popres pour assieger battre surprendre et deffendre toutes places, S. 252
Pont à Mousson 1630
Bildtitel: pour la Guerre & Recreation.
Berlin, SMPK, Kunstbibliothek (OS 3295)

5/8 *Laufwerkkonstruktionen für Reiterkämpfe zwischen zwei Schlössern*
in: Daniel Manlyn, Pyrotechnia of meer dan hondertderleye Konstvermakelijcke Vuurwerken (vgl. **3/9**)
Amsterdam 1678
Berlin, SMPK, Kunstbibliothek (OS 3299)

5/8.1 *›figure 9‹*

5/8.2 *›figure 10‹*

5/9 *Probefeuerwerk auf der Nürnberger Burg 1635*
32,4 × 27,6 cm
Bildtitel: *Diß Feurwerck hatt gmacht und verbrennt Lorentz Müller mit aigner hendt, Ein Nadler inn Nürnberg allhie* [27. Juli 1635] *Benedict Lahner sein Maister war. und auff der Vösten verbrent wur wie Mann da sieht an der figur.*
Oben rechts das Bildnismedaillon des *Lorentz Miller*, daneben das seines Lehrers *Benedickt Laehner*
Berlin, SMPK, Kunstbibliothek (OS 2833)

5/10 *Probefeuerwerk des Joseph Furttenbach im Garten des Kaufmanns Johann Khonn in Ulm 1644*
Joseph Furttenbach
1645
Öl/Leinwand, 1,28 × 1,24 m
Nürnberg, Germanisches Nationalmuseum (GM 595/596)

5/11 *›Eigentlicher Abrieß Des Feuerwercks Welches von Johann Müllern von Nürnberg zu seiner Maister Prob verfertiget unnd den Neunten Marty An 1659 zu neehst bey Nürnberg auf Sanct Johannis Schißplatz verprandt wordten‹*
25,5 × 36,3 cm
In der Bildunterschrift sind die einzelnen Feuerwerkskörper – *Granaten – Haubt Kugeln – Mettel Kugeln – Liecht Kugel – Kleine Lust Kugeln – Kegelkamern – Raggeten Rahmen – Grosse Raggethen – Gross Radt – Kleine Rädter – Canen Rohr – Wasser Kugeln – Imen schwarm* – bezeichnet. In der Mitte des Platzes steht ein *Schlösslein*.
Berlin, SMPK, Kunstbibliothek (OS 2841)

5/12 *›Eigentliche Abbildung des Feuerwercks welches A°. 1661. den 3 October auf den Schüßplatz St. Johannes genannt von Veit Engelhart Holtzschuern, Jobst Wilhelm Ebner und Johann Tobias Ebner Patt. Nor. ist verbrennet und dem Erbarn Manhafften und Kunstreichen Lorentz Müller Feuerwercker erlernet worden.‹*
Bez.: Luc. Schnitzer fec.
25,4 × 35,4 cm
Bildunterschrift: *A. Castel – B. SENATVS NORICVS FLOREAT* [Leuchtschrift] – *C. Walfisch auß welchen Jonas gefahren* [Schnurfeuerwerk] – [Auflistung der Feuerwerkskörper]
Berlin, SMPK, Kunstbibliothek (OS 2842)

5/13 *Probefeuerwerk auf den St. Johannis Schießplatz bei Nürnberg 1665*
Kolorierter Einblattdruck, 36,8 × 30,6 cm
Bildtitel: *Anno 1665. den 22. Juny, ist dieses Feuerwerck von Georg Carl Hornung, Lehrmeister Johann Arnold, Arithmetico, und Johann Conrad Hornung auf St. Johannis Schiesplatz verbrend worden vor Nürenberg*
Bildunterschrift: *Kurtze Verzeichnus der Lustfeuer, wie folget,* [Anzahl der einzelnen Feuerwerkskörper] *die 3 Buchstaben A.S.C. als Anno Salutis Christi, und die Jahreszahl 1665. brenend, worauf ein Piramedern die 3 Statt und Ihro* [...] *beeder Herrn Losunger Wappen welche Schwärmerkegel und Cann Rohr Präsentiert die Historia von Reichen Mann und Armen Lazaro*
[Verzeichnis weiterer Feuerwerkskörper]
Die untere Abb. zeigt den Aufbau des Feuerwerks vor der Entzündung mit einem Verzeichnis der militärischen *Ernst Feuer.*
Nürnberg, Germanisches Nationalmuseum (HB 1973)

5/14 *Probefeuerwerk auf dem Schießplatz in Frankfurt am Main 1671*
in: Wilhelm Serlin, Ein Ehrliches Frey-Kunst-und Ritterliches Haupt-Schüssen in der Muszquet und Bürscht-Büchse / wie solches / in [...] Franckfurt am Mayn [...] 9/19. May dieses 1671 angefangen / und endlich den 22. May (1. Juni) mit [...] einem Feuerwerke / glücklich / fried- und schiedlich beschlossen worden
Frankfurt am Main 1671
Bez.: *Chr. Metzger fecit. 1671*
Beschreibung:
A. *Vor dem Schlosse stunden 7. hohe von bretern zusammengefügte / und roth angestrichene seulen / gleichsam als wie ein Portal / in einer reyhe nacheinander: Auff der mittelsten war der Kayserliche Reichs-Adler (A) mit Schwerdt und Zepter in den klauen / und mit der Kayserl. Krone auff den beyden Häuptern / scheinend zu sehen / so lang als das gantze Werck währte / und hinter demselbigen stund noch eine dergleichen Seule / und auff solcher das Tugendbild Pax (oder der Friede) allesammt mit Racketen und anderen Feuern angefüllet. Der Adler hatte in sich 12. Bomben mit 200. auff-fahrenden Feuern / 50. steigenden Racketen und vielen schlägen in 3. Salven.* **B.** *Sind die sieben seulen / oben mit so vielen Tugendbildern / als Spes (Hoffnung) Justitia (Gerechtigkeit) Temperantia (Mässigkeit) Pax (Friede) Religio (Gottesfurcht) Fortitudo (Stärcke) Prudentia (Weißheit) besetzt / und innwendig mit 200. steigenden Racketen und vielen über sich fahrenden schwärmern angefüllt.* **C.** *Drey Feuer-Räder / an den 3. mittleren seulen.* **D.** *Das Schloß hielt in sich 50. halb-pfündige steigende Racketen / 1500. schläge und 40. Bomben mit 600. außfahrenden feuren und*

schwärmern. **E.** *2. Kasten / jeder mit 50. steigenden einpfündigen / und 25. zweypfündigen Racketen.* **F.** *Ein Werck mit 200. auff- und niedersteigenden Racketen* **G.** *12. Feuermörser hinter dem Schlosse auf beyden seyten stehend / worauß unterschiedliche Lustkugeln / und unter solchen auch etliche mit Sternbutzen geworffen wurden.* **H.** *Auff dem Platze vor dem Schlosse kamen 8 personen / als eben die obgemeldte junge angehende Feuerwercker / welche dieses Feuerwerck zur proben gemacht hatten / mit Schlachtschwertern / Pusicanen / Tusäcken und Sturmkolben mit einander zu fechten.*
Dieses Feuerwerck gieng an deß Nachts umb halb 10. Uhr / und währte biß umb 11. Uhren / Und konnte für ein Probstücke solcher neuen Lehrlinge wol passiren.
Berlin, SMPK, Kunstbibliothek Lipp Te 9

Sechstes Kapitel

DAS 17. JAHRHUNDERT

Hochzeiten

6/1 *Feuerwerk anläßlich der Vermählung Johann Georgs von Sachsen mit Sybilla Elisabeth von Württemberg in Dresden 1604*
Bez.: *1604 Daniel Brets*[chneider] *M. Gradirt. – Georg Buchner Zeigkmeister*
1604
35 × 53,5 cm
Bildunterschrift: *Warhaffte Abcontrafactur des Feuerwercks, Welches Der Durchlauchtigste Hochgeborne Fürst und Herr / Herr Christianus der ander / Hertzog zu Sachssen / Des heiligen Römischen Reichs Ertzmarschall und Churfürst / Landgraff in Düringen / Marggraff zu Meissen / und Burggraff zu Magdeburgk / etc.* [...] *in der Churfürstlichen Vestung Dresden / hinder dem Schlos / der Chur und Fürstlichen versammlung / und dem hochfürstlichen Beylager* [...] *zuehren und ewigen gedechtnis / hat verbrennen lassen / welches in kurtzer zeit gefertiget / und fünff und dreissig tausent und acht und funffzig Schus und Schlege / steigende und außfahrende Fewer gehabt. Durch George Puchern / der zeit Churfürstlich Sechsischen bestalten Zeugmeistern geordnet / bestellt / und Gottlob glücklichen vollnbracht worden*
Die allegorischen Feuerwerksaufbauten werden von Giovanni Maria Nosseni (1544–1620) entworfen worden sein.
Berlin, SMPK, Kunstbibliothek (OS 2824)

6/2 *›Abriß Deß Triumphfewerwercks Bei Churfurstlich. Pfaltz Heimfuhrung. Gehaltten den 9. Junii 1613‹*
Farbig aquarellierte Radierung, Gold gehöht
in: Beschreibung Der Reiß: [...] Vollbringung des Heiraths [...] gehaltener Ritterspiel und Frewdenfest: Deß [...] Herrn Friedrichen deß Fünften / Pfaltzgraven bei Rhein [...] Mit [...] Elisabethen [...] Jacobi deß Ersten Königs in Groß Britannien Einigen Tochter
Heidelberg 1613
Berlin, SMPK, Kunstbibliothek (Lipp. Sbc 7)

6/3 *Feuerwerk anläßlich der Hochzeit des Herzog Friedrich III. von Schleswig-Holstein-Gottorf, Kronprinzen von Norwegen, mit der kursächsischen Prinzessin Maria Elisabeth in Dresden 1630*
Z. 26,5 × 33 cm (Abb. ohne Text)
Bez.: *Meister des Feuerwerks Churf. Sach. Oberminier Bateri und Feuerwerksmeister Philip Zirckelbach. Lucas Schnize sculp.*
Beschreibung:
Eigentliche Abbild- unnd Beschreibung Dess Churf. Sächs. Gnedichst angeordneten fewer Wercks / so uff den Fürstlichen Beylager / Deß Durchlauchtigen Hochgebornen Fürsten und Herrn / Herrn Friedrichen / Erben zu Norwegen / Herzog zu Schleswig / Holstein [...] *Mit der auch Durchlauchtigen* [...] *Maria Elisabeth Gebornen aus Churfürstlichen Stam Sachsen* [...] *Auff Churf. Sächs. Haupt Vestung Dreßden am 5. Martij 1630 zu Ehren Praesentiret / Bey welchen 100 Fewer Mörsel / darunter der eine 3 Centner 83 pfund / Achte welche 178 pfund / Sieben so 123 pfund und die übrigen zu 100. 90. 60. 32. pfund und drunder an Stein geworffen und also in allen in die 30 000 Schüsse / Schläge / steigent- und außfahrende Fewer gehört und gesehen worden.*
Erklerung der Buchstaben in diesem Abriß des Fewerwercks.
Demnach es ie und allwege Generosae mentis Hominibus *und Tugenthafften Gemüthern schwer gefallen ist vor gesetztes löbliches intent zuerlangen / So wird hierumb dessen zu einem beyspiel vorgestellt ein Tugendhaffter Ritter / und bey ihme* Virtus *welche ihm den weg zu der Ehrenpforte ja zu der* Gloria *selbst / nicht allein zeigen thut / sondern ihm auch die grausamen Feinde / durch welche er sich / ehe dan er hinzu zu kommen vermag / durchschlagen muß vor augen stellet / alß da sich* Paupertas *mangel und Armuth /* infortunium *Unglück und widerwillen /* Contemptus *Verachtung /* Fraus *Betrug und hinterlist /* Calumnia *Verleumbdung und* Invidia *Mißgunst / und wird derwegen bezeichnet durch:*
A. Generosae mentis Homo. **B.** Virtus. **C.** Paupertas / *und hinter derselben eine Betlersklapper.* **D.** Infortunium *mit einem Wiesell.* **E.** Contemptus / *und hinter demselben ein Heger.* **F.** Fraus / *dessen Symbolum ein Molch.* **G.** Calumnia / *mit einem bellenden Hunde.* **H.** Invidia / *und hinter derselben eine Natter Schlange.*
Und seind diese die Feinde / so von aussen heren und zufälligerweise ihm zusetzen. Ob nun wohl man solche zurück getrieben / man vermeinen solte / alß wan nunmehr keine gefahr / so den Ehrenkrantz abzuholen / verhinderlich / obhanden / So findet sich doch innerhalb der Pforten / das ist / wann man endlich ziemblich gestiegen der ärgste / grausambste und stärckeste Feind / dargestellet mit dem Buchstaben. **I.** Malusaffectus *in gestalt eines Riesens.*
Darumb dann der so seine affecten bezwingen / und Geitz / Hurerey / Schwelgerey / Hoffart / Faulheit / Zorn und dergleichen vermeiden kan / die herlichste victori erhalten unnd billich von der Gloria *abzuholen hat.*
K. *Die Krohn der Ehren.*
Descriptio Hieroglyphica [der allegorische Inhalt des Feuerwerkspieles beschrieben in Versform].
Nürnberg, Germanisches Nationalmuseum (Kapsel 1219ª HB 155)

6/4 *›Abbildung. Des Durchleuchtigen Hochgebornen Fürsten und Herrn Fridrich, Erben zu Norwegen, Herzog zu Schleswig Holstein: gnädigst angeordneten Fewrwercks. So auf den Fürstlichen Beylager [...] Alles Auf der Fürstlichen Residentz Gottorff / zu Ehren verfertigt und praesentiret, den ... May Anno 1633‹*
Z. 30 × 37 cm
Bildunterschrift: *Erklärung Der Buchstaben / in diesem Abriß / deß Fürstlichen Fewrwercks.* **A.** *Der Berg Göttlicher Gerechtigkeit. Von welchem / der Stein ohne Menschen Hende gebrochen / Nemblich Christus / das grosse Bildt / (Die Reiche dieser Welt / mit seinem letzten Tage) zermalmen wirdt.* **B.** *Das Bildt oder Traum / Deß Königs Nebucad Nezars.* **C.** *Justitia. Welche die Vier Monarchien der Welt außtheilet.* **D.** *Nebucad Nezar, Erster Monarch / oder Assyrier Reich.* **E.** *Darius, Der andere Monarch / oder der Meden Reich.* **F.** *Alexander Magnus, Dritte Monarch oder der Griechen Reich.* **G.** *Julius Caesar, Der vierte Monarch oder Römisch Reich.*
Feuerwerk veranstaltet von Herzog Friedrich III. von Schleswig-Holstein-Gottorff in Gottorff 1633, das durch den *Fürstlichen Holsteinischen Bestalten Artholori Cap. Leutenampt Bartholomaeum Nassern, Argentinensem.* inszeniert wurde.
Nürnberg, Germanisches Nationalmuseum (Kapsel 1219ª HB 157)

6/5 *Feuerwerk anläßlich der Hochzeit Ludwigs XIV. mit der spanischen Infantin Maria Theresia bei ihrem Einzug in Paris 1662*
in: Jean Tronçon, L'Entrée triophante de leurs Maiestez Lovis XIV. [...] et Marie Therese d'Austriche son espouse, dans la ville de Paris av retour de la signature de la Paix Generalle et de leur heureux mariage
Paris 1662
Bez.: *Marot fec.*
Berlin, SMPK, Kunstbibliothek (Lipp. Sg 9)

6/6 *Feuerwerke zur Feier der Hochzeit Kaiser Leopolds I. mit Margareta von Spanien in Wien 1666*
in: Von Himmeln entzündete und durch allgemeinen Zuruff der Erde sich Himmelwerts erschwingende Frolokhungs Flammen zur Begegnus des Hochzeitlichen beylagers Beeder Khaiserlichen Maiestäten Leopoldi des Ersten Römischen Kaisers auch zu Hungarn und Böham Königs, Ertzhertzogen zu Oesterreich, etc. und Margarita geborner Infantin aus Hispanien 1666
(Wien 1666)
Berlin, SMPK, Kunstbibliothek (Lipp. Sc 6)

6/6.1 *Titelseite*
Bez.: *Melchior Küsell fec. Viennae Austr. 1666*

6/6.2 *Herkules kämpft gegen Kentauren*

6/6.3 *Schmiede des Vulkan und Pegasus öffnet mit seinem Hufschlag die Hippokrene auf dem Musenberg Helikon*

6/6.4 *Raketenfeuerwerk*

6/6.5 *Die Schmiede des Vulkan*
Bez.: *Carlo Pasetti Inven. – Nicolaus van Hoy S.C.M. pic. et delin. – G. Bouttats Univers. Vinens. sculp. et fec.*
in: Sieg Streit Deß Lufft und Wassers Freuden – Fest zu Pferd zu dem Beylåger [...] Leopoldi deß Ersten, Römischer Kaysers [...],
Wien 1667
Italienische Bildunterschrift: *Grotta di Vulcano per la Squadriglia del Fuoco, condotta dall Illmo. et Eccmo. Sigs. Tenente. Generale Reimundus Conte Montecuccoli, con accompagnatura di trenta Ciclopi.*
Berlin, SMPK, Kunstbibliothek (Lipp. Sc 8)

6/7 *›Eigentliche abbild. und Vorstellung deß sehr Künstlichen und kostbarn Feuerwercks, welches auf dem Hochfeyerlichen Kayserlichen Beylager zu Wien den 8. Decembris (28) Novemb.) deß 1666. Jahr angezündet und verbrannet worden.‹*
in: Theatrum Europaeum, Oder Außfuhrliche und Warhafftige Beschreibung aller und jeder denckwürdiger Geschichten / so sich hin und wieder in der Welt / fürnemblich aber in Europa, und in Teutschlanden / so wol im Religion- als Prophan-Wesen [...] zugetragen haben, Teil X, 1665–1671, S. 194
Frankfurt a. M. 1677
Berlin, SMPK, Kunstbibliothek (OS 2848^{m})

6/8 *›Abbildung des Fewerwercks So zu Unterthänigster beehrung des Kaiserlichen Beylagers den 14. Decembris 1666 zu Breßlaw gezündet worden‹*
42,8 × 32,3 cm
Berlin, SMPK, Kunstbibliothek (OS 2849)

6/9 *›Contrafactur des Vortrefflichen Kostbar- und Kunstlichen Feuerwercks, so nach geendigten Hochfürstl. Beylager und Heimführung in der Hochfürstl. Residentz-Stadt Schlackenwerd den 26 April A° 1668 gehalten und verbrennet worden.‹*
Bez.: *Christian Hayoull Inventor – Martinus Illinger et Stanislaus Pottzobollaffezki. fecit.* Unten rechts das Mongramm *IB*
29,5 × 37 cm
Feuerwerksspiel – Perseus und Andromeda – anläßlich der Hochzeit des Herzog Julius Franz von Sachsen-Lauenburg mit Marie Hedwig Auguste von Sulzbach
Nürnberg, Germanisches Nationalmuseum (Kapsel 1219ª HB 3541)

6/10.1–5 *Feuerwerksspiel in fünf Akten anläßlich des Einzugs Herzog Johann Friedrichs von Braunschweig-Lüneburg und seiner Gemahlin in die Residenz Hannover 1668*
Bez.: *H. G. Welligen ingenieur Inventor – Krickau feuerwerker fecit*
Fünf Darstellungen, in: Die Überwindende Liebe praesentieret und dargestellt durch ein künstliches Fewr-Werck, welches bey hochfürstlicher Haymführung des [...] Johann Friedrichs, Herzogen zu Braunschweig und Lüneburg [...] und [...] Benedicta Henrietta Philippina [...] verbrand worden, zu Hannover den 8. November [...], Taf. A–E
Hannover 1668
Berlin, SMPK, Kunstbibliothek (OS 2852)

6/11 *Feuerwerksaufbau in Modena zu den Hochzeitsfeierlichkeiten des Fürsten Rinaldo I.*
Bez.: *D.B.B. Inven. – Manetta del. – Palliot sculp.*
in: Spiegazione [...] della machina da fuochi di gioia innalzata nella [...] citta di Modena [...] per festeggiare le [...] nozze del [...] duca Rinaldo I. [...]
Modena 1669
Berlin, SMPK, Kunstbibliothek (OS 3056)

6/12 *Feuerwerksanlage in Stuttgart 1674 anläßlich der Hochzeit Herzog Wilhelm Ludwig von Württemberg mit Magdalena Sibylle von Hessen*
Bez.: *Stuttgardiae, Exhibebat, Aegydius Brauser. Norimbergensis Würtemb. Pyrobol. Anno 1674. die ... Febr.*
J. A. Pile. delin. G. And. Wolfgang sculp.
In der Bildlegende werden die allegorischen Figuren (1–12) und die Feuersätze (13–27) bezeichnet.
54,5 × 36 cm
Nürnberg, Germanisches Nationalmuseum (Kapsel 1219ª HB 3540)

Geburt und Taufe

6/13 *›Contrafactur des kunstlichen Feuerwercks so bey neugebornen jungen Printzen Friderichen Hertzog zu Würtemberg & Kindtauffen zu Stuetgart im Lustgarten den 17 Marti Anno 1616 geworfen worden‹*
Matthäus Merian
in: Esaias van Hulsen, Repraesentatio der furstlichen Aufzug und Ritterspil, so [...] Herr Johan Friderich Hertzog zu Würtemberg [...] bey Ihr. F. G. Neüwgebornen Sohn [...] 1616 [...]gehalten
Stuttgart 1616
Berlin, SMPK, Kunstbibliothek (OS 2831)

6/14 *Karusellrennen mit Feuerwerkseffekten zu den Tauf- und Hochzeitsfeierlichkeiten in Stuttgart 1617*
Kolorierte Radierung in: Esaias von Hulsen, Aigentliche Wahrhaffte Delineation unnd Abbildung aller Fürstlichen Auffzüg und Ritterspilen. Bei deß [...] Herren Johann Friderichen Hertzogen zu Wurttemberg [...] Jungen Printzen und Sohns Hertzog Ulrichen [...] Kindtauff: und dann bey [...] Deß [...] Ludwigen Friderichen Hertzogen zu Wurttemberg [...] Magdalena-Elisabetha [...] Fürstlichen Beylager und Hochzeytlichem Frewdenfest [...] Stuttgart Julij Anno 1617 (Tafel 91)

(Stuttgart 1618)
Beschreibung des Verfolgungsrennens in: Georg Rudolf Weckerlin, Kurtze Beschreibung / Deß zu Stuttgarten / bey den Furstlichen Kindtauf und Hochzeit jungst-gehaltenen Frewden-Fests, Tübingen 1618, S. 68 f. Der Rennplatz, auf dem sich die vier Parteien verfolgen, ist von den Allegorien der vier Elemente – das Element Feuer wird mit Hilfe von Feuerwerkseffekten dargestellt – eingefaßt.
Berlin, SMPK, Kunstbibliothek (Lipp. Sbd 6)

6/15 *Bühne für das Feuerwerksspiel ›Medea vendicativa‹, das im Rahmen der Geburtstagsfeierlichkeiten des Kurprinzen Max Emanuel von Bayern in München 1662 aufgeführt wurde*
Mattheus Küssel
in: Pietro Paolo Bissari, Medea vendicativa. Drama di fuocco. Attione terza degli applausi fatti alla nascita dell'Altezza sereniss. di Massimiliano Emanuele, primogenito elettorale
München 1662
Der Architekt der Aufbauten war Francesco Santurini
Berlin, SMPK, Kunstbibliothek (OS 2843)

6/16 *›Abbildung der Freudens begängnus, welche, wegen der Röm. Kays: Majtt. gebohrnen Erzherzoglichen Erb-Prinzens, den 25. July, dieses 1678 sten Jahrs, in der Statt Nürnberg, auf befelch Eines Wol Edlen, Gestr: und Hochweisen Rhats, mit dreymaliger Lösung der Stück, uf allen posten umb diese Statt beschehen, nachgehends bey der Nacht, auf den gewohnlichen Schießplatz bey St: Johannis, mit dreifacher Salva von der Soldatesca zu Roß und Fueß fortgesezet, und mit gegenwärtigen Feuerwerck beschloßen worden.‹*
30,6 × 41,7 cm
Berlin, SMPK, Kunstbibliothek (OS 2861)

6/17 *Feuerwerk zum Geburtstag Kaiser Leopolds I. (9. Juni 1640) in Nürnberg 1686*
Bez.: *G. I. Schneider: fecit:*
Bildunterschrift: *Abbildung des Feuerwercks, so zu Nürnberg auf dem Schießplaz, den Tag Leopoldi alß den 15/5. November Ao. 1686. verbrannt worden, und bestunde solches Inn:* [Auflistung der Feuerwerkskörper, im Zentrum der Aufbauten standen] *L. die drey Buchstaben L.R.V. als LEOPOLDUS RESTITUTOR VNGARIAE. wurden unter wehrendem Feuerwerck angezündet, welche dann nach ihrem Brand mit starckem Knallen sich geendigt* [...]
49,5 × 32,5 cm
Nürnberg, Germanisches Nationalmuseum (Kapsel 1423 M.S. 282)

Krönungen

6/18 *›Ein gros Castel Kunstlich geziert,*
Zu Frankfurt angezündet wirdt,
Bey Nacht, ihr Maiestat zu ehren,
Das Krachen man fast weit kont hörn.‹
in: Johannes Theodorus de Bry, Jakobus de Zetta und Johannes Gelle, Electio et coronatio [...] Matthiae I. [...] undt Ihrer Kay. May. Gemahlin
Frankfurt a. M. 1612
Wasserfeuerwerk auf dem Main anläßlich der Krönung Matthias' I. zum deutschen Kaiser in Frankfurt 1612
Berlin, SMPK, Kunstbibliothek (Lipp. Sba 9)

6/19 *›Contrafactur des Feuerwerck so nach denen in A°. 1612 zu Franckfurt am Mayn gehaltenen Wahl und Crönungs tagen, der Röm. Kay. Mtt. zu aller underthenigsten Ehren E.E. Rath daselbsten auff dem Mayn zum Freudenfeur anrichten, und den 20 Juny anzunden und abgehen lassen.‹*
Bez.: *Achilles ab Hinsperg. Pal Francof. Inventor et Elaborator. – Henricus Kröner Francof.*
42 × 27,5 cm
Darstellung des Feuerwerk-Wasserschlosses (vgl. **2/27**) ohne die Schwimmkonstruktion
Berlin, SMPK, Kunstbibliothek (OS 2825x)

6/20.1–6 *›Feux d'Artifice‹*
Claude Gellée, genannt Le Lorrain
6 Bll. je etwa 19,3 × 13,7 cm aus der Folge *Feux d'Artifice* (13 Bll.)
Feuerwerke anläßlich der Wahl Ferdinands III. zum römischen König, auf der Piazza di Spagna in Rom, veranstaltet von dem spanischen Gesandten, Marquese de Castel Rodrigo. In einem festlichen Umzug führte man eine zuvor mit Feuerwerkseffekten enthüllte Reiterstatue des Königs zur spanischen Botschaft.
Berlin, SMPK, Kupferstichkabinett (R.D. 29-I; 31-II; 32-I; 38; 39-II; 40-I)

6/21 *Feuerwerk in Stockholm 1672 anläßlich des Regierungsantrittes Karls XI. von Schweden*
in: David Klöckner von Ehrenstrahl, Das grosse Carrosel und prachtige Ring-Rännen [...] Erb-Königreichs Anno [18. 12. 1672] antrat, Stockholm (o. J.)
Lateinische Bildunterschrift: *Ignes artificiosi quos S.R.M. die 20. Decemb. A. 1672. ante coenam Regiam accendi fecit.*
Berlin, SMPK, Kunstbibliothek (Lipp. Sf 3)

6/22 *Allegorische Feuerwerksaufbauten in Danzig 1698 anläßlich der Krönung August des Starken zum polnischen König*
in: G. R. Curicke, Freuden-Bezeugung der Stadt Dantzig über die [...] Wahl und Krönung [...] Augusti des andern, Königes in Pohlen [...] Wobey Höchst-gedachter Majestaet Königlicher Einzug in besagte Stadt [...] Huldigungs-Actus gehaltenes Feuerwerck
Danzig 1698
Berlin, SMPK, Kunstbibliothek (OS 2867)

Sieg und Frieden

6/23 *›Eigentlicher Abrieß deß Feuerwercks-Schlosses und der Barraquen, in welcher auß Röm: Kaiserl: Maj: allergnädigsten bevelch dem Königlich Schwedischen Generalissimo Herrn Pfaltzgraven Carl Gustavo u. Chur-Fürsten und Ständt anwesenden Herren Gesanden auch Fürstlichen Persohnen und Frauen Zimmer vom Herrn General Leütenant Duca di Amalfi, daß Fried: und Freudenmahl, nechst bey Nürnberg auff Sanct Johannis Schießplatz den 14 July Anno 1650 gehalten worden‹*
Bez.: *Michael Herz, delineavit. – Peter Troschel, sculpsit*
44 × 80 cm (2 Platten, 2 Bll. zusammengeklebt)
Feuerwerk zur Feier der Ratifizierung der endgültigen Fassung des Friedensvertrages nach dem Dreißigjährigen Kriege in Nürnberg 1650. Die Legende unter der Darstellung beschreibt die einzelnen Aufbauten und den Ablauf der Feuerwerksinszenierung.
Berlin, SMPK, Kunstbibliothek (OS 2834a)

6/24 *Grundriß der Feuerwerksanlage auf dem St. Johannis-Schießplatz in Nürnberg 1650*
Bez.: *Gerh. Graass, Kayserl. General Quart. Leutenant. – Nürnberger scul. – LS* [legiertes Monogramm] *fecit.*
Z. 52 × 40 cm
Bildlegende: *Eigentlicher Grundrieß. Deß Feuerwerwercks Schlosses und der Barraquen,* [gleicher Wortlaut wie 6/23]
Auf einem unter dem Grundriß geklebten Blatt sind die an der Festtafel teilnehmenden *Hochansehnlichen Fürstl. und andern Vornehmen Personen* aufgeführt.
Nürnberg, Germanisches Nationalmuseum (Kaspel 1219a HB 202)

6/25 *Feuerwerk zu der Friedensfeier in Nürnberg 1650*
Z. 41 × 60,5 cm
Bildunterschrift: *Kurtze Beschreibung des künstlichen Feuerwercks welches Karl Gustaven Pfalzgrafen bei Rhein* [...] *zu Ehren verbrennet* [...]
Berlin, SMPK, Kunstbibliothek (OS 2835 aufg. gr.)

6/26.1–9 *Allegorische Feuerwerksaufbauten in verschiedenen Quartieren Lyons anläßlich der Friedensfeier 1660*
Bez.: *N. Auroux fecit*
in: Claude François Menestrier, Les réjouissance de la paix, faites dans la ville de Lyon le 20. Mars 1660
Lyon 1660
Feuerwerk zur Feier des Friedens mit Spanien (Pyrenäischer Frieden 7. 11. 1659)
Berlin, SMPK, Kunstbibliothek (Lipp. Sm 8)

6/27 *Schloßfeuerwerk und Feuerwerksbaum in Brüssel 1685 zur Feier der Befreiung Ofens von den Türken*
Romeyn de Hooghe
41,3 × 54,5 cm (Bl. 6 aus einer unbetitelten Folge von 9 Bll.)
Lateinische Unterschrift: *Ignium nocturna hilaria* [...] *monumentum.*
Deutsche Übersetzung: Nächtliches Freudenfeuer. Die Nacht machten sie zum Tage: dasselbe taten in Ungarn mit ihren Feuern die siegreichen Truppen des erhabenen Kaisers, wo sie die Nacht, die der türkische Halbmond beherrschte, in den Tag verwandelten, den die Sonne der Gerechtigkeit Christus beherrscht. Daher wird der österreichische Ruhm, dem sie in Brüssel auf der Place Sablon Triumphfeuer anzündeten, nicht vergessen werden auf der Sablon, wird er nicht mit dem Licht verschwinden, wird er nicht ausgelöscht sein mit dem Feuer, vielmehr wird es den fernsten Nachkommen überliefert werden, für jeden ein Denkmal dauerhafter als Erz. (Übers. n. H. Mielke)
Berlin, SMPK, Kunstbibliothek (OS 1971. 114)

Empfänge

6/28 *Feuerwerkskämpfe und andere Feuerwerksinszenierungen auf dem Domplatz von Metz 1603 zu Ehren Heinrichs IV.*
in: Abraham Fabert, Voyage du Roy a Metz, l'occasion d'iceluy: Ensemble les signes de resiouyssance faits par ses habitants, S. 65
o. O. 1610
Bildunterschrift: *Combat nocturne, et autres artifices de feu, excecutez devant leurs Maiestez, par le Sieur Abraham Fabert*
Berlin, SMPK, Kunstbibliothek (OS 2989)

6/29 *Feuerwerksschloß zum Empfang des zukünftigen Kaisers Matthias I. in Nürnberg 1612*
Aquarellierte Federzeichnung
in: Kaiserlicher Einzug Mathiae deß Ersten in der Reichs Stat Nürnberg Anno Christi 1612
(Handschrift)
Auf der Reise König Matthias' zu seiner Wahl zum deutschen Kaiser nach Frankfurt a. M. wurde ihm in Nürnberg ein prachtvoller Empfang bereitet.
Berlin, Staatsbibliothek Preuß. Kulturbesitz, Handschriftenabt. (Ms. Germ. Fol. 710)

6/30 *Wasserfeuerwerk in Lyon 1622 bei dem Empfang König Ludwigs XIII.*
in: Petrus Faber, Reception de tre-chrestien, tres-iuste, et tres victorieux monarque Lovys XIII [...] Lyon 1622
Lyon 1623
Berlin, SMPK, Kunstbibliothek (OS 2991)

6/30.1 *Feuerwerksplastik in der Form eines Löwen*
Bez.: *Petrus Faber Lugdunensis sculp.*

6/30.2 *Raketenzaunbühne*

6/31 *Feuerwerk zum Einzug des Kardinal-Infanten Ferdinand von Spanien, Statthalter der Niederlande, in Gent am 28. Januar 1635*
in: Giulemo Becanus, Serenissimi Principis Ferdinandi Hispaniarum Infantis S.R.E. Cardinalis triumphalis introitus in Flandriae metropolim Gandauum
Antwerpen 1636
Lateinische Unterschrift: *Surgere quae rutilo spectas incendia coelo Fernandi succendit amor*
Berlin, SMPK, Kunstbibliothek (Lipp. Sd 19)

6/32 *Feuerwerk auf dem Turm der Kathedrale von Antwerpen anläßlich des Empfanges Ferdinands von Spanien, 1635*
in: Caspar Gevart, Pompa introitus [...] Ferdinandi Austriaci Hispaniarum Infantis [...] a S.P.q. Antverp. decreta et adornata [...] Ann. 1635
Antwerpen 1641
Berlin, SMPK, Kunstbibliothek (Lipp. Sd 20)

6/33 *Feuerwerk aus Anlaß des Besuchs des Grafen von Thurn und Taxis und seiner Gemahlin in Hemessen 1650*
Wenzel Hollar
24,3 × 40,6 cm
Lateinische Unterschrift: *Bene ominatam diei solennitatem nocturnae faces ignesque votivi coronant, quibus accedit reliquus multiplex apparatus, ad exhilarandos tum E.E.D.D., tum spectantium omnium animos.*
Berlin, SMPK, Kupferstichkabinett (P. 566)

6/34 *›Des Prometheus Fackel oder lustbares Kunst- und Freuden Feur‹*
28,8 × 33,7 cm
Bildunterschrift: *In beeder Kaysl. Mayestäten Leopoldi und Elenorae, nach dero zu Passau glücklich vollendetem Hochzeitlichen Beiläger, und in die Kaysl. Haupt Stadt und Residentz Wienn, gehaltenen Einzugs-Festivität, auf Anordnung* [...] *Herrn Raymundi Grafen von und zu Montecucoli,* [...] *Verfertigt vorgestellt und verbrennt durch Johann Jacob Köchly, Röm. Kaysl. Maytt. bestelten Feuerwercks Meistern, den 2. Februarij 1677.*
Nach deme Ihre May. die regirende Röm. Kayserin unter hellklingenden Trompeten und Paukenschall vermittels eines Lauff Feuers aus dem Fenster der Kaysl.

Burg nach der Sonnen das Anfangszeichen gegeben hat der Prometheus auf dem Pegasus sitzend so bald sein Fackel von selbiger entzündet und sein Flug gegen die vor der Minervae Tempel stehende Bildnuß genommen, solche ins Feuer gebracht worauf der kunstreiche Tempel durch die unzähliche Brandfeur in den Flamm krügen nebenst dem Röm. Adler und denen Buchstaben VL.VE. sich hellbrennend gezeiget, indessen wurden 30. Cartaunen auf den Stadt Pasteyen gelöset, denen 6. grosse Triumph Kugeln und so viel 100 pfündige Raggeten folgten, nachgehends sahe man in 3 Actus getheilet, nemblichen.
***I.** rund umb das Säulen Geländer die schönest spilende Rad Feuer, 800. groß und kleine Raggeten 100. Lustkugeln 100. Kögel 200. Pomben 150. Schwärmfässer und zum Beschluß ein Girandole von 500 Ragetten.*
***II.** 50. Lustkugeln 800. Raggeten in 6000. Schwarmfeur 100. Kögel 200. Sternfeur, und ein gleichfals aufsteigende Girandole.*
***III.** 1200. Raggeten 100. Kögel 100. Pomben 200. Schwarmfässer letzlichen ein mit verwunderung aufsteigende Girandole und name mit dem Donnern der Carthaunen diß Freuden Feur sei Ende.*
Berlin, SKPK, Kunstbibliothek (OS 2857)

6/35 *›Deß Herculis Feuer Werck auf dem hohen Walle in der Churfürstl. Sächs. Residenz Stadt Dresden verbrennet den 28 Februarij, 1678.‹*
in: Gabriel Tzschimmer, Die Durchlauchtigste Zusammenkunfft, Oder: Historische Erzehlung, Was [. . .] Johann Georg der Andere, Herzog zu Sachsen [. . .] Bey Anwesenheit Seiner [. . .] Gebrüdere [. . .] in [. . .] Dresden im Monat Februario, des 1678 sten Jahres An allerley Aufzügen [. . .] vorstellen lassen, S. 307
Nürnberg 1680
Berlin, SMPK, Kunstbibliothek (OS 2863)

6/36 *Raketenzaunbühne auf dem Vyver in Den Haag 1691 anläßlich des Besuches des britischen Königs Wilhelm III.*
Romeyn de Hooghe
in: Govard Bidloo, Komste van zyne Majesteit Wilhelm III. Koning van Groot Britanje, enz. in Holland [. . .] in s'Graavenhaage
Den Haag 1691
Berlin, SMPK, Kunstbibliothek (Lipp. Sd 25)

Andere Feste

6/37 *Feuerwerk und Wasserschlacht zwischen den Gilden der Weber und Färber auf dem Arno in Florenz 1619*
Bez.: *Jacomo* [Jaques] *Callot fec.*
1619
23 × 30,5 cm
Bildtitel: *Battaglia del re Tessi e del re Tinta. Festa rapresentata in Firenze nel fiume d'Arno il di XXV Di Luglio 1619*
Berlin, SMPK, Kupferstichkabinett (M. 617-II)

6/38 *Entwurf eines Feuerwerks den Kampf Apollons gegen den Drachen der Unterwelt darstellend*
Giovanni Burnacini
Anfang 17. Jahrhundert
22,6 × 29,5 cm
London, British Museum

6/39 *Feuerwerk in Versailles 1664*
Bez.: *Israel Silvestre, del. et ex.*
in: Les plaisirs del 'Isle enchantée ou les festes et divertissements du Roy à Versailles [. . .] May, de l'année 1664
Französische Bildunterschrift. *Rupture du Palais et des enchantements de l'Isle, Troisiesme journée. d'Alcine representée par un feu d'Artifice*
Berlin, SMPK, Kunstbibliothek (Lipp. Sg 13)

6/40 *Feuerwerk und Illumination der Paläste und der Gärten von Versailles 1668*
Bez.: *le Pautre sculps. 1679.*
in: Andreas Félibien, Relation de la feste de Versailles, Du 18. Juilet [1668]
Paris 1679
Französische und lateinische Bildunterschrift: *Illuminations du Palais et des Jardins de Versailles. Nocturnae Illuminationes,* [. . .] *dispositis.*
Berlin, SMPK, Kunstbibliothek (Lipp. Sg 14)

6/41 *Feuerwerk und Illumination auf dem großen Kanal im Schloßgarten von Versailles 1674*
Bez.: *le Pautre sculps. 1676.*
in: Les Divertissemens de Versailles donnez par le Roy a toute sa cour [1674]
Paris 1676
Berlin, SMPK, Kunstbibliothek (Lipp. Sg 13[h])

6/41.1 *Feuerwerk auf dem großen Kanal*
Französische und lateinische Bildunterschrift: *Cinquiéme Journée. Feu d'artifice sur le Canal de Versailles. – Dies Quintus. Incendium ludicrum è pyrio puluere super Alueum Versaliarum.*

6/41.2 *Illumination des großen Kanals*
Französische und lateinische Bildunterschrift: *Sixieme Journée. Illuminations autour du grand Canal de Versailles representant des Palais, des Pyramides, des Fontaines, des Statues, des Termes des Poissons etc. Dies Sextus. Nocturnae Illuminationes* [. . .] *incluso igne fulgente.*

6.42 *Feuerwerksaufbau mit Allegorien der Malerei und Bildhauerei*
Bolognesisch, 2. Hälfte 17. Jahrhundert
Federzeichnung in Braun, graubraun laviert, auf braun getöntem Papier,
44,8 × 33 cm
Berlin, SMPK, Kunstbibliothek (HdZ. 310)

6/43 *›Verzeichnusz undt Ordnung der Feuerwergke, so Ihre Churfl. Durchl. Hertzogk Johannes Georg zu Sachsen selbst angegeben und fertigen lassen, auch thails selbst loboriren helffen und verbrandt [1671]‹*
Monogrammiert J.B.Z.
Handschrift (mit Gold gehöhte Kalligraphie)
Ausführliche Beschreibung der in Dresden 1635, 1637, 1638, 1650, 1662 aufgeführten Feuerwerke
Berlin, Staatsbibliothek Preuß. Kulturbesitz, Handschriftenabt. (Ms. Germ. Fol. 297)

6/43.1 *›Von Erroberung des güldenen Vellus durch den Jason‹* (Bl. 40)
wie dasselbe / Der Durchlauchtigste Fürst und Herr / Herr Johann Georg, der Ander, Herzog zu Sachs- / sen, Jülich, Cleve und Bergk Chur-Furst Bey Dero hertzgeliebten Fräwlein Tochter, der / Durchleuchtigen Fürstin und Fräulein / Fraülein Erdmuth Sophien, geborner auß / Churfürstlichen Stamm Sachsenn / mit dem / Durchleuchtigen Fürsten und Herrn, Herrn / Christian Ernsten, Marggrafen zu Bran- / denburgk, in Preußen Herzog / gehaltenem hochfürstlichen Beylager / Zum andern mahl, jedoch in etwas verenderter / Ordnung zu Dreßden verbrennen laßenn, / den 31 Octobri, Anno 1662
(Bl. 40)

6/43.2–3 *›Erklärung dießes Feuerwercks.‹* (Bl. 41/42)

6/43.4–15 *›Ordnung dißes Feuerwercks‹* (Bl. 43–47)
Beschreibung der drei Akte des Feuerwerksspiels sowie eine Auflistung der zu zündenden Feuerwerkskörper, mit Angabe ihres Pulvergewichtes.

6/44.1–16 *Dem Kurfürsten Maximilian II. Emanuel gewidmeter Sammelband mit 15 Abbildungen von Feuerwerken, die zwischen 1662 und 1682 in oder bei München veranstaltet wurden*
Ohne Titel, o. O. und J. (nach 1701)
Johann Franz nach J. F. Wussim
Widmung der Titelseite: *Dem Durchleichtigisten Fürsten und Herrn Maximilian Emmanuel, in Ober: und Nidern Bayrn auch der Obern Pfaltz Hertzogen Pfaltzgrafen bey Rhein, deß Heil. Röm. Reichs Ertztruchseß und Churfürsten Landgraffen zu Leichtenberg*
Neben zentralperspektivischen Feuerwerksbühnen sind Feuerwerksschlösser und ein artilleristisches Schiffsfeuerwerk dargestellt.
Berlin, SMPK, Kunstbibliothek (OS 2844)

6/45 *Feuerwerk veranstaltet von einer Armbrustschützengesellschaft in Nürnberg 1657*
Bez.: *LS fecit* (Lucas Schitzler)
19 × 23,5 cm
Bildunterschrift:
Ein waßer das da fleust bleibt hell, und gantz nicht stincket
Ein Pflug der stetig pflügt wird hell und glentzend blinckent
Verstand wie scharf er ist wird er nicht auß gewetzt
Verrostet er gar bald, was sich nicht offt ergetzt
das hällt nicht lange Stand, drum mus man sich ergetzen
mit Jagen, reiten, fahrn, mit Vogelstellen, hetzen
Mit schießen wie alhier, mit schißen das da nutz
in Friedenszeit erfreut, in strengen krigen schüz
[. . .] Am Schluß folgt die Aufzählung der Mitglieder der Schützengesellschaft, die Mitglieder der Nürnberger Patrizierfamilien sind oben rechts von einer Kartusche eingefaßt]
Berlin, SMPK, Kunstbibliothek (OS 2837)

6/46 *Feuerwerk in Zürich 1699 zur Einweihung des neuen Rathhauses*
Bez.: Johannes Meyer ad vivum delineavit et fecit.
20 × 30,5 cm
Bildtitel: *Facta novos ignes. Nova gaudia curia fecit – Neues Hauß zu Standes Rath Freuden Feur entzündet hat*
Bildunterschrift:
Wie nichts auf der Welt bestehet
Sonder mit der Zeit vergehet,
So hat euch gezellet aus
Das dreyhundert Jährich Hauß
Nun man hier ein neues schauet.
Schön und prächtig aufgebauet
für den Stand mit weisem Rath
Vorzustehn und mit der That
Nach gehörtem Predig Segen
Da ganz Zürich war zu gegen
Gieng der Rath in Ordnung fort
Einzuweyhen disen Orth
Durch des Hauptes Wunder Zunge
Gottes Lob sich Hoch erschwunge
Worzu diene dises Haus
Zierlich war geführet aus
Dises Werke zu bekrönen
Müßte Mavors auch beywohnen
Und durch seinen Feuer-Schertz
Allem machen frisches Hertz
Schauet die Raqueten springen
Altz in Luft und Wasser tringen
Und Vulcanen viler Gstalt
Kunst verüben mannigfalt
Gottes Schirm und Gnaden Hande
Bleibe selbst dem Haus und Lande
Veste Feuer-Maur und Schantz,
Glükhafft zu verbleiben gantz!
Den 23ten. jun y Ao. 1698 geffilt [?]
Gesellschaft der Constaffleren im zeughaus
zu Zürich Ao 1699
Nürnberg, Germanisches Nationalmuseum
(Kapsel 1219a HB 5634)

6/47 *Feuerwerk aus Anlaß der 800 Jahrfeier des Augustiner Kloster Ranshoven (gestiftet 898) 1699*
in: Acht-tägiger Jubel / Oder Kurtze / doch eigentlich- und wahrhaffte Beschreibung der gantzen acht-taglichen Hoch-feyrlichen Festivitet, So Wegen deß nunmehro glücklich hinterlegten achten Saeculi von erster Erbauung der / dem heiligen Phrygischen Martyrer und Blutzeugen Christi / Pancratio gewidmeten Capellen / Dan auch Der herrlichen und Freuden-vollen Einbegleitung / und Inthronisation halber / beeder heiliger Leiber / der gleichfalls heiligen Martyrer / und Blut-Zeugen Christi Marii und Caelestini, Nicht weniger anderer Heiligen vortrefflichen Reliquien, Als insonderheit deß heiligen Felicissimi Martyris Rippen und Schulter-Blatt / etc. [. . .] Stüfft und Closter Ranshoven / [1699]
Augsburg 1701
Berlin, SMPK, Kunstbibliothek (Lipp. Sl 12)

6/47.1 *›Hellscheinende Frolockungs Flammen Gott dem Allmächtigen, und seinem lieben heiligen Martyrer und Bluetzeigen Pancratio, nunmehr 800.Jahrigen Innwohner und Patron hiesigen Orths, Stüffts und Closter Ranßhoffen, zu sonderbahren Ehren, bey gehaltenem Anno Saeculari, und Einbegleitung – Fest zweyer heiligen Leiber, und anderen vortrefflichen Reliquien SS.MM. Mary, Caelestini, Felicissimi, ect. unter wehrender Octav angefeuret, den 27. Aug. 1699‹*

6/47.2 *›Anderes und letztes, bey Schliessung der achtägigen Festivitet Anni Saecularis, et Sacrarum Reliquiarum Translationis, von Waßer und Erden gen Himmel gesendetes Freuden Feyr, und gebührendes Danckopfer zu Ranßhoffen den 30. August. A°. D[omi]ni 1699‹*

Siebtes Kapitel

PYROTECHNIK III FEUERWERKSFIGUREN

7/1 *Feuerwerksfiguren*
in: Friedrich Mayer, Bichssenmeistery auch //von allerley schimpfflichen und ernst- // lichen Feuerwerckhen (vgl. **3/1**)
Straßburg 1594
Handschrift
Aquarellzeichnungen
München, Bayerische Staatsbibliothek, Handschriftenabt. (Cod. germ. 8143)

7/1.1 *Schloß auf dem Rücken einer Schildkröte* (Fol. 136')

7/1.2 *›Ein Kampff zu Fuß / mit Feurwerkh zu richten‹* (Fol. 147')

7/2 *Feuerwerksfiguren*
in: Feuerwerksbuch (vgl. **5/1**)
Straßburg (?) nach 1598
Handschrift
Aquarellierte Federzeichnungen
Karlsruhe, Badische Landesbibliothek (Hs D 100)

7/2.1 *Türke* (Fol. 48)

7/2.2 *Engel als Schnurfeuerwerk* (Fol. 50')

7/2.3 *Figur auf einem Scheiterhaufen* (Fol. 52')

7/2.4 *Sitzender Satyr* (Fol. 53')

7/2.5 *Geflügeltes Fabelwesen* (Fol. 59)

7/2.6 *Drache als Schnurfeuerwerk* (Fol. 62')

7/2.7 *Mohr reitet auf einer Schnecke* (Fol. 58')

7/2.8 *Elephant trägt ein Kastell* (Fol. 105)

7/2.9 *Mönch und Nonne auf einem drehbaren Rad tanzend* (Fol. 64)

7/2.10 *Wilder Mann kämpft gegen einen siebenköpfigen Drachen* (Fol. 57)

7/2.11 *Reiterkampf mit Lanzen* (Fol. 63')

7/2.12 *Kampf Berittener gegen Musketiere* (Fol. 64')

7/3 *Feuerwerksfiguren*
in: Johann I. von Nassau-Siegen, Etliche schöne Tractaten von aller- // handt Feüerwercken // und deren Künstlichen Zubereitung (vgl. **3/2, 5/2**)
Aquarellzeichnungen mit Gold gehöht
Einleitung des Kapitels über die Konstruktion von Figuren: *Weil nun auch bey den furstlichen triumph fewer wercken vielmahl allerhandt Bilder – Thier undt der gleichen, nit allein darauf, sondern auch nebens gesetzt undt gebraucht, sondern auch zu zeitten uff bergen, bronnen, schiffen, muschlen, kuglen und andere fürgestelt werden, wil ich alhir auch ein kurtzen bericht thun, wie solche mögen ins werck gericht werden*
Berlin, Staatsbibliothek Preuß. Kulturbesitz, Handschriftenabt. (Ms. Germ. Fol. 4)

7/3.1 *Konstruktion einer stehenden Figur* (Hs. S. 388)

7/3.2 *Konstruktion einer sitzenden Figur* (Hs. S. 389)

7/3.3 *Konstruktion einer stehenden Figur* (Hs. S. 391)

7/3.4 *Engel als Schnurfeuerwerk* (Hs. S. 390)

7/3.5 *Konstruktion eines Fabelwesens* (Hs. S. 392)

7/3.6 *Drache* (Hs. S. 440)

7/3.7 *Geflügelter Drache als Schnurfeuerwerk* (Hs. S. 437)

7/3.8 *Neptun* (Hs. S. 439)

7/3.9 *Mohr reitet auf einer feuerspeienden Schnecke* (Hs. S. 441)

7/3.10 *Mönch mit einer Nonne tanzend* (Hs. S. 436)

7/3.11 *Reiterkampf mit Lanzen* (Hs. S. 431)

7/3.12 *Schwerterkampf* (Hs. S. 432)

7/3.13 *Wilder Mann kämpft gegen siebenköpfigen Drachen* (Hs. S. 438)

7/4 *Feuerwerksfiguren*
in: Mathia Krembs, Pyrotechnia seriae et recreationis. / Daß ist / kurtze anweißung, waß ein junger feurwerckcher zu wissen nöthig habe (vgl. **3/5**)
1692
Handschrift
Aquarellierte Federzeichnungen
Karlsruhe, Badische Landesbibliothek (K 402)

7/4.1 *Türke* (Figura 155)

7/4.2 *Löwe auf einem Postament* (Figura 155)

7/5 *Türke*
in: Joseph Furttenbach, Newes Itinerarium Italiae (Tafel N°. 8)
Ulm 1627 (Rep. 1971).
Beschreibung: *Ich sahe einmahl allda* [Genua] *ein Figur eines Moren / und Lebensgrösse von Fewrwerck staffieren / zu mehrerm verstandt / so besehe man das Kuppfferblat. N°. 8. sein Säbel brande und gab viel schüß von sich / der Schilt lieffe schnell umb / unnd schosse Fewr Kuglen von ihme / der Kopff entzündet sich auch / und auß ihme begaben sich ein grosse anzahl schwirmende Ragetten / nach welchen brande ein grosser Pumppen und warff viel Fewrkugeln in die Lufft / die Arm schossen auch stätigs / biß er endtlich gar ermüdet wurde*
Berlin, SMPK, Kunstbibliothek

7/6 *Feuerwerksfiguren*
in: Joseph Furttenbach, Halinitro Pyrobolia. Beschreibungen einer newen Büchsenmeisterey (vgl. **3/7**)
Um 1627
Berlin, SMPK, Kunstbibliothek (Lipp. Qb 36)

7/6.1 *Feuerspeiender Drache als Schnurfeuerwerk* (Abb. 18)
Bez.: *Jacb, Custosâ Aug. Sculptor*
Beschreibung: [Drachen] *dessen lange 15. Schuch / von Reiffen zusammen formiert / und mit Pappir uberzogen /fuchoso gemahlt / das Pappir mit Oel getränckt / damits gleich einer Laternen durchsichtig werde / in diesen Corpus mögen 20. in contrapelo hangende Oel Lampen gehengt / den Drachen aber / auff zweyen Rädlin / ob einem Strick uber ein Höhe hinab schiessen lassen / mit Fewrwerck mag er also staffiert werden* [...]
Die untere Abbildung stellt ein Feuerwerksschiff dar.

7/6.2 *Doppeladler* (Abb. No 17)
Beschreibung: *Adler dessen grösse nach belieben sein / ungefarlich 12. Schuch hoch / und eben so breit / der soll flach / doch von doppelten Brettern dergestalt gemacht werden / das zwischen selbigen vier Zoll weit spatium / damit darein allerhand Fewrwerck zu stellen verbleibe* [...]
Untere Abbildung: *Schloß im Wasser / auff einem Floß stehendt*

7/7 *Feuerspeiender Drache als Schnurfeuerwerk*
in: Jean Appier (gen. Hanzelet), La Pyrotechnie de Hanzelet Lorrain ou sont representez les plus rares et plus appreuuez secrets des machines et des feux artificiels. (vgl. **5/7**), Abb. S. 262
Pont à Mousson 1630
Berlin, SMPK, Kunstbibliothek (OS 3295)

7/8 *Feuerwerksfiguren*
in: Casimiri Simienowicz, Ausführliche Beschreibung der grossen Feuerwercks- oder Artillerie-Kunst (vgl. **3/8**)
Frankfurt a. Main 1676
Berlin, SMPK, Kunstbibliothek (Lipp. Qb 45)

7/8.1 *Konstruktionsdarstellung eines Drachen* (Fig. 197–199)

7/8.2 *Bacchus auf einem Weinfaß sitzend – Konstruktion* (Fig. 200)

7/8.3 *Bacchus auf einem Weinfaß sitzend* (Fig. 201)

7/9 *Feuerwerkskämpfe*
in: Daniel Manlyn, Pyrotechnia of meer dan hondertderleye Konstvermakelijcke Vuurwerken (vgl. **3/9**)
Amsterdam 1678
Berlin, SMPK, Kunstbibliothek (OS 3299)

7/9.1 *Kampf gegen einen Drachen als Schnurfeuerwerk* (Fig. 12)

7/9.2 *Kampf mit Feuerwerksschwertern* (Fig. 16)

7/9.3 *Feuerwerkskämpfe auf dem Wasser* (Fig. 21)

7/10 *Neptun lenkt sein Pferdegespann*
in: Robert Jones, A New Treatise on Artificial Fireworks (vgl. **3/13**), Plate 3
London 1765
Bez.: *R[t]. Jones del.-W. Darling sculp. (fec[t].)*
Berlin, SMPK, Kunstbibliothek (OS 3305[b])

Achtes Kapitel

DAS 18. UND 19. JAHRHUNDERT

Hochzeiten

8/1 *Feuerwerk vor dem Holländischen Palais in Dresden anläßlich der Hochzeit des sächsischen Kurprinzen Friedrich August mit der Kaisertochter Maria Josepha am 10. September 1719*
Bez.: *Joh. August Corvinus Sculpsit Aug. Vind.*
63,5 × 85,5 cm
Berlin, SMPK, Kunstbibliothek (OS 2882)

8/2 *Feuerwerkstempel vor dem Rathaus in Brüssel 1736 aus Anlaß der Hochzeit der Erzherzogin Maria Theresia von Österreich mit dem Großherzog von Toskana, Franz Stephan von Lothringen*
in: Recueil des devotions et divertissemens de [...] Marie Elisabeth Archiduchesse d'Austriche [...] à Bruxelles [...]
Brüssel 1736
Bildunterschrift: *Rejouissance pour le mariage de S.A.S. l'Archiduchesse Marie Therese, avec S.A.B. le Duc de Lorraine.*
Berlin, SMPK, Kunstbibliothek (Lipp. Sd 29)

8/3 *Feuerwerk zur Hochzeit König Karl Emanuels I. von Sardinien mit Elisabeth Therese von Lothringen in Turin 1737*
in: La sontuosa Illuminazione della citta di Torino per l'augusto sposalizio [...] di Carlo Emmanuelle, Re di Sardegna [...]
Turin 1737
Berlin, SMPK, Kunstbibliothek (Lipp. Si 44)

8/3.1 *Allegorische Darstellung des Po als Feuerwerksaufbau*
Bez.: *Daudet sculp. Lugd.*
Bildunterschrift: *Machina e Fuochi di Gioia rapresentante i giubili del Po, ed Imeneo, Erette nella Real Piazza del Castello, dall'Illma. Città di Torino, in publico Apluso per il felicissimo Arivo de Reggi Sposi Carlo Emanuele Re di Sardegna, ed Elisabetta Teresa Primogenita di Lorena*

8/3.2 *Feuerwerk auf einem Pavillon im königlichen Weingarten*
Joan. Ant. Belmondus
Französische und italienische Bildunterschrift: *Vue de la Vigne de S.M. la Reine avec l'illumination – Veduta* [...] *l'illuminatione*

8/4 *Landschaftliche Feuerwerksbühne mit einer als feuerspeiender Vesuv geformten Kulisse anläßlich der Hochzeit des Königs beider Sizilien, Karl IV., in Bologna 1738*
Bez.: *Stefano Orlandi Academico Clementino Invent. – Antonio Alessandro Scarselli Int.*
in: Descrizione delle feste fatte in Bologna [17. August 1738] dall'almo reale Collegio Ancarano in occasione delle Reali felicissime Nozze de'Monarchi delle due Sicilie
Bologna 1738
Berlin, SMPK, Kunstbibliothek (Lipp. Si 45 mtl.)

8/5 *Feuerwerk in Paris am 29. August 1739 auf dem Pont Neuf und auf der Seine zur Feier der Hochzeit der Prinzessin Louise Elisabeth von Frankreich mit dem spanischen Infanten Philipp*
in: Description des festes données par la ville de Paris, à occasion du mariage de Madame Louise-Elisabeth de France, et de Dom Philippe, Infant [...] d'Espagne
Paris 1740
Berlin, SMPK, Kunstbibliothek (Lipp. Sg 19)

8/5.1 *Ansicht der Feuerwerksaufbauten auf der Seine – Musikpavillon umgeben von Seeungeheuern*
Bez.: *Jac. Rigaud del. et sculp.*
Bildunterschrift: *Representation de la Joute qui s'est faite sur la riviere de Seine, le jour de la feste donnée par la ville de Paris, a l'occasion du mariage de madame Louise-Elisabeth de France, et de Dom Philippe infant et grand admiral d'Espagne.* **1.** *Sallon octogone, placé au milieu de la Riviere et où etoit la Musique.* **2.** *Seize Bateaux, dans chacun des quels étoient deux Jouteurs.* **3.** *Monstres marin chargé de feux d'artifice.* **4.** *Le College Mazarin ou des quatre Nations* [weitere topographische Auszeichnungen]

8/5.2 *Draufsicht auf die Feuerwerks- und Festaufbauten auf der Seine zwischen Pont-Neuf und Pont Royal*
Bez.: *Inventé par Salley – dessiné et gravé par J. F. Blondel*
Bildunterschrift: *Plan general et geometral de la partie de la riviere de Seine prise entre le Pont-Neuf et le Pont Royal où l'on voit l'ordre et disposition de la feste* [Anlaß wie vor]
A. *Corps du Feu au dessus du quel s'est tiré la grand Girande.* **B.** *Statue Equestre de Henry IV.* **C.** *Le Pont Neuf.* **D.** *Cloisons qui enfermoient L'Artifice.* **E.** *Chevallets ou se tiroient les fusées Volantes.* **F.** *Caisses d'Artifices au nombre de deux cent rangées en deux colonnes sur les deux parapets.* **G.** *Petites Girandes qui se sont tirées avec la Grande.* **H.** *Gerbes et Pots a Aigrettes.* **I.** *Gerbes Doubles rangées à distance de six pieds au long de la Corniche du Pont Neuf.* **K.** *Lustres substitues à la Place des Lanternes qui entourent Le Bassin de la Riviere de puis le Pont Neuf jusqu'au Pont Royal.* **L.** *Ponts sur lesquels étoient pratiqués des Berceaux d'Etoilles qui se sont tirées pendant l'Artifice.* **M.** *Bateaux en forme de Navires composés de Lanternes.* **N.** *Cascades d'artifice tirées avant la Girande.* **O.** *Bateaux dans lesquels étoit contenue l'artifice qui s'est tirée sur l'Eau.* **P.** *Dragons practiqués sur des Bateaux qui alloient et venoient continuellement et qui jettoient diverses Artifices.* **Q.** *Sallon pour les Musiciens composé de Transparens Eclaires Interieurement.* **R.** *Bateaux des Joustes qui ont composé une partie de la feste de l'apresdiné et quise sont venu ranger le Soir autour du Sallon de Musique.* **S.** *Pavillon du Louvre où l'on adressé le Trone de leurs Majestez.* **T.** *Terrasse du Louvre où l'on adressé diverses Tentes pour la Suitte de leurs Majestez et pour le Corps de Ville.* **V.** *Place Dauphine.* **X.** *College des quatre Nations.* **Y.** *Eglise des Theatins.* **Z.** *Pont Royal et Hotel de Mr. l'Ambassadeur d'Espagne.*

8/5.3 *Ansicht des Feuerwerks auf der Seine und der ›Girande‹ über Pont Neuf*
Bez.: *Inventé par Salley – déssiné et gravé par J. F. Blondel*
Bildunterschrift: *Veue générale des décorations, Illuminations et feux d'artifice, de la feste donnée par la ville de Paris sur la Riviere de Seine en presence de leurs Majestés le Vingt Neuf Aoust Mil Sept Cent Trente Neuf a l'occasion du Mariage de Madame Louise Elizabeth de France, et de Dom Philippe Infant d'Espagne.*

8/6 *›Abriss der Illumination und des Feuerwercks so auf das hohe Beylager Ihro beydersseyts Kayserl. Hoh. Des Grossfürsten Und der Grossfürstin aller Reusen . . . in dem Hochfürstl Anhalt Zerbstischen neuen Lustgarten Anno 1745 vorgestellet worden‹*
Bez.: *Joh. Christoph Schütze Architect Ser. Princ. Anhalt-Zerbst et Du. Saxo. Weisenfels inv. et del. Ludov. Valent. Schaeffer Prem. Lieut. d'Artillerie. – Bernigeroth sc. Lipsiae 1746*
in: Johann Hoxa, Kurze Beschreibung der auf das [. . .] Vermählungsfest [. . .] Peter Feodrowitz [. . .] Thronerbens des Rußischen Reichs [. . .] wie auch der [. . .] Frauen Catharina Alexiewna [. . .] an dem [. . .] Anhalt-Zerbstischen Hofe feyerlichst vorgestellten Illumination und des Feuerwercks
o. O. u. J.
Feuerwerksbühne im Zerbster Schloßgarten anläßlich der Vermählung Sophie Auguste von Anhalt-Zerbst, der späteren russischen Kaiserin Katharina II., mit dem zum russischen Großfürsten ernannten Peter, Herzog von Hollstein-Gottdorf, dem späteren Zar Peter III. (Feodorowitsch).
Berlin, SMPK, Kunstbibliothek (OS 2910)

8/7 *Feuerwerkstempel errichtet vor dem Pariser Rathaus 1747 für die Feier der Hochzeit des Dauphin mit Maria Josepha von Sachsen*
in: Fête publique donée par la ville de Paris a l'occasion du mariage de Monseigneur le Dauphin le 13. Fevrier [1767]
[Paris] o. J.
Bildunterschrift: *Representation du Feu d'Artifice qui fut tiré dans le Place de L'Hotel de Ville de Paris à l'Occasion du Mariage de Monseigneur le Dauphin avec la Princesse Marie Josephe de Saxe. le 13. Fevrier* [1747]
Berlin, SMPK, Kunstbibliothek (Lipp. Sg 22)

8/8 *›Vorstellung des Feverwercks welches auf allerhöchste Koenigl. Anordnung bey der Hohen Vermählung der Koenigl. Printzessin Frauen Marien Josephen mit ihro Koenigl. Hoheit dem Dauphin bey Dresden verbrandt worden d. 12. Jan. 1747‹*
Moritz Bodenehr
81 × 118 cm
Berlin, SMPK, Kunstbibliothek (OS 2911)

8/9 *Feuerwerk im Schloßgarten zu Nymphenburg am 26. July 1747 anläßlich der Hochzeit des bayerischen Kurfürsten Maximilian III. mit der sächsischen Prinzessin Maria Anna*
Bez.: *Math. Wieland Tormentarius sculpsit Monachi.*
100 × 62 cm
Bildunterschrift: *Vorstellung des Kostbaren Kunst- und Lust-Feuerwercks zu Wasser, und zu Lande Welches Ihro Churfrtl. Durtl. Unserem allerseits g[nä]disten Chur- und Lands-Fürsten Herrn Herrn Maximiliano Josepho, Dann der Durchlaeuchtigsten Frauen Frauen, Maria Anna, Gebohrnen Königlich. Polnischen, und ChursächsischenPrincessin zu allerunterthaeng. schuldigisten Ehren und höchst erwünscht. erfreulichen Mariage bey dem Churfrtl. Lust-Schloss Nünpfenburg auf den großen Pasein, unweith der Churfrtl. Haupt- und Residence Statt München durch Dero Obristen, Ludwig Forstnern, und Churbayrischen Artillerie Brigade produciert worden, Julii anno MDCCXLVII Verzeichnus des Kupfer Blatts, was nach bey gesetzten Zifferen darinnen zuersehen: In der mitte presentieren sich zwey, in grünen Feur, brinnende Hertzen, mit der Überschrift: Conjuncta virescant. Zu beeden Seiten erscheinen in VI. Devisen verschiedene sünnreiche Feur.* ***I.*** *Zur Seite der Churbayrischen Wappen, erleuchten zwey verbundene Facklen, einen, mit denen Bildnüssen der Durchleuchtigst Bayrischen Groß-Ahnen, ausgezierten Saal, mit der Überschrift: Sic juvat illustrare Domum.* ***II.*** *Brinnet eine, von denn reinen Sonnen-Straalen, angezündet Fackel, die Überschrifft: Alio nunquam igne flagravi.* ***III.*** *Eine aus der Wolkken herfür raichende Hande, schlaget Feur aus dem, von einer Statuen, oder anderen Postament, gehaltenen Stein, mit der Überschrifft: Saxo elicit ignes.* ***IV.*** *Zur Seite der Chursachsischen Wappen lasset sich München und Dresden in Perspectiv sehen, und die Electrische Kette zündet den, bey München stehenden Spiritum an, die Überschrifft lautet: A Longe accendo.* ***V.*** *Ein helles Nord Liecht erscheinet, mit der Überschrifft: A Borea Lumen.* ***VI.*** *Ein grosses Raget theilet sich, und kommen viele kleinere herfür, mit der Überschrifft: Multorum Mater*
Berlin, SMPK, Kunstbibliothek (OS 2912)

8/10 *›Lustfeuerwerck so zu Ludwigsburg A° 1748 den 9. Octobr^s gehalten worden.‹*
Jacob Wagner
in: Friderich Schoenhaar, Ausführliche Beschreibung, Deß – zu Bayreuth im September 1748 vorgegangenen [. . .] Beylagers, und derer – zu Anfang des Octobers [. . .] so wohl zu Stuttgardt als Ludwigsburg erfolgter [. . .] Heimführungs Festivitaeten, Des [. . .] Herrn Carls, Regierenden Herzogs zu Württemberg
Stuttgart 1749
Feuerwerk anläßlich der Hochzeit Herzogs Karl Eugen von Württemberg mit Elisabeth Friederike Sophie von Bayreuth.
Berlin, SMPK, Kunstbibliothek (Lipp. Sbd 17)

8/11 *Feuerwerk in Nymphenburg 1765 zur Vermählung Kaiser Josephs II. mit der bayerischen Prinzessin Maria Josepha*
Bez.: *Joh. Martin Will excudit Aug. Vind.*
Bildunterschrift: *Kunst- und Lust-Feür welches auf gnädigiste anbefehlung Sr. Churfürstl. Durchl. in Bayrn . . . Maximilian Joseph bey Höchster Vermählung Ihro Kayserl. Hochheit Iosepha mit Sr. May. dem Röm. König Iosepho II. durch das Churfürstl. Artillerie Corps unter anordnung des Chur Bayr. Camerers General Majors und inhaber ersagten Artillerie Corps Herrn Grafen von Salern dann bewürckung des Artillerie Hauptmann und Oberfeurwercksmaisters Herrn Mattheus Stainers in dem Churfürstlichen Nymphenburgischen Lustgarten abgebrennet worden den 15. Ienner 1765.* In dem Schloßvorhof standen *Ehren Pforten, welche auf das allerherrlichste samt dem Churfürstlichen Lust Schloß und den ganzen Gebäude-Rings herum mit grosser Anzahl Lampen beleuchtet worden*
Nürnberg, Germanisches Nationalmuseum (Kapsel 1219^a HB 3543)

8/12 *Feuerwerk in Parma 1769 anläßlich der Hochzeit des spanischen Infanten Ferdinand mit der Erzherzogin Maria Amalia*
Bez.: *Cav. E. A. Petitot inv. e dis. – Tom. Baratti e G. Zaliani inc. Parma*
in: Descrizione delle feste celebrate in Parma [. . .] 1769 per le nozze di [. . .] l'Infante Don Ferdinando colla [. . .] Archiduchessa Maria Amalia
Parma (o. J.)
Bildunterschrift: *Elevazione geometrica dell'Illuminazione del giardino di Colorno*
Ansicht und Grundriß der illuminierten Feuerwerksbühne.
Berlin, SMPK, Kunstbibliothek (Lipp. Si 51)

8/13 *Feuerwerk zur Hochzeit des Großfürsten Paul (Zar Paul I.) mit Wilhelmine von Hessen-Darmstadt in St. Petersburg 1744*
Van Blarenberghe
Deckfarbenbild auf einer Tabaksdose
Abbildung n. Arthur Lotz, Das Feuerwerk, Leipzig 1941, Abb. 8
Berlin, SMPK, Kunstbibliothek

8/14.1/2 *Feuerwerk im kaiserlichen Sommergarten zu St. Petersburg im Oktober 1793 zu der Hochzeit des Großfürsten und späteren Zaren Alexander (I.) Pawlowitsch mit der Großfürstin Elisabeth (Alexiewna) von Baden*
Bez.: *Inventé par le Lieut. Gen. de Melissino – Exécuté par le Capt. d'Artille, Macaweyeff et l'Adjutant Bouchmeyer*
Französische und russische Bildunterschrift: *Representation du feu d'Artifice tiré à l'Occasion des Noces Augustes de leurs 'Altesses Imperiales Monseigneur le Grand Duc Alexandre Pawlowitsch et Madame la Grande Duchesse Elisabeth Alexeyewna à St. Petersbourg le . . . du mois d'Octobre de l'année 1793* – [gleichlautende russische Unterschrift]
Berlin, SMPK, Kunstbibliothek (OS 3098^m)

8/15 *Feuerwerke in St. Petersburg anläßlich der Hochzeit des Bruders von Zar Alexander I., Konstantin Pawlowitsch, mit Julie Henriette (Anna Feodorowna) von Sachsen-Koburg*
Berlin, SMPK, Kunstbibliothek (OS 3098^m)

8/15.1 *›Vorstellung des Feuerwercks bey Gelegenheit der Vermälung Seiner Kayserl. Hoheit des Großfürsten Konstantin Pawlowitsch und ihro Kayserl. Hoheit Großfürstin Anna Feodorowna in S^t. Petersburg auf der Newa am . . . Febr. 1796 gegeben.‹*
Bez.: *Inventé par le Lieut. Gen. de Melissino, executé par le Capitain du noble Corps de Cadets d'Artillerie C. de Maccaveyef. – Dessiné par l'Architecte du Corps Dimerzof. – Gravé par I. C. Mayr.*
55 × 66,5 cm
Gleichlautende Bildunterschriften zusätzlich in russisch und französisch.

8/15.2 *›Vorstellung des Feuerwerks welches am 1. Septbr. 1796 in S^t. Petersburg beym Kaiserl. Sommergarten gegeben worden ist‹*
Bez.: *Inventé par le Lieut. Gen. de Melissino. – Dessiné par l'Architecte du Corps de Genie le Lieut. Dimerzof. – Executé par le Cap. d'Artill. Macaveyef.*
40,3 × 44,2 cm
Gleichlautende Bildunterschriften zusätzlich in russisch und französisch.

Geburt und Taufe

8/16 *Feuerwerk auf den Hallerwiesen in Nürnberg am 24. August 1716 anläßlich der Geburt des Erzherzogs Leopold sowie des Sieges der kaiserlichen Truppen gegen die Türken bei Peterwardein*
Bez. *W. M. Gebhardt del.*
51,8 × 58,8 cm
Bildunterschrift: *Eigentliche Vorstellung des Freuden-Feuer-Wercks, welches so wohl wegen welterfreulichster Geburth des durchlauchtigsten Ertzherzogs Leopolds als auch wegen darauf erfolgter unvergleichlichen Victorie wider die Türken ohnfern Peterwardein auf des Heil. Röm. Reichs Stadt Nürnberg, so genannter Haller-Wiesen, bey einem Stahl- und Armbrust-Schiesen, unter unzaehlich hertz-eyfrigen Glückwünschungen und Freuden-Bezeugungen einer ungemeinen Menge Zuschauer, hohen und niedern Standes, angezündet worden ist, den 24 Augusti 1716 Heil-Jahres*
Nürnberg, Germanisches Nationalmuseum (Kapsel 1423 M.S. 292)

8/17 *Feuerwerksaufbau in Pavia 1717 zur Feier der Geburt des Erzherzogs Leopold, Prinz von Asturien*
Z. 91,7 × 53,2 cm
Bildüberschrift: *La Religione trionfate. in Leopoldo*
Bildunterschrift: *Prospetto della Machina triangolare per festa di Fuochi eretta in segno di giubilo nella nascita del Serenissimo Arciduca Leopoldo Principe delle Asturie, &c. d'ordine degl' Illmi. Sigri. della Real Città di Pavia 1716*
Berlin, SMPK, Kunstbibliothek (OS 3061)

8/18 *Artilleristisches Probeschießen und Feuerwerk in München aus Anlaß der Geburt eines bayerischen Erbprinzen*
Bez.: *Elias Back, alias der heldenmuth. fecit.*
in: Vollständiger Bericht / Von allen [. . .] Freuden-Festen / welche [. . .] begangen worden In- und nahe [. . .] München Anno 1727. von 28. Mertzen biß den 26. May / Als [. . .] Carolo Alberto, In Ob- und Nider-Bayrn [. . .] Herzogen [. . .] gebohren worden Ein [. . .] Chur- und Erb-Printz / Auch zu gleicher Zeit von denen [. . .] Landstädten in Bayrn Die Erb-Lands-Huldigung [. . .] abgelegt wurde
[München 1727]
Bildunterschrift links: *Abbildung der Scheiben so nach der Huldigung Ihro Churfurstl. Durchl. in Bayeren, in dem grossen Schiessen auf dasiger Schiessstat gestanden Anno 1727* [. . .]
Bildunterschrift rechts: *Dieses Scholaren oder Prob schiesen nebst den Feürwerck wobey 150. Stuck schuss und 50. bommen geworffen worden ist geschehen in München, den 25. May A. 1727:*
1. *3pfündig Canonen –* ***2.*** *6pfündig Canonen –* ***3.*** *60pfündig Mordier –* ***4.*** *100pfündig Mordier*
Berlin, SMPK, Kunstbibliothek (Lipp. Sbc 19)

8/19 *Feuerwerksaufbauten auf der Seine in Paris, 1730 errichtet im Auftrage des spanischen Königs Philipp V. zur Feier der Geburt des Dauphin*
Bez.: *Servandoni Inv. et del. – Dumont sculpsit.*
in: Description de la feste et du feu d'artifice, qui doit être tiré à Paris, sur rivière, au sujet de la naissance de Monseigneur le Dauphin par ordre de sa Majesté catholique Philippe V [. . .]
Paris 1730
Bildunterschrift: *Plan et Vue du Feu d'Artifice tiré a Paris sur la Riviere le 21 Janvier 1730. Entre le Louvre et l'Hôtel de Bouillon, au Sujet de la Naissance de Monseigneur le Dauphin, par ordre de Leurs Majestez Catholiques, et par les Soins de leurs Excellences M. le Marquis de Santa Cruz, et M. de Barrenechea Ambassadeurs Extraordinaires et Plenipotentiaires d'Espagne.*
Berlin, SMPK, Kunstbibliothek (OS 3010)

8/20 *Feuerwerkstempel vor dem Castel Nuovo in Neapel anläßlich der Geburt des ersten Sohnes Karls IV., König beider Sizilien, Prinz Philipp (13. 6. 1747)*
in: Narrazione delle solenni reali feste fatte celebrare in Napoli da Sua Maestà il Re delle due Sicilie Carlo Infante di Spagna Duca di Parma, Piacenza . . . per la nascita del suo primogenito Filippo Real Principe delle due Sicilie
Neapel 1749
Berlin, SMPK, Kunstbibliothek (Lipp. Si 48)

8/20.1 *Ansicht der Piazza del Castel Nuovo mit dem Feuerwerkstempel und den Illuminationen am Castel Nuovo*
Bez.: *Vincenco Ré inv. e delin. – Giuseppe Vasi inciso*
Bildunterschrift: *Prospettiva della Machina del Fuoco Artifiziale, posta nella Piazza del Castel Nuovo*
[Legende 1–13: Bezeichnung der wichtigsten auf der Ansicht erkennbaren Gebäude]

8/20.2 *Ansicht und Schnitt des Feuerwerkstempels*
Bez.: *Vincenco Ré invenò, e delineò – Giuseppe Vasi da Cerleone in Sicilia incis.*
Bildunterschrift: *Disegno, e Spaccato geometrico della Machina del Fuoco d'artifizio posta su la gran Piazza del Castello Nuovo*

8/20.3 *Grundriß des Feuerwerkstempels*
Bez.: *Vincenzo Ré inv. e del. – N. Jardin incise*
Bildunterschrift: *Pianta della Macchina del Fuoco d'Artifizio fatto nella Piazza del Castello Nuovo*

8/21 *Feuerwerksaufbauten in St. Petersburg im Januar 1778 zur Feier der Geburt des russischen Großfürsten und späteren Zaren Alexander Pawlowitsch (geb. 23. 12. 1777)*
Berlin, SMPK, Kunstbibliothek (OS 3098[m])

8/21.1 *›Premiere Representation en feu de meche‹*
45,9 × 59 cm
Bildunterschrift: *Ruthenie dans l'extase de joye Sur l'heureuse Naissance de S. A. J. le. Monsgr. le Grand Duc Alexandre Pavlovitsch representé dans un feu d'artifice le Janvr. 1778. à St. Petersbourg.*
[gleichlautende russische Unterschrift]

8/21.2 *›La Seconde Representation, en feu de lumieres et de transparent‹*
45,6 × 61,3 cm
Bildunterschrift: *Le Monument de joye de la Russie Sur la Naissance de S. A. Jle. Monsgr. le Grand Duc Alexandre Pavlovitch representé dans un feu d'artifice le Janvr. 1778. à St. Petersbourg.*
[gleichlautende russische Unterschrift]

8/22 *Feuerwerk in Paris am 21. Januar 1782 aus Anlaß der Geburt des Dauphin*
Bez.: *Inventé par P. L. Moreau, Ch[er] de l'Ordre du Roi, Architecte de sa Majesté Maitre général des Batiments de la Ville en 1782 – Dessiné à après nature et gravé par J. M. Moreau le Je. Dessinat[r.] et Grav[r.] du Cabin. du Roi, de son Acad. R[ale.] de Peint et sculpt. et celle des Scien. et Arts de Rouen, C[er.] Antique de Sa M[té.] le Roi de Prusse ect.*
52,3 × 77,4 cm
Bildunterschrift: *Le feu d'artifice. Fêtes donées au Roi et à La Reine, par La Ville de Paris, Le 21. Janvier 1782, à l'occasion de la Naissance de Monseigneur le Dauphin*
Berlin, SMPK, Kunstbibliothek (OS 3025)

Krönungen

8/23 *Feuerwerk in Hamburg 1712 zur Kaiserkrönung Karls VI:*
Bez.: *H. Westphalen. in Hamb.*
in: Gleich wie die Stadt Hamburg das so gar unverhoffte frühzeitige Absterben [. . .] Kayser Joseph I. mit [. . .] Leidwesen empfunden [. . .] Also hat sie auch [. . .] die Nachricht von erfolgter Wahl [. . .] des Kaysers Caroli VI [. . .]
Hamburg 1712
Berlin, SMPK, Kunstbibliothek (OS 2877[m])

8/24 *Feuerwerk in Gent 1717 anläßlich der Huldigungsfeier für Kaiser Karl VI. als Herrscher über Flandern nach dem Frieden von Rastatt*
in: Relation de l'inauguration solemnelle des sa sacrée majesté imperiale et catholique Charles VI. empereur des Romains [. . .] Celebrée à Gand, Ville Capitale de la Province [18. 9. 1717]
Gent 1719
Berlin, SMPK, Kunstbibliothek (Lipp. Sd. 28)

8/24.1 *Vier pyramidale Feuerwerksaufbauten, errichtet um die Statue Karls V.*
Bildunterschrift: *Cés Quatres Piramides ont été dressés au marché au vendredy*
Bez.: *imprimé a Gand. Chez A. Graet – Michiel Beylbrouck sculpsit*

8/24.2 *Feuerwerkszaun um die Statue Karls V.*
Bildunterschrift: *Representation du Feu d'Artifice dressé autour de la Statüe de l'Empereur Charles V. sur la grande place, dite au Vendredy, à l'occasion de l'heureuse Inauguration de Sa Majesté Imperiale et Catholique Charles VI. Empereur des Romains, et III. du nom Roi des Espagnes, comme Comte des Flandres, celebrée en la Ville de Gand Capitale de la Pronvince, le 18. Octobre 1717.*

8/24.3 *Illuminationen vor dem erleuchteten Rathaus und Feuerwerk auf dem Belfried*
Bez.: *J. Harrewyn fecit aqua forti et sculpsit ferri Brix*

8/25 *Feuerwerk zur Krönung der Zarin Anna Iwanowa in Moskau 1730*
Bez.: *Elliger delin et fecit Petropoli*
in: Umständliche Beschreibung der Hohen Salbung und Crönung [. . .] Anna Ioannowna Kayserin und Selbstherrscherin von gantz Rußland [. . .] wie solche den 28 April 1730. in [. . .] Moscau [. . .] vollzogen worden
St. Petersburg 1731
Berlin, SMPK, Kunstbibliothek (Lipp. Sk 3)

8/26 *Feuerwerk in Hamburg 1745 zur Kaiserkrönung Franz I.*
Bez.: *Spanninger pyrotechn. inven. – Pfeiffer junior deln. – C. Fritzsch sculpsit 1745*
Z. 42,9 × 68,8 cm
Berlin, SMPK, Kunstbibliothek (OS 2903 aufg.)

8/27 *Feuerwerk auf dem Vijver in Den Haag 1745/46 zur Kaiserkrönung Franz I.*
Bez.: *M. Schluymer del. – I. C. Philips sculp. direx. – Sumtibus A. de Groot.*
Berlin, SMPK, Kunstbibliothek (Lipp. Sd 30)

8/27.1 *Illuminierter Feuerwerkstempel mit entzündetem Raketenzaun*
Bildtitel: *Afbeeldinge van de Illuminatie en het Vuurwerk Door Zyne Excell. den Herr Baron Van Reischach, Kamerheer en Extraord. Envoyé van Haare Rooms-Keizerlyke Majesteiten, ter gelegenheit van de Verkiezing en Krooning van Zyne Rooms Keizerlyke Maj. Franciscus I., den 19 January 1746, in den Vyver in's Hage gegeven. Van der Oost – zyde op de Korte Vyverberg te zien.*
[gleichlautende französische Bildunterschrift]

8/27.2 *Entwurf des Feuerwerkstempels mit Raketenzaun*
Bildtitel: *Verbeeldinge van het Gevaart voor de Illuminatie en het Vuurwerk door Zyne Excell. den Heer Baron van Reischach enz. ter voorschreve gelegenheid, den 19 January 1746 in's Hage gegeven.*
Volgens de origineel Teekeninge
[gleichlautende französische Bildunterschrift]

8/28 *›Vorstellung des Feuer-Wercks welches bey der erwünschten hohen Crönung Ihro Kayserl. Majestät. Catharina Alexiewna in der Kayserl. Residentz-Stadt Moscau d. Sept. 1762 abgebrannt worden‹*
48,5 × 65,6 cm
Berlin, SMPK, Kunstbibliothek (OS 3098[m].)

8/29 *›Pallas Insel im Feuerwercke am Gedächniß-Feste der Thronbesteigung Ihro Kayserl. Mayst. Catharina der Zweyten vorgestellt auf dem Newa-Strohm vor dem Kayserl. Sommerhofe zu St. Petersburg. den 28. Junii 1763‹*
(Erster Plan vor der Verwandlung)
Bez.: *J. D. Stehlin inv. – Francesco Gradizzy deliniavete. – Exéc. par le Lieut. Colonel des Bombard. P. de Milissino*
50 × 60,5 cm
Gleichlautende Bildunterschriften in russisch und französisch
Berlin, SMPK, Kunstbibliothek (OS 3098[m])

8/30 *›Illumination und Kunst-Feuerwerck so bey erwinschter Anwesenheit und durch Reise einiger Hochansehl. Kayserl. Hr. Cämmerer und Cavalliers von der Suite des Ersten fürtreflichsten Königl. Böhmischen Hr. Wahlbottschaffers Fürsten von Esterhazi Hochfl. Dhlt. von dem Rs. Stadt Nürnbergl. Kriegs Obristen Haller von Hallerstein aus aller unterthaenister Devotion gegen des neo. eligendi Regis Romanorum Königl. Mayst. den 15ten Jan. 1764 in schneller Eile ist praesendiert u. angezindet worden.‹*
Aquarellzeichnung auf farbig grundiertem Papier, 24 × 35,5 cm
Feuerwerk zur Feier der Wahl des späteren Kaisers Joseph (II.) zum römischen König, inszeniert für den durchreisenden kaiserlichen Gesandten Fürst Nikolaus Joseph von Esterhazy.
Nürnberg, Staatsarchiv (Rst. Nbg., Karten u. Pläne Rep. 58 1739/32)

8/31 *Feuerwerksbühne mit Raketenzaun in Vere (Middelburg) 1766 anläßlich der Huldigungsfeierlichkeiten für Wilhelm V., Prinz von Oranien, Erbstatthalter der Niederlande*
in: Josua van Iperen, De statige inhuldiging van [. . .] Willem de vyfden, Prince van Orange [. . .] als Markgraaf van Veere [. . .] 1766
Middelburg 1767
Berlin, SMPK, Kunstbibliothek (OS 2969)

8/32 *Feuerwerk zur Krönung Pedro's V. von Portugal in Oporto*
in: The Illustrated London News, 1855, S. 445
Bildunterschrift: *Inauguration of the king of Portugal. – Illumination and Fireworks at Oporto*
Berlin, SMPK, Kunstbibliothek

Sieg und Frieden

8/33 *Feuerwerk in München 1701 zu Ehren des bayerischen Kurfürsten Max Emanuel, Statthalter der spanischen Niederlande, und seiner Gattin Therese Kunigunde von Polen, die Zurückgewinnung von Namur feiernd*
19,5 × 31,5 cm
Bildunterschrift: *Lust Feurwerck So Ihro Churfürstl. Durchl. in Bayrn unsern allerseiths g*[nädig]*sten Chur- und Landsfürsten Herrn Maximilian Emanuel etc. dann dero Durchl. Frauen Frauen gemahlin Theresiae Kunigunds etc. zu aller underthänigsten ehren, aus anordnung des hochgebohrnen Herrn Reichsgraffen von Arcó General Veld- und obrist Landt zeugmaistern etc. durch mich Christoph Helle, als deroselben und underthänigsten dienern, und oberfeurwerckmaistern presentiert worden Anno 1701*
Die zentralperspektivische Feuerwerksbühne rahmt eine gemalte Ansicht der durch Maximilian Emanuel von den Franzosen zurückgewonnenen Stadt Namur ein.
Nürnberg, Germanisches Nationalmuseum (Kapsel 1219[a] HB 3542)

8/34 *Von einem Raketenzaun umgebenes illuminiertes Monument mit Darstellung siegreicher Schlachten der Generalstaaten und ihrer Verbündeten gegen Frankreich und Spanien im spanischen Erbfolgekrieg auf dem Vijver in Den Haag 1702*
Bez.: *ce fecé et du dessein et direction de D. Marot. Architec, avec Previl. des Estats Genereaux d. Hol. et Iv.*
37,8 × 48 cm
Bildunterschrift: *Afbeelding van de viuir Wercken door haar Hoog Moogende Heeren Staten General der Vereenigde Neederlanden geordonneert ter occasie der Heerlicke successen van derselver Wapenen nevens die van hare Hooge Geallieerdens tegens vranckrijck ende spanije inden Jare 1702.*
[Verzeichnis der Schlachten und Allegorien – gleichlautende französische Bildunterschrift]
Berlin, SMPK, Kunstbibliothek (OS 2955)

8/35 *Raketenzaun-Feuerwerk und illuminiertes Monument mit allegorischen Darstellungen auf dem Vijver in Den Haag 1713 zur Feier des Friedens von Utrecht*
Bez.: *To Amsterdam by A. Allard in de Beurs straat*
Z. 32 × 43 cm
Bildtitel: *Het Hollands Vreede-Vuur-Werk: Verbeldende een toegeslote Tempel van Janus met verlichte Schilderyen Beelden Wapens, enz. gelyk het afgestoken is in den Haag den 14. Junii 1713 Verbeterd met alle de veranderingen sedert het eerste Project door A. Allard* [Erklärung der Aufbauten – gleichlautender französischer Bildtitel und Legende]
Berlin, SMPK, Kunstbibliothek (OS 2956)

8/36 *Feuerwerk auf dem Schießplatz St. Johannis in Nürnberg 1717 zur Feier der Eroberung Belgrads durch das kaiserliche Heer*

8/36.1 *›Ex Igne Triumphus, oder Feuriger Triumph‹*
Bez.: *W. M. Gebhardt. del.*
57,4 × 72,4 cm
Bildunterschrift: *welchen auf die von Ihro Kayserl. und Königl. Catholischen Mayestät vermittelst Göttlichen Beystands durch Feuer und Schwerd erhaltene Herrl. Victori eroberte ganzte Türckische Lager, übergab der Stadt und Vestung Belgrad auch überkommung der völligen Feindl. Artillerie. des Heil. Röm: Reichs Stadt Nürnberg zu bezeugung Ihrer allerunterthänigsten Treu und hertzinnigligsten Freude auf den Schießplatz bey St. Johannis in obigen Freuden Feuerwerck allergehorsamst vorstellen wollen. den 7. 7ber* [September] *Ao. 1717 Zu blauen Feuer. No.* ***A.*** *Die Kayserl. Cron.* ***B.*** *Das Österreich. und Hispanische Wappen.* ***C.*** *Ein Adler welcher einen Drachen erlegt mit der Unterschrifft. VICTOR VBIQUE. z. T*[eutsch] *Er überwindet überall.* ***D.*** *Ihro Kayserl. May. allerhöchstes Helden Bildnuß zu Pferd auf einem Piedestal zusammen 20 Schuh hoch. mit der Unterschrifft DE TVRCA ITERVM VICTOR z. T. abermaliger Überwinder der Türcken.* ***E.*** *die Kayserl. Cron und zwey CC über einem Piedestal in dessen 4 Füllungen die absonderlich abgezeichnete Kayserl. Vortheile über den Feind mit ihren Überschrifften in einer Illumination zu sehen war.* ***F.*** *die auf 12 Säulen in weißen Feuer brennende Buchsstaben VIVAT CAROLUS* [vgl. **8/36.1**]. ***G.*** *die aufgeführten 24 Stücke und 12 Mortiers.*
Nürnberg, Germanisches Nationalmuseum (Kapsel 1424 M.S. 294)

8/36.2 *Monument mit gemalten Darstellungen der Eroberung Belgrads*
59,5 × 37,5 cm
Bildtitel: *Erklärung Der Überschrifften so sich in denen Füllungen des Piedestals befinden*
[Beschreibung der vier Gemälde]
Nürnberg, Germanisches Nationalmuseum (Kapsel 1219^{a} HB 5644)

8/37 *Feuerwerksaufbau vor dem Pariser Rathaus zur Feier der Eroberung von Gent 1745*
Bez.: *Inventé et peint par les S^{rs}. Dumesnil freres Peintres ord^{res}. de la Ville, et l'Artifice executé par le S^{r}. Dodement Artificier ordinaire de la Ville – A Paris chez de Poilly et chez Herisset Graveurs rue S. Jacques avec Pr. du Roy.*
Bildunterschrift: *Representation du feu d'artifice Elevé devant l'Hotel de Ville par l'Ordre de Mrs. les Prevost des Marchands et Echevins de la Ville de Paris, en rejouissance de la prise de la Ville et Chateau de Gand le 11. et 15. Juillet 1745. par l'Armée du Roy, commandé par sa Majesté. Ce Feu a eté executé le 2. Aoust 1745. sous la conduite de Mr. Beausire Architecte du Roy et de son Accademie d'Architecture Me. General Coneur Inspecteur des Batimens de la Ville*
Abbildung n. Arthur Lotz, Das Feuerwerk, Leipzig 1941, Abb. 8
Berlin, SMPK, Kunstbibliothek

8/38 *Entwurf (Ansicht und Grundriß) der Feuerwerkskulisse für die Feierlichkeiten anläßlich der Beendigung des österreichischen Erbfolgekrieges mit dem Frieden zu Aachen (18. 10. 1748) in London 1749*
Bez.: *Gravé d'aprés les Desseins de Mr. Servandoni – Mongin delineavit – Gravé par Durand – A Paris chez le Sr. Julien rue de Bracq* [. . .]
36,5 × 51,9 cm
Bildtitel: *Plan et Elevation du Feu d'artifice. Qui sera Tiré a Londres, a l'Occasion de la Paix Generale Signée a Aix la Chapelle le 7 Octobre 1748, et Publiée a Londres le 2/13 Fevrier 1749.*
Bildunterschrift: *Explication des Parties de Plan* [. . .]
Berlin, SMPK, Kunstbibliothek (OS 2980)

8/39 *Feuerwerk auf dem Vijver in Den Haag 1749 anläßlich des Friedens zu Aachen*

8/39.1 *Ansicht des entzündeten Feuerwerks*
Bez.: *Published 12th. May 1794, by Laurie & Whittle, 53 Fleet Street, London*
27,8 × 45 cm
Bilddtitel: *A View of ye Grand Theatre & Fireworks erected on ye Water near ye Court at ye Hague (on Occasion of ye General Peace concluded at Aix la Chapelle Oct. 18. 1748) & Exhibited June 13. 1749*
gleichlautende französische Bildunterschrift
Berlin, SMPK, Kunstbibliothek (OS 2966 b)

8/39.2 *Ansicht des Feuerwerksprospekt auf der Insel im Vijver*
Bez.: *J. Bosoet del. Parr sculp. – London Printed for R. Sayer Map &*
27,5 × 45,4 cm
Bildtitel wie **8/39**
Bildunterschrift: *Explanation* [Beschreibung der architektonischen Aufbauten und ihrer malerischen und skulpturalen Ausschmückung]
Berlin, SMPK, Kunstbibliothek (OS 2966 aufg.)

8/39.3 *Ansicht und Grundriß der Feuerwerksaufbauten auf der Insel im Vijver*
Bez.: *volgens de inven. en tekening van P. de Swart Archit. des P. v. Oranye – D. Langeweg Excud. – J. Besoet del. et schulp.*
Bildunterschrift: *Beschryving van het Groot Theater en Vuurwerk op de generale Vreede, geslooten tot Aken den 18 October 1748, zoo als zulks is opgerigt in de Hoff-vyver van 's Gravenhage om afgestooken te worden op Vrydag den 13 Juny 1749.* [Bechreibung der Aufbauten wie **8/39.2**]
Berlin, SMPK, Kunstbibliohek (OS 2966a)

8/40 *Feuerwerk auf der Ill in Straßburg 1749 anläßlich des Friedens von Aachen*
Bez.: *Inventé et desiné par Weis* [Jean Martin] *Graveur de la Ville de Strasbourg*
Z. 42,6 × 74 cm
Bildunterschrift: *Representation des edifice et decorations elevés, et du feu d'artifice. Exécuté e 23. Fevrier 1749. par les Ordres du Magistrat de Strasbourg sur la Riviere d'Ill, proche l'Hôtel du Gouvernement, a l'Occasion de la publication de la paix*
Berlin, SMPK, Kunstbibliothek (OS 3018)

8/41 *Gemalte Dekoration für ein Feuerwerk vor dem Rathaus von Paris 1756 anläßlich der Eroberung des spanischen Kriegshafens Port Mahon auf Menorca*
Bez.: *Exécuté sur les Desseins et sous la Conduite du Sr. Damus Controleur des Fêtes, par Dumenil peintre, et les Frères Ruggieri Artificiers, Ordines. de la Ville.*
53 × 71,5 cm
Bildunterschrift: *Decoration du feu d'artifice.*
Qui a été tiré le 25. Juillet 1756 devant l'Hôtel de Ville par les Ordres de Monsieur de Bernage Conseiller d'Etat Prévôt des Marchands et de Messieurs les Echevins de la Ville de Paris, en Réjouissance de la Prise des Forts du Port Mahon par l'Armée du Roi, Commandée par Monsieur le Maréchal Duc de Richelieu. Cette Decoration Represente un grand Trophée de Guerre, élevé à la Gloire du Roi par les soldats, sur les Débris du Fort St. Philippe. La France entourée de Génies et de Héros, paroît sur le Lieu de la principale Attaque, et consacre ce Monument
Berlin, SMPK, Kunstbibliothek (OS 3022)

8/42.1–3 *Feuerwerk in St. Petersburg 1760 anläßlich der Einnahme Berlins durch russische Truppen im Siebenjährigen Krieg*
49,8 × 69 / 45 × 67 / 36,6 × 48,5 cm
Berlin, SMPK, Kunstbibliothek (OS 3098^{m})

8/43 *›Vorstellung des Feuerwerks so an dem Friedens-Feste zu S^{t}. Petersburg vor dem Kayserl. Winter-Palais auf dem Newa Strohm den 10. Juni 1762. aufgeführt worden.‹*
Bez.: *J. Stehlin invt. – Fr. Gradizzi delin. – F. d. Melissino Execut.*
Z. 32 × 38,2 cm
Feuerwerk anläßlich der Unterzeichnung des Friedensvertrages zwischen Rußland und Preußen (5. Mai 1762).
Berlin, SMPK, Kunstbibliothek (OS 3098^{m})

8/44 *Feuerwerk in Solothurn 1777 veranstaltet von dem französischen Gesandten anläßlich der Erneuerung des Bündnisses zwischen der Schweiz und Frankreich*
Bez.: *Dessiné à Soleure par L. Midart en 1777. – Gravé sous la Direction de Chr. de Mechel à Basle 1779*
Z. 33,8 × 42,6 cm
Bildunterschrift: *Feu d'artifice exécuté le 25 Aoust 1777 sur les Glacis de la Ville de Soleure par ordre de Son Excellence Monsieur le Marquis de Vergennes, Ambassadeur de Sa Majesté très Chretienne en Suisse, à l'occasion du Renouvellement d'alliance entre l'Auguste Couronne de France et le Louable Corps Helvétique*
Berlin, SMPK, Kunstbibliothek (OS 2924)

8/45 *Feuerwerk anläßlich der Unterzeichnung des Friedensvertrages (14. 8. 1790) zwischen Katharina II. von Rußland und Gustav III. von Schweden*
Berlin, SMPK, Kunstbibliothek (OS 3098^{m})

8/45.1 *›Vorstellung des Feuerwerks so an dem Friedens Feste zu Sanct Petersburg aufgeführt worden ist den . . .^{ten} Sept. 1790*
erste Vorstellung‹
Bez.: *Inventé et executé par le Lieut. Gen. de Melissino – dessiné par l'Arch. C. Spekle – Gravé par T. C. Nabholz*
44,2 × 65 cm
Gleichlautende russische und französische Bildunterschrift.

8/45.2 *›Vorstellung des Feuerwerks so an dem Friedens Feste zu Sanct Petersburg aufgeführt worden ist den . . .^{ten} Sept. 1790*
zweite Vorstellung‹
Bez.: *Inventé et executé par le Lieut. Gen. de Melissino – dessiné par l'Arch. C. Spekle – Gravé par T. C. Nabholz*
44,3 × 64 cm
Gleichlautende russische und französische Bildunterschrift.

8/46 *›Ansicht des Feuerwerks, welches auf Befehl S^{r}. Königlichen Hoheit des Herzogs von Cambridge, durch den General-Major A. Röttiger angeordnet, unter dessen Leitung von der Königl. Artillerie angefertigt und am 18.ten October 1821, dem Jahrstage der Leipziger Völker-Schlacht, im Schlossgarten zu Herrenhausen in Gegenwart S^{r}. Majestät des Königs abgebrannt ist.‹*
Bez.: *gezeichnet von Oberfeuerwerker G. H. Hoffmann – in Stein gravirt von G. H. Hoffmann, Oberf. & F. Hartmann, Feuerwerk. in der K. H. Artillerie.*
Lithographie, in: Heinrich Dittmer, Authentische und vollständige Beschreibung aller Feyerlichkeiten, welche in dem Hannoverschen Lande bey der Anwesenheit Seiner Königl. Majestät Georg des Vierten während dem Monate October 1821 veranstaltet worden sind Hannover 1822
Berlin, SMPK, Kunstbibliothek (Lipp. Sbf 11)

8/47 *Freudenfeuerwerk anläßlich der Eroberung Sebastopols durch die Allierten 1855 in Woolwich Marshes*
in. The Illustrated London News, 1855, S. 349
Berlin, SMPK, Kunstbibliothek

Andere Feste

8/48 *Feuerwerksmonument anläßlich des Besuches Philipps V. von Spanien in Bologna 1702*
Bez.: *Joseph M^{a}. Pellegrinus Inv. – Marc Ant. Chiarini delin. – Lodovico Matthiolo Bologn^{e} f.*
Bildunterschrift: *Il cielo spagnolo adossato dalla sapienza alla fortezza* [. . .]
Abbildung n. Arthur Lotz, Das Feuerwerk, Leipzig 1941, Abb. 9
Berlin, SMPK, Kunstbibliothek

8/49 *›Prospect und Eintheilung des Feuer-Werks welches bey allergnaedigster Anwesenheit Ihro Kaiserlichen Majestaet Caroli VI zu Bezeugung allerunterthaenigster Devotion auf Verordnung eines hochedlen Raths des H. R. R. freyen Stadt Nürnberg, den 16 Jan. 1712 aufgeführt worden von Gottlieb Trost, Oberst-Lieutnant‹*
Bez.: *T. G. Beckh sculpsit*
46,5 × 59 cm
Von der Bastion im Vordergrund wurden zwei Figuren an einer Schnur auf den Feuerwerks-Platz herabgelassen.
Berlin, SMPk, Kunstbibliothek (OS 2876b)

8/50 *Feuerwerk in München 1715 anläßlich der Rückkehr des bayerischen Kurfürstenpaares in ihre Residenz*
Bez.: *gestochen und zu finden bey Johann Balthasar Wening Kupfferstecher in München.*
Bildunterschrift: *Eigentliche Abbildung Deß so Lust als Kunstreichen Feuerwerckhs welches zu hochen Ehren, Freidt und Widerumben Glickhlicher Ankunfft, Ihro Chur Fürst. Drtl. in Bayern ect. Unsseres Gnädigsten Herrn Herrn Maximilian Emanuel Nebst dero Durchleichtigsten Chur Fürstin alß Unser Gnädigsten Frauen Frauen Theresia Kunigunda Dann Dero Chur und Anderen Durchleichtigsten Princen Unsser Sambentlicher Gnädigsten Herrschafften. So erfundten und Angeben Durch den hoch gebohrnnen Herrn Herrn Joseph Ingnati deß heil. Röm. Reichs Graffen von Töring zu Jettenbach dero Chur Fürstl Durchleicht in Bayrn Cammerer, Obrist Landt Zeig Meister, und bestellter Obrister uber ein Regiment zu Pferdt, zu sonderlichen freiden bezeignus beEhren, Dann durchdem auch Chur Fürstl. Artiellery Obrist leuthl. und oder Ingenieur Bauer und Feuerwerckhs Meister Franz Antoni Keller, Exhibiert und anbrennen lassen geschechen in München den 11 Jullij 1715.*
Die Darstellung der eine Klippe umsegelnden Schiffe auf dem Feuerwerksgemälde (Klapptafel) will die seit 1706 über den Kurfürsten erklärte und erst durch den Frieden von Baden 1714 aufgehobene Acht allegorisieren.
48,5 × 66 cm (Klapptafel 16 × 34,3 cm).
Nürnberg, Germanisches Nationalmuseum (Kapsel 1219^{a} HB 13847)

8/51 *Artilleristisches Schloßfeuerwerk in München 1733 zum Geburtstag des bayerischen Herzogs Clemens August (geb. 16. 8. 1730), Kurfürst von Köln*
Bez.: *Zufinden bey Leopold Kauffmann Kupfferstecher in München.*
61 × 45 cm
Bildunterschrift: *Wahre Abbildung deß Kunst- und Lust-Feurs / so auf gnädigistes Anbefehlen Sr. Churfürstl. Durchl. in Bayern an dem höchst-erfreulichen Geburts-tag Ihrer Churfl. Durchl. zu Cölln / unter Direction deß Churfl. geheimen und Conferenz-Minister, General-Lieutenant, und Obrist-Land-Zeugmeister Grafen von Törring zu Jettenbach durch die Chur-Bayrische Artillerie-Brigade, dann das Churfl. Leib-Regiment zu Fuß / nebst 10. detachirten Granadirs-Compagnien / in Forme einer ordentlichen Belagerung unweit der Churfürstl. Haubt- und Residenz-Statt München den 17ten Augusti 1733. vorgestelt / und exequirt worden ist.* ***A.*** *Ein alt Berg-Schloß so belagert wird / und das gantze Feuerwerck bedecket.* ***B.*** *Die Fortification am Fueß deß Bergs* [Bezeichnung der militärischen Einrichtungen ***C–T***] ***O.*** *Loge worinnen sammentliche Durchl. Herrschafften sambt dem gantzen Hof-Staat dem Feuerwerck zusehen*
Nürnberg, Germanisches Nationalmuseum (Kapsel 1219^{a} HB 14262)

8/52 *Feuerwerkstempel errichtet von der Stadt Paris 1744 zur Feier der Genesung Ludwigs XV. nach einer schweren Krankheit*
Z. 20,3 × 29 cm
Bildunterschrift: *Feu d'Artifice tiré dans la place de Greve devant l'hotel de Ville par ordre de Mr. le Prevost des Marchands et de Mrs. les Echevins de la Ville de Paris le 10 Septembre 1744en réjouissance de l'heureux rétablissement de la Santé du Roy*
avec permission de Mr. le Marville
Berlin, SMPK, Kunstbibliothek (OS 3013)

8/53 *Feuerwerk auf der Ill 1744, ausgerichtet von dem Magistrat der Stadt Straßburg zur Feier der Genesung Ludwigs XV., vor dem Logis des Königs, dem bischöflichen Palast*
Bez.: *Inventé, dessiné et dirigé par J. M. Weis Graveur de la Ville de Strasbourg – Gravé par J. P. Le Bas Graveur de Cabinez du Roy.*

in: Jean Martin Weis, Représentation des Fêtes données par le ville Strabourg pour le convalescence du Roi
Paris (1744)
Bildunterschrift: *Représentation des édifices et décorations élevés, et du feu d'artifice Exécuté le 5. Octobre 1744 sous le bon plaisir et en presence de Sa Majesté Louis XV. par les Ordres du Magistrat de Strasbourg, sur la Riviere d'Ill, et en façe du Palais Episcopal où Sa Majesté étoit logée*
[Legende 1–10, Beschreibung der Feuerwerksaufbauten auf dem Fluß und am Ufer]
Berlin, SMPK, Kunstbibliothek (OS 3015)

8/54 *Raketenzaun-Feuerwerk in Den Haag 1745 zum Geburtstag der Kaiserin Maria Theresia (geb. 13. 5. 1717)*
Bez.: *M. Schluymer del. – J. C. Philips sculp. dir.*
in: Description des principals réjouissances faites à La Haye à l'occasion du couronnement de [. . .] François I. [. . .]
Den Haag 1747
Berlin, SMPK, Kunstbibliothek (Lipp. Sd 30)

8/55 *›Das Russische Reich in einer allegor[ischen] Feuerwerks Vorstellung vor dem Kayserl[ichen] Winter-Palais am Neu Jahrs-abend 1761 [in St. Petersburg]‹*
44,5 × 60,8 cm
Gleichlautende Bildunterschrift in russisch und französisch
Berlin, SMPK, Kunstbibliothek (OS 3098m)

8/56 *›Haupt-Plan eines zu Ehren Sr. Kaysl. Maj. [Peter III.] aufgeführten Feuerwerckes auf dem Hofe Sr. Erlaucht des Hn. Feldmarschals Grafen Alexei Grigoriewitsch Rasumoffskij. St. Petersburg den 17. März 1762‹*
Bez. *Invit. de Stehlin. – Execut. Lieut-Col. Melissino*
23,5 × 36,5 cm
Gleichlautende russische Bildunterschrift
Berlin, SMPK, Kunstbibliothek (OS 3098m)

8/57 *Feuerwerk in St. Petersburg auf der Newa vor dem Palast der Grafen Orlów zu Ehren der Zarin Katharina II. am 25. Januar 1765*
Bez.: *J. d. Stehlin invt. – P. de Melissino execut.*
25 × 34 cm
Berlin, SMPK, Kunstbibliothek (OS 3098m)

8/57.1 *›Erster Feuerwercks-Plan vorgestellt auf dem Newa-Strohm vor dem Gräfl. Orlovischen Hause den 25. Jenner. 1765.‹*
Gleichlautende Bildunterschriften in russisch und französisch

8/57.2 *›Zweyter Feuerwercks-Plan vorgestellt auf dem Newa-Strohm vor dem Gräfl. Orlovischen Hause den 25. Jenner. 1765.‹*
Gleichlautende Bildunterschriften in russisch und französisch

8/58 *Feuerwerk in St. Petersburg vor dem Palast des russischen Generalfeldmarschalls Grafen Alexei Grigorjewitsch Rasumowskij zu Ehren der Zarin Katharina II. am 17. März 1765*
Bez.: *J. d. Stehlin invt. – Fr. Gradizzi delin. – P. d. Melissino execut.*
24,5 × 36 cm
Berlin, SMPK, Kunstbibliothek (OS 3098m)

8/58.1 *›Erste Vorstellung des Feuerwercks vor dem Hotel Sr. Erl. des Hn. Feldmarschals Grafen Alex. Grigor. Rasumoffsky, aufgeführt den 17. Mertz. 1765.‹*
Gleichlautende Bildunterschrift in russisch.

8/58.2 *›Zweyte Vorstellung in Transparenten Feuer, vor dem Hotel Sr. Erl. des Hn. Feldmarschals Grafen Alex. Grigor. Rasumoffsky, aufgeführt den 17. Mertz 1765.‹*
Gleichlautende Bildunterschrift in russisch.

8/59 *›Der Stein zu Wörlitz‹*
Bez.: *Nach der Natur gezeichnet und geätzt von C. Kunz*
Aquatinta. 52 × 68 cm
Blatt aus der Folge: Schloß und Gartenanlagen in Wörlitz
Bildunterschrift: *Seiner Hochfürstlichen Durchlaucht dem Herrn Leopold Friedrich Franz regierenden Fürsten zu Anhalt Dessau etc. unterthänigst gewidmet von der Chalcographischen Gesellschaft in Dessau 1797*
Mit Feuerwerkseffekten inszenierter Ausbruch eines mit Findlingen errichteten künstlichen Vesuvs – des *Steins* – in dem von Fürst Leopold Friedrich Franz angelegten Landschaftsgarten von Wörlitz.
Berlin, SMPK, Kunstbibliothek (OS 3370)

8/60 *Ankündigung für ein ›großes Kunstfeuerwerk‹ auf dem Nürnberger Schießplatz 1809*
Einblattdruck, 33 × 23 cm
Mit hoher Genehmigung wird heute Sonntag den 26. November 1809. Johann Luster, welcher bey Herrn Chiarini war, die Ehre haben ein großes Kunstfeuerwerk abzubrennen.
Zum Beginn des Feuerwerks sollte sich *ein Piket chinesisches Feuer präsentieren, welches sich in ein Feuerrad verwandelt und zum Beschluß stellet man vor den großen Tempel des heil. Petrus in Rom, wo der Hr. Luster die Ehre haben wird, den Petrus in Person, alles in Feuer vorzustellen, wo er in der Mitte des Tempels stehet, und auch zum Beschluß 24 Racketen und 6 Potove abbrennen wird.*
Nürnberg, Germanisches Nationalmuseum (Kapsel 1219a HB 4985)

8/61 *Feuerwerk anläßlich eines Parteitages der 1835 gegründeten Native American Party am 22. November 1845 in New York*
in: The London Illustrated News, 6, 1845, S. 20
Bildunterschrift: Great ›Native‹ Meeting in the Park at New York
Berlin, Staatsbibliothek Preuß. Kulturbesitz

8/62 *Feuerwerk im öffentlichen Vergnügungspark Vauxhall in London*
in: The London Illustrated News, 6, 1845, S. 396
Berlin, Staatsbibliothek Preuß. Kulturbesitz

8/62.1 *›Firework Temple at Vauxhall‹*

8/62.2 *›Joel il Diavolo's descent with Firework, at Vauxhall‹*

8/63 *›Fireworks at Paris‹*
Bez.: *Sketched by Harrison*
in: The London Illustrated News, 7, 1845, S. 88
Feuerwerk am 30. July 1845 zur Feier des 15. Jahrestag der Juli-Revolution von 1830
Berlin, Staatsbibliothek Preuß. Kulturbesitz

8/64 *›Illumination of Cologne‹*
in: The London Illustrated News, 7, 1845, S. 121
Feuerwerk am 13. August 1845 in Köln, veranstaltet vom preußischen König zum niederrheinischen Musikfest
Berlin, Staatsbibliothek Preuß. Kulturbesitz

8/65 *›The Illumination of Antwerp, at her Majesty's Return, on Saturday last‹*
in: The London Illustrated News, 7, 1845, S. 151
Abschieds-Feuerwerk für die englische Königin Victoria nach ihrem Deutschland-Besuch im September 1845 in Antwerpen.
Berlin, Staatsbibliothek Preuß. Kulturbesitz

8/66 *›Her Majesty's Visit to France – The fireworks at Versailles‹*
in: The London Illustrated News, 1855, S. 256/257
Berlin, SMPK, Kunstbibliothek

Neuntes Kapitel
ROM

9/1 *Die ›Girandola‹ – Feuerwerk auf den Dächern der Engelsburg, um 1540*
Francisco de Holandia
in: Francisco de Holandia, Album de Antigualhas (Skizzenbuch römischer Antiken), Fol. 10 bis v° e 11r.
um 1540
Aquarellzeichnung
Bildtitel: *Il Castelo d. S. Angelo*
Real Monasterio de San Lorenzo del Escorial, Bibliotheque de Saint-Laurent

9/2 *Die ›Girandola‹ – 1579*
Bez.: *Claudy Duchetti formis – Jo. Ambr. Brambilla fe. 1579.*
in: Antonio Lafreri, Speculum Romanae magnificentiae, omnia fere qualcunque in urbe monumenta extant, partim juxta antiquam, partim juxta hodiernam forman accuratiss. delineata, repraesentans [. . .]
Rom 1540 ff.
Bildtitel: *Castello S. Angelo con la Girandola*
Bildunterschrift: *Segno d'allegrezza qual si fa in Roma nel castel' di S. Angelo vulgarmente chiamato la GIRANDOLA como legendo intenderete, Dovete saper che ogni anno in quel giorno che si fa la creatione, et la Coronatione del Pontefice a una hora di notte in circa, per tutte le finestre, campanili, et loze della cita si accende una gran quantità de lumi, et per tutti li palazzi de li Rmi Cardli et Signori principali, et gentili homini, nelle strade, e piazze di essi si abrusciano molte botte con legne dentro di modo ché facendo una gran' fiamma pare che tutta la cittá vadi à fuoco, Dopoi quasi nel medesimo tempo dato un segno dal' Palazzo Pappale al castello subito comincia la girandola in questo modo, Primamente si tira intorne le mura del castello una gran quantita de mortaletti con belliss°. ordine, doppoi questi molti colpi de artegliaria di modo che per un gran' pezzo di tempo pare che tremi tutta la citta, et cessato alquanto il fummo dela polvere, si accende il fuoco neli arbori deli torcioni del castello quali nela sumita hano accomodato una gran' quantita de soffioni ouer' ragie, quale volando accesa per aria pare che vadino al cielo, et callandó al basso fano un schioppo nel' aere con certe stelle che pare sia aperto il cielo, Doppoi finito questo se ne accende nel maschio grande una tanta gran' quantita che pare che tutto l'aere del mondo ne sia pieno, et pare che tutte le stelle del cielo cadeno a terra, cosa veramente stupendissima, et molto maravegliosa da vedere; fassi anchora la medema girandola in certi giorni di feste principali, et solenne, et anchora per qualche bona nova in segno d'allegrezza, Et per esser' questa cosa degna da esser vedute, et intesa dà tutti, si è datto in luce novamente questo dissegno di essa con ogni diligenza;*
Feuerwerk zum Jahrestag der Wahl und Krönung Papst Gregors XIII. (13. 5. 1572)
Berlin, SMPK, Kunstbibliothek (OS 2651m Bl. 190 H. 127a)

9/3 *Die ›Girandola‹ – 1580*
Bez.: *Henri. Chuen. invent. – Philipp. Gall. excud.*
Bildunterschrift: *Castellum S. Angeli*
(Abb. n. A. Muñoz, Il Museo di Roma, 1930, Taf. 39)
Berlin, SMPK, Kunstbibliothek

9/4 *Die ›Girandola‹ – 1600*
Bildtitel: *Castello S. Angelo di Roma con la Girandola*
(Abb. n. A. Muñoz, Il Museo di Roma, 1930, Taf. 40)
Berlin, SMPK, Kunstbibliothek

9/5 *Die ›Girandola‹ – 1773*
Bildtitel: *Prospetto del Castello e ponte Sant Angelo di Roma anticamente la gran mole Adriani Restaurata et abbellito con li Angeli, e ferrate da Papa Clemente Nono Nuovamente dato in luce con la demostratione dell'artificiosa Girandola. In Roma presso Carlo Losi L'anno 1773*
(Abb. n. A. Muñoz, Il Museo di Roma, 1930, Taf. 40)
Berlin, SMPK, Kunstbibliothek

9/6 *Die ›Girandola‹ auf der Engelsburg und festlich illuminierter St. Peter – um 1823*
Bez.: *Thomas – Lith. de Villain*
Lithographie in: Antoine Jean-Baptiste Thomas, Un an a Rome, Tafel 36
Rom 1823
Berlin, SMPK, Kunstbibliothek (Lipp. Jbb 11)

9/7 *Feuerwerk zu einer Turnierveranstaltung im Cortile del Belvedere des Vatikans 1565*
Bez.: *Dissigna del Torneaméto fatto il lunedi Carnouale in Roma nel Theatro Vaticano. per Ant. Lafreri formis 1565.*
in: Antonio Lafreri, Speculum Romanae magnificentiae, omnia fere qualcunque in urbe monumenta extant, partim juxta antiquam, partim juxta hodiernam forman accuratiss. delineata, repraesentans [. . .]
Rom 1540 ff.
(OS 2651m Bl. 157, H 99a)
Berlin, SMPK, Kunstbibliothek

9/8 *Osterprozession auf der Piazza Navona 1589*
Bez.: *Ant. Tempest. in.*
Bildtitel: *Prozessio quae fit a Natione Hispca. Rom. in festo Smae. resurrectionis in agone platea.*
Die Kartusche in der Textleiste trägt das Wappen Spaniens mit einer Widmung des spanischen Gesandten an den Papst Sixtus V. In der Legende werden die wichtigsten Bauten an der Piazza Navona und die Feuerwerksaufbauten bezeichnet. Kugeln (Sphären), Schiffe und die Figur eines Dämonen sind als Schnurfeuerwerke über den Platz entzündet.
(Abb. n. A. Lotz, Feuerwerk, 1941, Abb. 2)
Berlin, SMPK, Kunstbibliothek

9/9 *Osterprozession im Jubeljahr 1650 auf der Piazza Navona*
Bez.: *Eques Carol. Rainal* [di] – *Dominicus Barriere Marsis. delin. et sculp.*
39 × 63 cm (Platte beschnitten)
Lateinische Bildunterschrift: *Circum urbis agonalibus ludis olim celebrem, dicata triumphali pompa Christo resurgenti. Hispana pietas celebriorem redidit. Anno Jubilei 1650.* [Bezeichnung der wichtigsten Bauten an der Piazza Navona (1–11) und der Festaufbauten (A–H)]
Berlin, SMPK, Kupferstichkabinett (504–112)

9/10 *Feier der Geburt des Dauphin auf der Piazza Navona 1729*

9/10.1 *Ausgestaltung der Piazza Navona mit Beleuchtungs- und Feuerwerksaufbauten*
Federzeichnung in Braun, grau und braun laviert, 33,2 × 70,5 cm
Rom 1729
Aus der Sammlung Destailleur
Berlin, SMPK, Kunstbibliothek (HdZ 1080)

9/10.2 *Aufriß und Lageplan der Festdekorationen auf der Pizza Navona*
Pier Leone Ghezzi
Federzeichnung in Braun, blau laviert, 30,2 × 74,4 cm
Beischriften von der Hand Ghezzis: *Primo schizzo che feci yo Cav*r*-Ghezzi per la festa di Piazza Navona ordinatomi dall' / Emo Card. de Polignac per le nascita del Delfino fatto con tutte le misure / della lunghezza e larghezza de d*a *Piazza con le sue strade e Vicolo per poterlari*
Beischriften auf dem Lageplan: *durre in grande – Strada che / va alle cinque / lune – Strada che / va a piazza / Madama – facciata di S. Giacomo – Strada che va dai Massimi – Strada che va / alla polinara – Fontana / di vino – Strada della Cuchagnia – S. Agnese – Portone de Corsini – Strada da / che va a / Pasquino*
Maßstab
Aus der Sammlung Pacetti
Berlin, SMPK, Kunstbibliothek (HdZ 1081)

9/10.3 *Aufriß der Festdekorationen auf der Piazza Navona*
Pier Leone Ghezzi
Federzeichnung in Braun, braun laviert, 24,2 × 61,8 cm
Beischriften von der Hand Ghezzis: *Altro schizzo p*[er] *la festa che si fece in Piazza Navona p*[er] *la Nascita del Delfino*
Beschreibung der Aufbauten von links: *Genij che tenghino / il ritratto del Novo / principe Colonna inalzata alle glorie / dell' re di Francia soprapostavi la / sua statua vedendo visi dipinte /*
d'intorno le geste reali. Nel pie / destallo imprese et emblemi / allusivi
Due provincie / della Francia che / tenghino lo stegma / reale
Fontana di vino
Arco trionfale con / sopra un Delfino e dalli / lati due vittorie che nelli / scudi tenghino lo stegma /
reale, e palme nell'altro / mano
Maßstab
Aus der Sammlung Pacetti
Berlin, SMPK, Kunstbibliothek (HdZ 1082)

9/10.4 *›Préparatifs du feu d'artifice Que S. E. M. le Cardinal de Poligniachi tiré à Rome dans la place Navona, le 30 Novembre 1729 pour la Naissance de Monseigneur le Dauphin‹*
Bez.: *Peint par Pannini – dessiné par Dumont le Romain – gravé par Cochin le fils.*
45,6 × 90,2 cm
Radierung nach einem Gemälde Giovanni Paolo Panninis (Dublin, National Gallery of Ireland)
Berlin, SMPK, Kunstbibliothek (OS 3066)

9/11 *Feuerwerksaufbauten für das Peter- und Pauls-Fest – ›Festa della Chinea‹ – errichtet von dem Gesandten des Königs beider Sizilien zu Ehren des Papstes vor dem Palazzo Colonna oder Palazzo Farnese von 1731–1785*
Hölzerne Feuerwerksaufbauten, verziert mit Stuck und Malerei, anläßlich der Überreichung des Tributs des vom Papst mit seinem Reiche belehnten Königs beider Sizilien am Peter- und Pauls-Tage von 1724 bis 1785. Sie sollen den Ruhm und die Macht des sizilianischen Königreiches allegorisieren. Zu den Tributabgaben gehörte ein Schimmel, der so abgerichtet war, daß er vor dem Papst in die Knie sank und so dem Fest seinen Namen – Festa della Chinea – gab.

9/11.1 *Vereinigung der Götter auf dem Olymp – 1732*
Bez.: *Gio. Batta. Sintes incise in Roma con lic. de Sup.*
39 × 46 cm
Bildunterschrift: *Prospettiva della p*ma*. Macchina de fuochi d'artifico rappresentante il Consilio delli Dei, con cui misteriosamente s'allude, e dà applauso alla Somma Providenza di S.M.C.C., ch'indende sempre mai indefessa all' aumento, e stabilimento dell'Imperio, e delle Pace Universale dell'Orbe Christiano* [Errichtet von dem sizilianischen Gesandten Fabrizzio Colonna zu Ehren Papst Clemens XII.]
Nürnberg, Germanisches Nationalmuseum (Kapsel 1219ª HB 18160)

9/11.2 *Apollo und die Musen auf dem Parnaß – 1733*
Bez.: *Gio. Batta. Sintes incise in R*o*. con Lic. de Sup.*
Bildunterschrift: *Prospettiva della Prima Macchina del Fuochi d'artifizo rappresentante il Monte Parnasso, sui di cui si vede Apollo con le nove Muse, e sotto un Baccanale di Satiri, e Sileni*
[Errichtet von dem sizilianischen Gesandten zu Ehren Papst Clemens XII.]
(Abb. n. G. Ferrari, Belezze Architettoniche, 1925, Tav. 6)
Berlin, SMPK, Kunstbibliothek

9/11.3 *Triumphsäule – 1752*
Bez.: *Paoli Posi Architetto dell'Ecc. Cas Colonna – Giuseppe Vasi incise in Roma con lie de Sup.*
Bildunterschrift: *Prospetto della prima Machina, rappresentante una Deliziosa ornata di verdure, e fontane, ad accenare le delizie della nouva sontuosa Villa Carl-Amalia in Caserta, alle quali, come congiunta va la magnificenza di un vastissimo Edifico, che nell'ozio della pace, ad imitazione de' pui' bellicosi, e lodati Monarchi della Terra, ha imprese il Re delle due Sicilie, cosi ne viene qui unitamente sublimato il Simbolo. Comparve la detta Machina tutta fornita di liete Faci, che vinta poi dalla maggior luce degli spari, tornò poscia a risplender come prima.* [Errichtet von dem Gesandten Karls IV. zu Ehren Papst Benedikts XIV.]
Abbildungen **9/11.3–11.13** aus einer Folge von 47 Bll., ca. 38 × 53,5 cm, Berlin, SMPK, Kunstbibliothek (OS 3069)

9/11.4 *Tempel des Äskulap gekrönt von dem Sonnenwagen des Apollo – 1753*
Bez.: *Paolo Posi Architetto – Gius. Vasi incise*
Bildunterschrift: *Prospetto della prima Machina de Fuochi d'artifizio. rappresentante il Tempio di Esculapio figlio del Sole col Simulacro di quella Deitá, e di Podalirio, e Macaone di lui figli celebri per aver coll'Arte paterna conservate sotto Troja le pericolanti Milizie del grande Agamennon e Eretto sulla informe massa di vari minerali frá quali serpendo le diverse specie dé vegetabili si rendono avvivate dal benefico Pianeta, che dall'alto del Tempio risplende ad ornarne l'estrema base, per simboleggiare in quello i'insigne Edifizio, che dalla inesausta, ed al par del Sole splendida beneficenza del Re delle due Sicilie ect. si prepara nella sua Dominante a ricovero, cura, e salute delle invalide sue Milizie.* [Errichtet von dem Gesandten Karls IV., Lorenzo Colonna, zu Ehren Papst Benedikts XIV.]

9/11.5 *Tempel der Ceres – 1756*
Bildunterschrift: *Disegno della Seconda Machina colla quale si rappresenta il Tempio di Cerere allusivo alle feconde, e fertili Campagne delle due Sicilie.* [Errichtet von dem Gesandten Karls IV. zu Ehren Papst Benedikts XIV.]

9/11.6 *Fernöstlicher Palast – 1758*
Bez.: *Paolo Posi Architetto – Giuseppe Palazzi desegnò*
Bildunterschrift: *Prospetto della seconda Machina* [Errichtet von dem Gesandten Karls IV. zu Ehren Papst Klemens XIII.]

9/11.7 *Chinesischer Pavillon – 1760*
Bez.: *Paolo Posi Architetto – Giuseppe Vasi incise*
Bildunterschrift: *Prospetto della Seconda Machina rappresentante una Deliziosa all'uso cinese*
[Errichtet von dem Gesandten Ferdinands IV. zu Ehren Papst Klemens XIII.]

9/11.8 *Badanlage – 1761*
Bez.: *Paolo Posi Architetto – Giuseppe Vasi incise*
Bildunterschrift: *Prospetto della Prima Machina rappresentante Magnifico, e delizioso Edificio destinato a salubri Bagni.* [Errichtet von dem Gesandten Ferdinands IV. zu Ehren Papst Klemens XIII.]

9/11.9 *Allegorische Darstellung der Weinlese*
Bez.: *Paolo Posi Architetto – Giuseppe Palazzi disegnò – Giuseppe Vasi incise*
Bildunterschrift: *Disegno della seconda Machina rappresentante una Vendemmia* [Errichtet von dem Gesandten Ferdinands IV. zu Ehren Papst Klemens XIII.]
(Abb. n. G. Ferrari, Belezze Architettoniche, 1925, Tav. 31)
Berlin, SMPK, Kunstbibliothek

9/11.10 *Palast – 1765*
Bez.: *Caval*r*. Paolo Posi Architetto – Giuseppe Palazzi disegnò – Giuseppe Vasi incise*
Bildunterschrift: *Disegno della seconda Machina* [Errichtet von dem Gesandten Ferdinands IV. zu Ehren Papst Klemens XIII.]

9/11.11 *Triumphbogen mit der Statue des Herkules Farnese – 1767*
Bez.: *Cavaliere Paolo Posi Architetto – Giuseppe Palazzi disegnò – Giuseppe Vasi incise*
Bildunterschrift: *Disegno della Prima Machina rapresentante un magnifico Arco, in cui vede collocato l'insigne Simulacro di Ercole Tebano, che è nel Cortile del Regio Palazzo Farnese in Roma*
[Errichtet von dem Gesandten Ferdinands IV. zu Ehren Papst Klemens XIII.]
(Abb. n. G. Ferrari, Belezze Architettoniche, 1925, Tav. 38)
Berlin, SMPK, Kunstbibliothek

9/11.12 *Observatorium – 1770*
Bez.: *Cavaliere Paolo Posi Architetto – Giuseppe Palazzi delin. – Cavaliere Giuseppe Vasi incise*
Bildunterschrift: *Disegno della prima Machina* [Errichtet von dem Gesandten Ferdinands IV. zu Ehren Papst Klemens XIII.]
(Abb. n. G. Ferrari, Belezze Architettoniche, 1925, Tav. 38)
Berlin, SMPK, Kunstbibliothek

9/11.13 *Allegorische Darstellung zum Ruhme der freien Künste – 1775*
Bez.: *Cav. Pao. Posi Arch. – Gius. Palazzi del. – Cava. Giusep*e*. Vasi incise*
Bildunterschrift: *Disegno della Prima Machina rappresentante la Parte del Campedoglio festivamente ornato a Celebrare le Belle Arti, che vi risiedono, o altra più degna occasione.* [Errichtet von dem Gesandten Ferdinands IV. zu Ehren Papst Pius VI.]

9/12 *Feuerwerkstempel*
Bez.: *Le Lorin Invenit. – Le Canu Sculpsit. – A Paris chez Le Canu Porte S*t*. Jacques Rue S*t*. Tomas et à Rouen chez Jacques Parvi N. Dame.*
36 × 23 cm
Bildunterschrift: *Feu d'artifice exécuté a Rome par Ordre de M*gr*. le Prince Colonne.*
*Dédié à M. de Montullé Baron de S*t*. Port Conseiller d'Etat et Secretaire des Commandemens de la Reine, par son tres Humble et tres Obéissant Serviteur, Le Canu.*
Berlin, SMPK, Kunstbibliothek (OS 3069)

9/13 *Feuerwerk auf S. Trinità dei Monti anläßlich der Genesung Ludwigs XIV. 1687*
(Abb. n. A. Muñoz, Il Museo di Roma, 1930, Taf. 54/55)
Berlin, SMPK, Kunstbibliothek

9/13.1 *Festaufbauten auf der Piazza di Spagna und das Feuerwerk auf S. Trinità dei Monti*
Bildunterschrift: *Feste per la ricuperata salute di S.M.C. Luigi il Grande, celebrate in Roma dall'Emo. Sig. Card. D'Estrées Duca e Pari de Francia ec.* [gleichlautende französische Unterschrift]

9/13.2 *Ansicht von S. Trinità dei Monti*

9/14 *Allegorischer Feuerwerksaufbau auf der Piazza Farnese zur Feier des Friedens von Aachen – 1668*
Pierre Paul Sevin nach dem Entwurf von Gianlorenzo Bernini
Federzeichnung in Braun, grau laviert. 33 × 24,5 cm (Größe der Abbildung 15,5 × 23,5 cm)
Stockholm, Satens Konstmuseer (NM THC 3634)

9/15 *Feuerwerksmonument anläßlich des Sieges über die Türken und der Einnahme von Belgrad 1717*
(Abb. n. A. Muñoz, Il Museo di Roma, 1930, Taf. 62)
Berlin, SMPK, Kunstbibliothek

9/16 *Feuerwerkstempel auf der Piazza della Cancellaria Apostolica um 1725*
Bez.: *Domen. Cavalier Gregorini inven. et delin. – Filip. Vasconio sculp. Romae*
59,4 × 44 cm
Bildunterschrift: *1. Machina di Fuoco Artificiale* [Feuerwerkstempel auf einem Felsentor] – *2. Loggia della Girandola* [Feuerwerk im Hintergrund] – *3.–4. Palchi per la Cantata* [Sängertribünen links und rechts im Vordergrund] – *5. Piazza della Cancellaria Apostolica*
Berlin, SMPK, Kunstbibliothek (OS 3065)

9/17 *Feuerwerksaufbau – die Hochzeit von Amor und Psyche auf dem Olymp – aus Anlaß der Vermählung Ludwigs XV. von Frankreich mit Maria von Polen 1725*
53 × 31,8 cm
Bildunterschrift: *Machina artificiale rappresentante il Monte Olimpo, con le Nozze di Cupido e Psiche, allusiva a quelle delle Maestà Cristianissime di Luigi XV e di Maria Principessa di Polonia. Fatta ardere in Roma il di 4. Ottobre dall'Emo, e Rmo. Sig. Card. di Polignac Ministro di Francia l'Anno 1725*
Berlin, SMPK, Kunstbibliothek (OS 3064)

9/18 *Feuerwerksaufbau auf der Piazza di Spagna 1727 anläßlich der Geburt eines Infanten*
Bez.: *Sebastiano Conca inv. e delin. – Filippo Vasconti Rom. o sculp.*
Bildunterschrift: veduta della macchina di fuoco artifiziato, nella quale viene rappresentata Tetide Dea del mare, che consegna Achille e Chirone per istruirlo [. . .] *fatta erigere dall'* [. . .] *Cardinale Bentivoglio d'Aragona in Piazza di Spagna* [. . .]
(Abb. n. A. Muñoz, Il Museo di Roma, 1930, Taf. 62)
Berlin, SMPK, Kunstbibliothek

9/19 *Feuerwerksaufbau – Die Schmiede des Vulkan – auf der Piazza Colonna 1775 zu Ehren des Erzherzogs Maximilian von Österreich*
Rötelzeichnung von Louis Chays nach dem architektonischen Entwurf von Pietro Campore
42 × 54,5 cm
Berlin, SMPK, Kunstbibliothek (HdZ 3028)

9/20 *Architektonische Feuerwerksaufbauten auf dem Monte Pincio und Monte Giannicolo zu kirchlichen Festen*
Stahlstiche
Berlin, SMPK, Kunstbibliothek

9/20.1 *Monument mit den päpstlichen Insignien – zum Peter- und Pauls-Fest 1851*
Bez.: *Cav. Luigi Poletti Architet*o*. Municipale inv. – Giusep. Bianchi inc.*
Stahlstich in Rot, 26,3 × 44 cm
Bildtitel: *Monumento sacro alla gloria dei Principe degli Apostoli S. Pietro e S. Paolo. Mole rappresentata nella Girandola eseguita alla passegiata del Pincio la sera del 29. Giugno 1851*

9/20.2 *›Il Tempio del Redentore‹ – zum Pontifikatsfest Pius IX. 1851*
Bez.: *Cav. Luigi Poletti Architet*o*. Municipale inv. – Giusep. Bianchi inc.*

Stahlstich in Rot, 25,5 × 44,3 cm
Bildunterschrift: *Per la fausta ricorrenza dell'Incoronazione dell'Augusto nostro Pontefice Pio IX. Mole rappresentata nella Girandola del 22 Aprile 1851*

9/20.3 *Fassade einer Kathedrale – zum Peter- und Pauls-Fest 1852*
Bez.: *Cav. L. Poletti Arch°. Munic. inv. – G. Bianchi inc.*
Stahlstich in Rot, 26,3 × 44 cm
Bildtitel: *Una Cattedrale Cattolica di S. Pietro e S. Paolo – Mole rappresentata nella Girandola del 29 Giugno 1852. in occassione della solenne festivitá di qué S.S. Apostoli della Chiesa*

9/20.4 *›Il Tempio del Redentore‹ – zum Pontifikatsfest Pius IX. Ostern 1852*
Bez.: *Cav. Luigi Poletti Architeto. Municipale inv. – Giusep. Bianchi inc.*
Stahlstich in Rot, 26,5 × 44,7 cm
Bildunterschrift: *Per la fausta ricorrenza dell'Incoronazione dell'Augusto nostro Pontefice Pio IX. Mole rappresentata nella Girandola della Festivitá di Pasqua nel 1852*

9/20.5 *›Il Tempio del Redentore‹ – zum Pontifikatsfest Pius IX. Ostern 1853*
Bez.: *C^e. L. Poletti Arch. Municip inv. – G. Della Longa inc.*
Stahlstich in Rot, 28,5 × 31,7 cm
Bildunterschrift: *Per la fausta ricorrenza dell'Incoronazione dell'Augusto Pontefice Pio IX. Mole rappresentata nella Girandola del 28 Marzo 1853. in occassione della solenne festivitá della Pasqua*

9/20.6 *Nachbildung der Fassade San Paolo fuori le Mura (Basilica Ostiense) – zum Peter- und Pauls-Fest 1852*
Bez.: *C^e. L. Poletti Arch. inv. – G. Della Longa inc.*
23,8 × 38 cm
Bildunterschrift: *Nuova facciata della Basilica Ostiense modificata secondo la localitá del Pincio – Mole rappresentarsi per la solenne festivitá Apostoli S. Pietro e S. Paolo nella Girandola del 29. Giugno 1854*

9/20.7 *Tempel des Salomo – zum Pontifikatsfest Papst Pius IX. Ostern 1854*
Bez.: *L. Poletti Arch°. Accad°. inv. – G. Della Longa inc.*
Stahlstich in Rot, 23,9 × 37,9 cm
Bildtitel: *Il Tempio di Salomone / Per la fausta ricorrenzza dell Incoronazione dell'Augusto Sommo Pontefice Pio IX. / Mole rappresentata nella Girandola della Pasqua del 1854.*

9/20.8 *›Monument der Jungfrau Maria‹ – zum Pontifikatsfest Pius IX. Ostern 1855*
Bez.: *C^e. L. Poletti Arch.° inv. – G. Della Longa inc.*
Stahlstich in Rot, 28 × 46 cm
Bildunterschrift: *Un monumento all'Immacolata concezione di Maria SSMA. Per la fausta ricorrenza dell'Incoronazione dell'Augusto Pontefice Pio IX. Mole rappresentata nella Girandola del 9 Aprile 1855*

9/20.9 *Nachbildung des Tempietto im Hof von S. Pietro in Montorio – zum Fest S. Peters 1855*
Bez.: *L. Poletti Arch.° Comle inv. – G. Della Longa inc.*
Stahlstich in Rot, 24,5 × 40,2 cm
Bildunterschrift: *Mole rappresenta nella Girandola del 29 Giugno 1855 per la solenne festivitá di S. Pietro*

9/20.10 *Friedensmonument – zum Peter- und Pauls-Fest 1856*
Bez.: *G. Della Longa inc. – Cav^r. Luigi Poletti Arch^o. dis. e inv^o.*
Stahlstich in Rot, 23,1 × 39,4 cm
Bildunterschrift: *Monumento alla Pace / Mole da rappresentarsi nella Girandola del 29 Giugno 1856 per la solemne festivitá di S. Pietro*

9/20.11 *Nachbildung des Heiligen Grabes und des Inneren der Grabeskirche von Jerusalem – zum Pontifikatsfest Pius IX. Ostern 1856*
Bez.: *Gio. Della Longa inc. – Luigi Poletti Archi delineo e compose*
Stahlstich in Rot, 27,2 × 37,5 cm
Bildunterschrift: *Il Santo sepolcro e l'interno del tempio di Jerusalemme – Mole da reppresentarse per la fausta ricorrenza dell'Incoronazione dell'Augusto nostro Pontefice Pio IX. nella Girandola del 24 Marzo 1855*

9/20.12 *Imaginäre Fassade eines Domes – zum Pontifikatsfest Pius IX. Ostern 1857*
Bez.: *L. Poletti Dir. delle Girandole inv. – G. Della Longa inc.*
38 × 40,4 cm
Bildunterschrift: *Un Duomo dedicato al SSMO. Salvatore – per la fausta ricorrenza dell'Incoronazione dell'Augusto nostro Pontefice Pio IX. Mole rappresentata nella Girandola della Pasqua del 13. Aprile 1857*

9/20.13 *›Basilica della immacolata concezione‹ – zum Pontifikatsfest Pius IX. Ostern 1859*
Bez.: *G. Della Longa inc. – Com. L. Poletti. Arc. inv. e. dis.*
Stahlstich in Rot: 27,2 × 38,2 cm
Bildunterschrift: *Per la fausta ricorrenza della Incoronazione dell'Augusto nostro Pontefice Pio IX. Mole rappresentarsi nella Girandola della Pasqua del 24. Aprile 1859*

9/20.14 *Fassadennachbildung der Kathedrale von Bologna – zum Peter- und Pauls-Fest 1860*
Bez.: *Cte. Ve Vespignani Arch^o. Municp^o. dis. – Gio. Della Longa incise.*
42 × 30 cm
Bildunterschrift: *Macchina Pirotecnica da incendiarsi nella sera del 29. Giugno 1860. per la solennità de SS. Apostoli Pietro e Paolo rappresentante il Prospetto della Cattetrale di Boulogne illuminata per la fausta ricorrenza della Beatificatione. del V. Benedetto Giuseppe Labre*

9/20.15 *Nachbildung der Fassade des Palazzo Senatorio – zum Pontifikatsfest Pius IX. Ostern 1860*
Bez.: *Cte. Ve Vespignani Arch^o. Municp^o. inv. – Gio. Della Longa incise.*
30,5 × 43 cm
Bildunterschrift: *Il Campidoglio in Festa per la fausta ricorrenza della Incoronazione dell'Augusto Pontefice Pio IX. Macchina pirotenica per la Pasqua del 1860*

9/20.16 *›Santuario‹ – zum Pontifikatsfest Pius IX. Ostern 1861*
Bez.: *Cte. Ve Vespignani Arch^o. Municp^o. inv. e dis. – Gio. Della Longa incise.*
41 × 53 cm
Bildunterschrift: *Santuario sulla vetta di un colle. Macchina Pirotecnica da incendiarsi per la fausta ricorrenza della Incoronazione dell'Augusto Pontefice Pio IX. nella Pasqua del 1861*

9/20.17 *Fassade einer Villa – zum Peter- und Pauls-Fest 1861*
Bez.: *Cte. Ve Vespignani inv. e dis. – Gio. Della Longa inc.*
41 × 53 cm
Bildunterschrift: *Prospettiva di abbellimento di una Piazzale da Villa. Macchina Pirotecnica per la solennità dei SS. Apostoli Pietro e Paolo nell anno 1861*

9/20.18 *Entwurf einer Fassade für eine mittelalterliche Basilika – zum Pontifikatsfest Pius IX. Ostern 1862*
Bez.: *Cte. Ve Vespignani Arch. Municip. inv. e dis. – Gio. Della Longa inc.*
41,5 × 54 cm
Bildunterschrift: *Prospetto posteriore de una basilica del medio evo. Macchina Pirotecnica da incendiarsi per la fausta ricorrenza della Incoronazione dell'Augusto Pontefice Pio IX. nella Pasqua del 1862*

9/20.19 *Befestigter Bergtempel des Friedens und der Abundantia – zum Pontifikatsfest Pius IX. Ostern 1863*
Bez.: *Cte. Ver^{nio} Vespignani Arch^{to} Mun^{le}. inv. dir. – Gio. Della Longa incise*
41,5 × 53,8 cm
Bildunterschrift: *Colle fortificato ove sorgono i monumenti dedicati alla Pace ed all'Abbondanza. Macchina Pirotecnica da incendiarsi nella Pasqua del 1863. per la fausta ricorrenza della Incoronazione dell'Augusto Pontefice Pio IX. esprimente gli auguri del Senato e Popolo Romano per l'imminente anno XVIII del suo Pontificato.*

9/20.20 *Imaginäre Ansicht der durch den Vesuvausbruch 79 zerstörten Stadt Stabiae – zum Pontifikatsfest Papst Pius IX. Ostern 1864*
Bez.: *Cte. V^{nio} Vespignani. inv. – Gio. Della Longa inc.*
41,3 × 53,5 cm
Bildunterschrift: *Macchina pirotecnica da incendiarsi per la fausta ricorrenza della Incoronazione dell'Augusto Pontefice Pio IX. nella Pasqua del 1864. Veduta immaginata del Foro di Stabbia, Città distrutta dall'eruzione del Vesuvio del 79.*

9/20.21 *Fassadenentwurf einer prachtvollen Villa auf dem Monte Pincio im Stile des 18. Jahrhundert – zum Peter- und Pauls-Fest 1865*
Bez.: *Cte. V^{nio}. Vespignani Arch^{to}. Municp^{le}. inventò e diresse. – Gio^{ni}. Della Longa ed Ang^{to} Marchetti incisero.*
44 × 57,2 cm
Bildunterschrift: *Grandiosa Villa dello stile del secolo XVIII immaginata sul Monte Pincio. Macchina pirotecnica per la solennità dei SS. Apostoli Pietro e Paolo nell' anno 1861*

9/20.22 *Fassade eines orientalischen Palastes – zum Peter- und Pauls-Fest 1866*
Bez.: *Cte. V^{to}. Vespignani Arch. municip. inv. e dir. – Giovanni Della Longa incise.*
41 × 54,2 cm
Bildunterschrift: *Villa orientale rappresentata nella Macchina pirotecnica sul Monte Pincio per la solennità dei SS. Apostoli Pietro e Paolo nell' anno 1866*

9/20.23 *Fassade eines maurischen Palastes – zum Pontifikatsfest Pius IX. 1866*
Bez.: *Conte Verg^o. Vespignani Arc. Muni. inv. e Dir. – Raf^{le} Ingami Dis. – Gio. Della Longa inc.*
41,5 × 54,4 cm
Bildunterschrift: *Macchina pirotecnica da incendiarsi sul Monte Pincio nella sera del 2. Aprile 1866. nella solenne ricorrenza dell'incoronazione del sommo pontefice Pio Papa IX. rappresentante un edifico di stile moresco*

9/20.24 *Monument mit einer Statue der Jungfrau Maria zu Ehren Papst Pius IX. – 1866*
Bez.: *Conte Franc. Vespignani inv. e dir. – Conte Ludovico Brazza inc.*
35,2 × 45,3 cm
Bildunterschrift: *A Pio IX. Pontefice Massimo. Il Popolo delle parrochi dei Santi Celso e Giuliano S. Salvatore, S. Lucia e S. Giovanni dei Fiorentini nel giorno 12 Aprile 1866*

9/20.25 *Rekonstruktion der Peterskirche in konstantinischer Zeit – zum Pontifikatsfest Pius IX. Ostern 1867*
Bez.: *Conte V^{to} Vespignani Arch. Municip. dires. – Gio. Della Longa incise*
41,6 × 55,6 cm
Bildunterschrift: *Prospetto della antica basilica di S. Pietro nella primitiva costruzione Costantinian. Macchina Pirotecnica da incendiarsi per la fausta ricorrenza dell' incoronazione di N.S. Pio Papa IX nella Paqua del 1867.*

9/20.26 *Monument zu Ehren des einberufenen päpstlichen Konzils – 1869*
Bez.: *Cte F. A. Vespignani Arch^{to}. ed Ing^{re}. inv. e dir. – Gio. Della Longa inc.*
35,2 x 45,3 cm
Bildunterschrift: *Monumento per la convocazione del concilio a Pio IX. Pontefice Massimo. Il popolo delle parrochie dei Santi Celso e Giuliano S. Salvatore, S. Giovanni dei Fiorentini e S. Lucia nel giorno 12 Aprile 1869*

9/20.27 *Jerusalem der Apokalypse – zum Pontifikatsfest Papst Pius IX. Ostern 1870*
Bez.: *Cte. V^{to}. Vespignani Arch. inv. e dir. – Gio. della Longa incise.*
41,2 × 56 cm
Bildunterschrift: *La Gerusalemme della Apocalisse. Allusione Biblica rappresentata nella Macchina pirotecnica da incendiarsi per la fausta ricorrenza della Incoronazione del Regnante Pontefice Pio Papa IX nelle Pasqua 1870. Per cura del Senato e Comune di Roma*

9/20.28 *Nachbildung der Villa d'Este in Tivoli – zum Peter- und Pauls-Fest 1866*
Bez.: *Conte V^{to} Vespignani Arch. Municip. dires. – Gio. Della Longa incise*
42 × 54,6 cm
Bildunterschrift: *La villa d'Este in Tivoli ora di S.A.I.R. il Duca di Modena restaurata da S.A. il Cardinale Gustavo Hohenlohe rappresentata nella occasione che il Cardinale di Ferrera Ippolite d'Este vi ospitava – Il Sommo Pontefice Gregorio XIII. – Macchina Pirotecnica che il Senato e Comune di Roma fa incendiare per la Solennitá dei SS^{mi} Apostoli Pietro e Paolo nell'Anno 1870*

9/20.29 *Fantastische Rekonstruktion des von Tasso im 15./16. Gesang seines ›Befreiten Jerusalem‹ beschriebenen Palastes – zum Peter- und Pauls-Fest 1868*
Bez.: *Cte Virg^o. Vespignani Arch. inv. e dir. – Giovanni Della Longa incise*
41,6 × 56 cm
Bildunterschrift: *Macchina Pirotecnica che il Comune di Roma fa incendiare sul Monte Giannicolo in ricorrenza della Festa dei SS. Apostoli Pietro e Paolo nell'anno 1868. rappresentante sotto forme Architettoniche dal Tasso ai canti XV e XVI.*
Torquato Tasso, Befreites Jerusalem, 16.1 (n. Übers. J. D. Gries):
Rund ist der reiche Bau, in dessen Kreise,
Als Mittelpunkt, der schöne Garten liegt,
Der alle, die mit größtem Ruhm und Preise
Jemals geblüht, an Reizen weit besiegt.
Irrgänge sind, kunstreich verworrner Weise,
Durch Geisterband rings um ihn her geschmiegt;
Und in des vielverschlungnen Pfades Mitte
Liegt er versteckt, unnahbar jedem Schritte

9/21 *Feuerwerksaufbauten zum Nationalfeiertag*
Stahlstiche
Berlin, SMPK, Kunstbibliothek

9/21.1 *Nymphäum im orientalischen Stil – 1875*
Bez.: *Gio^{no}. Erzoch Arch. Com^{le}. Inv. e Dir. – Virg^o Ribacchi Dis – Gio. Della Longa inc.*
42 × 69 cm (Pl. beschnitten)
Bildunterschrift: *Ninfeo di stile orientale – Macchina pirotecnica da incendiarsi nel Forte Sant Angelo. Per cura del Comune di Roma la sera del 6. Giugno 1875. Festa dello Statuto.*

9/21.2 *Chinesische Pagode – 1879*
Bez.: *Gioac. Erzoch Arch. Com. inv. e dir. – V^{rio} Ribacchi Arch. dis – Gio. Della Longa inc.*
Stahlstich, 44,9 × 60,3 cm
Bildunterschrift: *Pagoda Chinese. Macchina pirotecnica da incendiarsi nel Forte Sant Angelo. Per cura del Comune di Roma la sera del 1°. Giugno 1879 Festa dello Statuto.*

9/21.3 *Palast im orientalischen Stil – 1887*
Bez.: *Giocch^o Erzoch Arch. Com. inv. e dir. – Virgilo Ribacchi dis. – Giovanni Della Longa inc.*

Stahlstich, 43,9 × 64,5 cm
Bildunterschrift: *La passeggiata del Monte Pincio ridotto a villa reale. Macchina pirotecnica da incendiarsi la sera del 5 Giugno 1887 festa dello Statuto*

9/21.4 *Fassadenentwurf für ein ›Teatro Massimo‹ – 1888*
Bez.: *Giocch° Erzoch Arch. Com. inv. e dir. – Virgilo Ribacchi dis. – Filippo Desancti incise*
46 × 70,8 cm
Bildunterschrift: *Prospetto di un Teatro massimo. Macchina pirotecnica da incendiarsi al M^t. Pincio la sera del 3. Giugno 1888 festa dello Statuto*

9/21.5 *Fassadenentwurf für einen italienischen Ausstellungspavillon – 1889*
Bez.: *Giocch° Erzoch Arch. Com. inv. e dir. – Virgilo Ribacchi dis. – Filippo Desancti incise*
44,8 × 70 cm (Pl. beschnitten)
Bildunterschrift: *Prospetto Principale di una espositione italiana – Macchina pirotecnica de incendiarsi al M^t. Pincio la sera del 2. Giugno 1889. festa dello Statuto*

9/21.6 *Fassadenentwurf für eine nationale Sporthalle – 1890*
Bez.: *Cav^r. Mario Moretti Arch^o. Com^le. inv. e dir. – Cav^o. Virgilo Ribacchi Arch^o. Com^le. dis. – Filippo Desanti incise*
44,8 × 70 cm (Pl. beschnitten)
Bildunterschrift: *Prospetto di una Palestra Nazionale. Macchina pirotecnica da incendiarsi al M^t. Pincio la sera del 1. Giugno 1890. festa dello Statuto*

9/21.7 *Fassadenentwurf für ein Rathaus – 1892*
Bez.: *Cav.Mario Moretti Ing^r. Com^le inv^o. e diresse. – Cav. Virgilo Ribacchi Ing^r. Com^le disegnò – Eliotipia Martelli*
Druck 44,8 × 70 cm
Bildunterschrift: *S.P.Q.R. Prospetto di una Palazzo di Città. Macchina pirotecnica da incendiarsi nel Monte Pincio in Roma la sera del 3. Giugno 1892. Festa Nazionale dello Statuto*

9/21.8 *Historisierende Kirchenfassade – 1896*
Pause der Entwurfszeichnung, weiß auf blau, 44,7 × 70 cm (2 Bll. zusammengeklebt, r. Bl.spiegelbildlich)
Bildaufschrift: *Girandolo del 7 Giugno 1896*

9/21.9 *Kommunales Gebäude – 1897*
Pause der Entwurfszeichnung, weiß auf blau, 37 × 71,5 cm (2 Bll. zusammengeklebt, r. Bl. spiegelbildlich)
Bildaufschrift: *Girandolo 6. Giugno 1897*

9/21.10 *Rekonstruktion der Fassade der zerstörten Villa del Pigneto nach Vorlagen, die den Entwurf Pietro da Cortanas wiedergeben – 1901*
Pause der Entwurfszeichnung, weiß auf blau, 34 × 58 cm
Bildaufschrift: *Riproduzione geometrica del Palazzo alla Pineta Sacchetti secondo il progetto dell'Architetto Pietro Barrettini da Cortona.* Nachträgliche handschriftliche Betitelung: *Macchina pirotecnica da incendiata sul Monte Pincio la sera del 2. Giugno 1901*

9/21.11 *Fassadenentwurf einer Akademie – 1905*
Pause der Entwurfszeichnung, weiß auf blau, 34 × 51,5 cm
Bildaufschrift: *Girandola del 4. Giugno 1905*

9/21.12 *Fassadenentwurf eines kommunalen Gebäudes – 1905*
Pause der Entwurfszeichnung, weiß auf blau, 38,5 × 65,5 cm
Handschriftliche Betitelung: *Girandola incendiata sul Monte Pincio la sera del 2. Giugno 1906 per solennizzara la Festa Nazionale dello Statuto*

9/21.13 *›Galleria del Lavoro‹ – 1907*
Pause der Entwurfszeichnung, weiß auf blau, 36 × 58,5 cm
Bildtitel: *Girandola del 2. Giugno 1907*

9/21.14 *Fassadenentwurf eines Post- und Telegraphengebäudes – 1908*
Pause der Entwurfszeichnung, weiß auf blau, 43,5 × 68 cm (2 Bll. zusammengeklebt, l. Bl. spiegelbildlich)
Bildaufschrift: *Girandolo del 7 Giugno 1908*

9/22 *›Fochetti‹ – Feuerwerk in der Ruine des Augustus-Mausoleums*
Bez.: *Thomas – Lith. de Villain*
Lithographie in: Antoine Jean-Baptiste Thomas, Un an a Rome, Tafel 44
Rom 1823
Zur öffentlichen Belustigung wurden die *Fochetti* in dem zu einem Amphitheater umgebauten Augustus-Mausoleum in den Sommermonaten jeden Sonntag gezündet.
Berlin, SMPK, Kunstbibliothek (Lipp. Jbb 11 mtl)

Sybille Girmond
CHINA

10/1 *Raketenpfeil*
in: *Wu bei zhi*
1628
Holzblockdruck
Der Pfeil wird von einem Bogen abgeschossen und trägt an seiner Spitze eine Pulverkugel
Abb. aus: Needham, *Gunpowder* ... (Nr. 1)

10/2 *Hudun pao. Bombenschleuder*
in: *Wujing zongyao*
1044 (Ausgabe der Qingzeit: 17./18. Jh.)
Holzblockdruck
Abb. aus: Needham, Gunpowder ... (Nr. 5)

10/3 *Einfache Bombe*
in: *Bing lu*
1606
Abb. aus: Needham, *Gunpowder* ... (Nr. 4)

10/4 *Dreifach-Flammenwerfer*
in: *Huolong jing*
1412
Holzblockdruck
Abb. aus: Needham, *Gunpowder* ... (Nr. 8)

10/5 *Dämon mit Flammenwerfer*
Dunhuang (Provinz Gansu, China)
um 950
Malerei auf Seide (Detail)
Detail aus einem buddhistischen Seidenbanner, welches in den Höhlentempeln von Dunhuang gefunden wurde.
Musée Guimet, Paris

10/6 *Yibalien. Feuerlanze.*
in: *Wu bei zhi*
1628
Holzblockdruck
Abb. aus: Needham, Gunpowder ... (Nr. 10)

10/7 *Xiguapao. Bombe mit kleinen Metallteilen*
in: *Bin lu*
1606
Holzblockdruck
Abb. nach: Needham, *Gunpowder* ... (Nr. 19)

10/8 *Huoqian. Pfeil mit Pulverladung*
in: *Wu bei zhi*
1628
Holzblockdruck
Ähnliche Pfeile sind in China seit der Song-Zeit (960–1279) nachgewiesen. Mit solchen Pfeilen wurden wahrscheinlich die ersten Himmelsfeuerwerke durchgeführt.
Abb. aus: Needham, *Gunpowder* ... (Nr. 20)

10/9 *Abschußvorrichtung für mehrere Raketen*
in: *Wu bei zhi*
1628
Holzblockdruck
Mit dieser Vorrichtung konnten je nach Konstruktion mehr als 50 Projektile abgeschossen werden. Jedes Projektil war mit einer zusätzlichen Pulverladung versehen. Wahrscheinlich gab es entsprechende Vorrichtungen auch für den Abschuß von Feuerwerkskörpern.
Abb. nach: Needham, *Gunpowder* ... (Nr. 21)

10/10 *Feuerwerk zum Laternenfest*
in: *Jin ping mei*
Holzblockdruck
Das *Jin ping mei,* im Westen (wegen seiner erotischen Passagen) einer der berühmtesten chinesischen Romane, entstand in der Ming-Zeit, wahrscheinlich zwischen 1522 und 1566. Der Verfasser ist unbekannt. Eine erste gedruckte Ausgabe erschien wahrscheinlich 1609 in Suzhou. Die Illustration gehört zum 42. Kapitel.
Abb. aus: Nagasawa Kikuya, *Min-shin-kan e-iri-hon zuroku*, S. 172.

10/11 *Vergnügungen am ersten Tag des Neuen Jahres* (Ausschnitt)
anonym
China, zwischen 1736 und 1795
Hängerolle, Tusche und Farbe auf Seide, 384 × 160,3 cm
Eines der Neujahrsbilder, die Glück bringen sollten, entstanden am Hofe des Kaisers Qianlong (reg. 1736–1795). Dargestellt ist der Kaiser in einem Pavillon des Sommerpalastes in Gegenwart einiger Konkubinen dritten und vierten Ranges sowie einiger seiner Kinder. Dächer, Felsen und Bäume sind schneebedeckt; der Kaiser wärmt sich an einem Kohlebecken, das zu seinen Füßen steht.
Palastmuseum Peking (Abb. aus: Qingdai gongting shenghuo, S. 240)

10/12 *Winterliche Vergnügungen im Yuanmingyuan* (Ausschnitt)
Lang Shining, Tang Dai, Chen Mei, Shen Yüan, Sun Gu und Ding Guanpeng.
China, gemalt zwischen 1736 und 1795 (Qianlong-Periode)
Hängerolle, Tusche und Farbe auf Seide
Entstanden ist das Bild, welches Glück zum Neuen Jahr bringen soll, als eine Gemeinschaftsarbeit von Hofkünstlern des Kaisers Qianlong (reg. 1736–1795). In einem Pavillon des Yuanmingyuan (›Garten der Vollkommenen Klarheit‹, Sommerpalast) sitzt der Kaiser und beobachtet seine Kinder beim Spielen im Schnee. Zwei Knaben lassen Knallkörper los, drei andere bauen einen Löwen aus Schnee, den Steinlöwen vor einigen Palastgebäuden nachempfunden. Lang Shining (1688–1766) ist der chinesische Name des italienischen Jesuiten und Malers Giuseppe Castiglione, der auch schon zur Zeit des Kaisers Kangxi (reg. 1662–1735) am Hof in Peking als Künstler tätig war. Ding Guanpeng (tätig etwa 1750–1770) hat auch Abb. 10/13 gemalt.
Palastmuseum Peking (Abb. aus: Qingdai gongting shenghuo, S. 278)

10/13 *Vergnügungen am Neujahrsfest* (Ausschnitt)
Ding Guanpeng
China, um 1755
Querrolle, Malerei auf Seide
Das Detail zeigt, wie Kinder einen Verkäufer von Feuerwerkskörpern umringen.
Palastmuseum Taipei (Abb. aus: Nat. Palace Museum Monthly, Vol. 11, 1984)

10/14 *Feuerwerkslaterne*
anonym
Qing-Zeit (1644–1911)
Albumblatt
Palastmuseum Taipei (Abb. aus: Nat. Palace Museum Monthly, Vol. 11, 1984)

10/15 *Feuerwerkslaterne*
Foto, um 1976
Die Feuerwerkslaterne enthält ein stufenweise abbrennendes Feuerwerk, das gleichzeitig kleine Pappfiguren freisetzt. Eine moderne Variante von Abb. 10/14
Privatbesitz

10/16 *Knallkörperkette*
Foto, um 1950
Ähnliche Knallkörperketten sind bereits von qingzeitlicher Malerei bekannt.
Privatbesitz

10/17 *Chinesische Feuerwerkskugel*
zeitgenössisch
aus Guizhou
Ähnliche Feuerwerkskugeln wurden in die Wolken geschossen, um Regen zu erzeugen. Seit dem 17. Jh. wurde diese Technik in China angewandt.

Sybille Girmond
JAPAN

11/1 *Sechster Monat: Abendkühle bei Ryôgoku*
[Rokugatsu: Ryôgoku nôryô]
Im Stil des Harunobu
Farbholzschnitt
Suzuki Harunobu (1718–1770) war bekannt für seine Darstellung schöner Frauen. Zu Lebzeiten und besonders nach seinem Tode versuchten viele Nachahmer, unter seinem Namen Drucke, die seinem Stil sehr ähnlich waren, zu verkaufen. Einer der bekanntesten Nachahmer war *Shiba Kôkan* (1747–1818), der eine kurze Zeit unter dem Namen Harushige ›echte‹ Harunobus produzierte. Das abgebildete Blatt ist mit ›sechster Monat‹ überschrieben, also Teil einer größeren Serie.
Sammlung Walter, Tokyo

11/2 *Abendkühle bei Ryôgoku*
[Ryôgoku suzumi no zu]
Utagawa Kunimitsu (tätig etwa 1801–1818)
Farbholzschnitt
Es handelt sich um eine Neuauflage und eine perspektivische Darstellung. Das Feuerwerk wird von einem Boot abgebrannt. Auf dem Rücken des Feuerwerkers ist das Zeichen der Firma *Tama-ya*, das tama-Zeichen, in schwarz auf rotem Grund erkennbar. Das große, überdachte Vergnügungsboot im Vordergrund ist ein *kawa ichi maru*, welches auch auf vielen anderen Drucken abgebildet ist. *Kunimitsu* war Schüler des *Toyokuni* und vor allem als Buchillustrator bekannt.
Ota Memorial Museum of Art, Tokyo

11/3 *Abendkühle an der Ryôgoku-Brücke*
[Ryôgokubashi yûsuzumi no zu]
Utagawa Toyoharu (1735–1814)
Farbholzschnitt
Nationalmuseum, Tokyo

11/4 *Feuerwerk bei Ryôgoku*
[Ryôgoku no hanabi]
Kitagawa Utamaro (1754–1806)
Von einem Feuerwerksboot (hanabi-bune) aus wird das Feuerwerk abgebrannt. Auf den roten Papierlaternen des Bootes sind die Zeichen der Firma *Tama-ya* deutlich erkennbar. *Utamaro* war vor allem für seine Darstellung berühmter Frauen bekannt. Mit seinen Drucken in klaren Farben beherrschte er lange Zeit den Markt. Als einer der ersten japanischen Künstler wurde er im Westen bekannt. Auch *Toulouse-Lautrec* soll durch sein Werk erheblich beeinflußt worden sein.
Nationalmuseum, Tokyo

11/5 *Eröffnung der Bootssaison bei Ryôgoku in Edo während der Bunka-Ära*
[Bunka nenkan Edo Ryôgoku kawabiraki no shinzu]
Kitagawa Utamaro (1754–1806)
Farbholzschnitt, Triptych
Vom Stil her scheint dies eher ein Werk des *Utamaro II*. Siehe auch Abb. 11/4.
Privatsammlung, Tokyo

11/6 *Abendkühle an der Ryôgoku-Brücke*
[Ryôgoku yûsuzumi no zu]
Toyohara Kunichika (1835–1900)
Vielfarbendruck, Triptych
Das Feuerwerk ist hier Hintergrund für die Portraits einiger Kabuki-Schauspieler, erkennbar an den Mustern ihrer Kimonos. Im Boot des linken Teils eine Kurtisane in prachtvollem Kimono. Das Feuerwerk ist ein *fukuromono*, wie sie vor allem in der Meiji-Zeit (ab 1867) beliebt waren: Neben Sternen und Feuerschwaden schweben auch kleine spielzeugartige Gegenstände aus Papier und Pappmaché vom Himmel.
Privatsammlung, Tokyo

11/7 *Spielende Kinder mit Feuerwerk* (Detail)
[Kodomo asobi hanabi no gi]
Ikkei (tätig etwa 1870)
Detail einer Querrolle (?)
Tuschen und Farben auf Papier
Ikkei war ein Schüler von *Hiroshige III* und bekannt für seine humorvolle Darstellung von Szenen aus dem Alltag der späten Edo- und frühen Meiji-Zeit um 1867.
Privatsammlung, Tokyo

11/8 *In der Abendkühle bei Shijôkawara* (Detail)
[Shijôkawara yûsuzumi no tai]
Torii Kiyonaga (1752–1815)
Farbholzschnitt, Triptych
Das Detail zeigt zwei Damen und ein jüngeres Mädchen auf einer Terrasse über dem Kamo-Fluß in Kyoto. Eine beugt sich nach vorne und setzt ein Floß mit zwei brennenden *senkô-hanabi* (eine Art Wunderkerzen) aufs Wasser. Noch heute errichten Restaurants am Kamogawa in Kyoto alljährlich im Sommer ihre Terrassen über dem Fluß. Auch *senkô-hanabi* sind noch heute im Sommer fast überall erhältlich.
Nationalmuseum, Tokyo

11/9 *Feuerwerk in Omagari* (Detail)
anonym, vermutlich Hirafuke Hoan
entstanden um 1867
Querrolle
Tusche und Farben auf Papier
Auf dieser Rolle sind wichtige Feste und Ereignisse der Stadt Omagari (Präfektur Akita) illustriert. Sie wird im *Shidara-Jinja*, einem Shinto-Schrein in Omagari, aufbewahrt. Der Künstler ist nicht bekannt. Entstanden ist das Bild in der Meiji-Zeit.
Shidara-Jinja, Omagari

11/9A *Kinomiya-Schreinfest in Nagato Ninomiya*
anonym
datiert 1840
Hängerolle
Tusche und Farben auf Papier
Dargestellt sind die Festlichkeiten aus Anlaß des Schreinfestes im 8. Monat des 11. Jahres der Tempo-Ära
Bibliothek der Stadt Shimonoseki

11/10 *Die vier Jahreszeiten* (Detail)
Maruyama Okyo (1733–1795)
Querrolle (Detail)
Tusche und leichte Farben auf Seide
Auf dieser Querrolle sind wichtige Ereignisse in Kyoto beschrieben. Das Detail zeigt ein Feuerwerk an einem Sommerabend am Kamogawa in Kyoto.
Tokugawa-Museum, Nagoya

11/11 *Vergnügungen am Sumidagawa* (Detail)
[Sumidagawa yûenzu]
Miyagawa Isshô (tätig etwa 1751–1763)
sechsteiliger Stellschirm (Detail)
Tusche, Gold und Farben auf Papier
aus: Narazaki Muneshige, Nikuhitsu Ukiyo-e, Tokyo 1987

11/12 *Abendkühle an der Namba-Brücke* (Detail)
[Nambabashi yûsuzumi]
Matsukawa Hanzan (tätig etwa 1850–1882)
Querrolle (?)
Tusche und Farben auf Seide
Hanzan war ein Ukiyo-e-Meister, der in Osaka lebte. Er ist für seine Glückwunschblätter (Surimono) und Buchillustrationen bekannt. Die Namba-Brücke liegt in Osaka. Auch heute noch findet alljährlich ein berühmtes Feuerwerk in dieser Gegend statt.
Städtisches Museum Osaka

11/13 *Feuerwerk bei Ryôgoku*
[Ryôgoku hanabi no zu]
Utagawa Toyokuni (1769–1825)
Vielfarbendruck, Triptych
Dieses Triptych ist die obere Hälfte eines Sets von sechs Blättern, die ein Panorama vom Treiben auf und unter der Brücke abbilden.
Ota Memorial Museum, Tokyo

11/14 *Feuerwerk bei Ryôgoku*
[Ryôgoku hanabi no zu]
Utagawa Kuniyasu (1794–1832)
Farbholzschnitt, Triptych
Ota Memorial Museum, Tokyo

11/15 *Feuerwerk bei Ryôgoku*
[Ryôgoku hanabi no zu]
Utagawa Kuniyasu (1794–1832)
Farbholzschnitt, Triptych
Ota Memorial Museum, Tokyo

11/16 *Berühmte Ansichten von Edo. Nächtliche Landschaft an der Ryôgoku-Brücke*
[Edo meisho: Ryôgokubashi yakei]
Keisai Eisen (1790–1848)
Farbholzschnitt
Nationalmuseum Tokyo

11/17 *Nächtliche Szene. Abendkühle an der Ryôgoku-Brücke in Edo*
[Edo Ryôgokubashi nôryô no yakei]
Keisai Eisen (1780–1848)
Farbholzschnitt
Privatsammlung, Tokyo

11/18 *Feuerwerk*
Utagawa Yoshikazu (tätig etwa 1850–1870)
Farbholzschnitt
Sammlung Walter Tokyo

11/19 *Berühmte Ansichten der Östlichen Hauptstadt. Abendkühle bei Ryôgoku*
[Tôto meisho: Ryôgoku no suzumi]
Utagawa Kuniyoshi (1797–1861)
Farbholzschnitt
Ota Memorial Museum, Tokyo

11/20 *Feuerwerk in der Abendkühle an der Ryôgoku-Brücke in Edo*
[Edo Ryôgokubashi yûsuzumi hanabi no zu]
Katsushika Hokusai (1760–1849)
Hokusai lebte als Ukiyo-e-Maler und Entwerfer von Holzschnitten in Edo. Er war einer der wenigen Meister, die das Schneiden der Druckstöcke selbst gelernt hatten. Arbeitete auch unter vielen anderen Namen.
Ota Memorial Museum, Tokyo

11/21 *Abendkühle an der Ryôgoku-Brücke*
[Ryôgokubashi yûsuzumi]
Okumura Masanobu (1686/7–1764)
Holzschnitt, handkolorierter Druck
Okumura Masanobu wird die Erfindung von *hashira-e* (schmale hochformatige Pfostenbilder) zugeschrieben. Er soll auch die ersten Zweifarbendrucke (benizuri-e) und die ersten perspektivischen Darstellungen (uki-e) hergestellt haben. Diese ersten Versuche einer zentralperspektivischen Darstellung sind von europäischen Vorbildern beeinflußt.
Museum der Stadt Kobe

11/22 *Abendkühle bei Ryôgoku*
[Ryôgoku suzumi no zu]
Torii Kiyomitsu (1735–1785)
Farbholzschnitt, Dreifarbendruck
Versuch einer perspektivischen Darstellung des Feuerwerks am Sumidagawa. Auf der roten Papierlaterne das Zeichen der Firma *Tama-ya*.
Ota Memorial Museum, Tokyo

11/23 *Ryôgoku*
[Ryôgoku no zu]
Utagawa Toyohisa (tätig etwa 1801–1818)
Farbholzschnitt
Toyohisa war ein Schüler des *Utagawa Toyoharu*. Er ist vor allem für seine Darstellung von Schauspielern bekannt. Der hier abgebildete Holzschnitt ist ein *fûryû uki-e*, eine ›elegante‹ perspektivische Darstellung.
Museum der Stadt Kobe

11/24 *Abendliches Feuerwerk an der Ryôgoku-Brücke*
[Ryôgokubashi yûkeishiki hanabi no zu]
Katsukawa Shunshô (1743–1812)
Farbholzschnitt
Perspektivische Darstellung der Gegend um die Ryôgoku-Brücke.
Ota Memorial Museum, Tokyo

11/25 *Abendlandschaft an der Ryôgoku-Brücke*
[Ryôgokubashi yûkeishiki no zu]
Shôtei Hokujû (tätig etwa 1789–1818)
Farbholzschnitt
Neuauflage einer perspektivischen Darstellung. *Hokujû* lebte in Edo, war einer der besten Schüler von *Hokusai*. Er war von westlicher Malerei beeinflußt.
Ota Memorial Museum, Tokyo

11/26 *Abendkühle an der Ryôgoku-Brücke in Edo*
[Edo Ryôgokubashi nôryô no zu]
Eisai Senju (tätig etwa 1830–1841)
Farbholzschnitt
Ota Memorial Museum, Tokyo

11/27 *Abendkühle an der Ryôgoku-Brücke*
[Ryôgokubashi yûsuzumi no zu]
Keisai Eisen (1790–1848)
Farbholzschnitt
Perspektivische Darstellung
Ota Memorial Museum, Tokyo

11/28 *Abendkühle an der Ryôgoku-Brücke*
Sawa Sekkyô (tätig: Ende des 18./Anfang des 19. Jh.)
Holzschnitt, Vielfarbendruck
Perspektivische Darstellung mit einem ›Rahmen‹ von graugrünen Kirschblüten
Museum der Stadt Kobe

11/29 *Abendkühle bei Ryôgoku*
[Ryôgoku yûsuzumi no zu]
Aôdô Denzen (1748–1822)

Radierung, koloriert
Denzen ist bekannt für seine Kupferstiche und Gemälde, die in Technik und Stil vom Westen her beeinflußt sind. Ob die abgebildete Radierung von *Denzen* stammt, ist unsicher.
Museum der Stadt Kobe

11/30 *Acht Ansichten von Edo. Abenddämmerung an der Ryôgoku-Brücke*
Keisai Eisen (1790–1848)
Farbholzschnitt
Museum der Stadt Kobe

11/31 *Feuerwerk in der Abendkühle*
[Yûsuzumi hanabi]
Toyohara Kunichika (1835–1900)
Serie von Einzelblättern
Farbholzschnitt, Vielfarbendruck
Das Feuerwerk ist Hintergrund für die Darstellung berühmter Kabuki-Darsteller. *Kunichika* war der letzte große Holzschnittmeister der Meiji-Zeit, der in der Tradition des Ukiyo-e arbeitete.
Privatsammlung Tokyo

11/32 *Abendkühle an der Ryôgoku-Brücke*
[Ryôgoku yûsuzumi no]
Utagawa Kunisada [Toyokuni III], (1786–1864)
Farbholzschnitt
Feuerwerk als Hintergrund für die Darstellung berühmter Personen.
Privatsammlung Tokyo

11/33 *Saisoneröffnung an der Ryôgoku-Brücke in der Östlichen Hauptstadt*
[Tôto Ryôgokubashi kawabiraki no zu]
Utagawa Kunisada [Toyiokuni III], (1786–1864)
Farbholzschnitt, Vielfarbendruck, Triptych
Kunisada ist ein Schüler von *Toyokuni I.* Seit 1844 arbeitete er unter dem Namen *Toyokuni III.* Illustrierte Bücher und entwarf Porträts von Schauspielern und schönen Frauen (bijin-ga).
Ota Memorial Museum, Tokyo

11/34 *Abendkühle bei Ryôgoku*
[Ryôgoku yûsuzumi no kôkei]
Utagawa Kunisada (1786–1864)
Farbholzschnitt, Triptych
Farbenprächtige Darstellungen schöner Frauen (bijin-ga) dienten oft auch als ›Modejournal‹. Manchmal, wie in diesem Beispiel, ist das Feuerwerk Hintergrund.
Ota Memorial Museum, Tokyo

11/35 *Szene des Kawabiraki*
[Kawabiraki no kôkei]
Utagawa Kunisada (1786–1864)
Farbholzschnitt (im Fächerumriß)
Nationalmuseum Tokyo

11/36 *Darstellung einer berühmten Person*
Utagawa Kunisada (1786–1864)
Farbholzschnitt
Nationalmuseum Tokyo

11/37 *Vergnügungsschiffe in der Abendkühle auf dem Sumida-Fluß*
[Sumidagawa nôryô asobibune no zu]
Utagawa Kuniyoshi (1797–1861)
Farbholzschnitt
Er hinterließ ein vielfältiges Werk, das oft eine Tendenz zum Grotesken und Phantastischen erkennen läßt.
Ota Memorial Museum, Tokyo

11/38 *Abendkühle bei Ryôgoku in Edo*
Kikugawa Eizan (1787–1867)
Farbholzschnitt, Triptych
Eizan ist bekannt als Ukiyo-e-Maler und Meister des Holzplattendrucks. Zwischen 1810 und 1830 war er der bekannteste ›designer‹ von Darstellungen schöner Frauen (bijin-ga).
Ota Memorial Museum, Tokyo

11/39 *Ohne Titel*
(Darstellung eines Feuerwerks im Stil der Östlichen Hauptstadt)
anonym
Farbholzschnitt aus der Meiji-Zeit
Sammlung Walter, Tokyo

11/40 *Feuerwerk bei Ryôgoku*
[Ryôgoku hanabi no zu]
Kobayashi Kiyochika (1847–1915)
Farbholzschnitt
Kiyochika hat einen Ruf als Urheber zahlreicher Holzschnitte über den chinesisch-japanischen Krieg (1894/95) und den russisch-japanischen Krieg (1904/05).
Ota Memorial Museum, Tokyo

11/41 *Feuerwerk bei Ikenohata*
[Ikenohata hanabi]
Kobayashi Kiyochika (1847–1915)
Farbholzschnitt
Ota Memorial Museum, Tokyo

11/42 *Feuerwerk bei Ryôgoku*
Takahashi Hiroaki (1871–1944)
Farbholzschnitt
Hiroaki führt hier die Tradition des *Kobayashi Kiyochika* weiter. Viele seiner Drucke waren für den Export nach Europa und Amerika bestimmt. Den Namen *Hiroaki* verwendet er seit 1921.
Sammlung Walter, Tokyo

11/43–11/52 *Utagawa Hiroshige (1797–1858)*
Farbholzschnitte aus der Sammlung des Ota Memorial Museum, Tokyo

11/43 *Ryôgoku-Feuerwerk*
Aus der Serie ›Hundert berühmte Ansichten von Edo‹ ist dies zugleich einer der bekanntesten Farbholzschnitte Hiroshiges.

11/44 *Sommermond über der Ryôgoku-Brücke*
[Ryôgoku natsu no tsuki]
Aus der Reihe ›Drei Ansichten von Edo‹ [Edo mittsu no chô].

11/45 *Eine berühmte Ansicht von Edo. Ryôgoku-Feuerwerk*

11/46 *Berühmte Ansichten von Edo. Ryôgoku-Feuerwerk*

11/47 *Berühmte Ansichten der Östlichen Hauptstadt. Feuerwerk an der Ryôgoku-Brücke*
[Tôto meisho: Ryôgokubashi hanabi no zu]

11/48 *Berühmte Ansichten der Östlichen Hauptstadt. Abendkühle bei Ryôgoku*
[Tôto meisho: Ryôgoku yûsuzumi]

11/49 *Berühmte Ansichten der Östlichen Hauptstadt. Gesamtansicht der Ryôgoku-Brücke in der Abendkühle*
[Tôto Meisho: Ryôgokubashi yûsuzumi zenzu]

11/50 *Berühmte Ansichten von Edo. Feuerwerk bei Ryôgoku*
[Edo meisho gosei Ryôgoku no hanabi]

11/51 *Feuerwerk in der Abendkühle bei Ryôgoku*
[Ryôgoku nôryô no hanabi]
Das Feuerwerk ist Hintergrund für die Darstellung der drei Damen in prächtigen Kimonos.

11/52 *Feuerwerk in der Abendkühle an der Ryôgoku-Brücke in der Östlichen Hauptstadt*
[Tôto Ryôgoku nôryô no hanabi]
Triptych
Das Boot im rechten und mittleren Teil trägt ein Schild mit der Aufschrift ›kawa-ichi-maru‹ (Fluß-eins-Schiff). Auch die Papierlaternen tragen die Zeichen ›kawa‹ und ›ichi‹. Diese Zeichen und das Boot sind auch auf anderen Ansichten der Ryôgoku-Brücke oft zu sehen. Sicher handelt es sich um ein in dieser Zeit berühmtes Restaurant oder Teehaus.

ANMERKUNGEN

Sievernich, Feuerwerk in Europa

[1] Aus: D'Ohsson, *Histoire des Mongols.* Bd. 2, Amsterdam 1834/35, S. 36–37; zit. n. F. Risch, *Johann de Plano Carpini*, Leipzig 1930, S. 177

[2] Zit. n. F. M. Feldhaus, *Die Technik*, München 1970 (Nachdruck, 1. Auflg. 1914), Sp. 303

[3] In: Götz Quarg (Herausgeber und Übersetzer): *Conrad Kyeser aus Eichstätt, Bellifortis* Düsseldorf 1961, S. 73

[4] Nach: Quarg, op. cit., S. 79. Quarg bezieht sich auf: Joannis Dlugoszi (1415–1480), *Historiae Polonicae Libri XII*

[5] Zit. n. Feldhaus, op. cit., Sp. 912

[6] Zit. n. E. Fähler, *Feuerwerke des Barock*, Stuttgart 1974, S. 29

[7] Die Darstellung folgt A. Lotz, *Das Feuerwerk*, Leipzig 1941, S. 3

[8] In: J. Needham, *Gunpowder as the Fourth Power: East and West.* Hongkong University Press Occasional Papers' Series No. 3, Hongkong 1983, S. 49

[9] Hinweis in Fähler, op. cit., S. 38 f.

[10] Fähler, op. cit., S. 312

[11] Fähler, op. cit., S. 3

[12] Feldhaus, op. cit., Sp. 670

[13] In: Diego de Saavreda Faxardo, *Ein Abriss Eines Christlich-Politischen Printzens/ In Cl. Sinnbildern und mercklichen Symbolischen Sprüchen.* Amsterdam 1650; zit. n. Fähler, op. cit., S. 24

[14] Nach Lotz, op. cit., S. 4

[15] Die Darstellung folgt im wesentlichen Fähler, op. cit., S. 42

[16] Vgl. auch W. Oechslin, *Vom Feuerwerk zu Festarchitektur*, in: W. Oechslin/A. Buschow, *Festarchitektur*, Stuttgart 1984, S. 19

[17] Aus G. Schöne, *Barockes Feuerwerkstheater*, in: *Maske und Kothurn* 6, 1960, S. 347 f.

Girmond, Feuerwerk in China

[1] Vgl. dazu Needham, *The Epic of Gunpowder and Firearms*, S. 52–53 (im folgenden zitiert als Needham, 1981), und Needham, *Gunpowder as the Fourth Power*, S. 29 ff. (im folgenden zitiert als Needham, 1985). Nach Redaktionsschluß erschien Needhams Band V, Teil 7 der Reihe *Science and Civilization in China*: Chemistry and Chemical Technology: Military Technology; Gunpowder and Firearms. (Cambridge University Press, 1986). Auf den S. 127–146 gibt Needham einen detaillierten Bericht über die Entwicklung der Knallkörper und des chinesischen Feuerwerks. Diese Ausführungen konnten leider nicht mehr berücksichtigt werden, doch sei an dieser Stelle darauf verwiesen.

[2] Über den Einsatz von Raketen für friedliche Zwecke (außer Feuerwerk) s. Needham (1985), S. 34–40.

[3] Wang Ling: *On the invention and use of gunpowder and firearms in China*, S. 143, erwähnt noch andere Quellen.
Michael Saso S. J., der als Jesuitenmissionar auf Taiwan tätig war, weist noch im Jahr 1968 in Taiwan lebende Ausländer darauf hin, daß »Ausländer auf diese Warnung achten sollten. Böse Geister erkennt man daran, daß sie sich nicht über die explodierenden Knallkörper freuen.« (a.d. Englischen nach Saso: *Taiwan Feast and Customs*, Anm. 13).

[4] Wang, op.cit., S. 143; an anderer Stelle (S. 157–158) bemerkt er, daß der Entwicklung von Feuerwaffen die Anwendung von Schießpulver in Krachern und Feuerwerk voranging.

[5] Wang, op. cit., S. 140, 141

[6] *Hanabi; hi no geijitsu*, S. 3

[7] Wang, op. cit., erwähnt außerdem noch ein anderes Beispiel aus dem *Taiping guangji* (S. 141).

[8] Needham (1985), S. 29

[9] Wang Ling, op. cit., S. 142, 145, meint, daß der Name *huoyao* wohl schon im Zusammenhang mit den farbverändernden Zusätzen für Feuer aufkam, und später auf Schießpulver übertragen wurde, wogegen Needham (1985), op.cit., S. 3, bemerkt, daß »es wohl von

Anfang an feststeht, daß der Begriff ›Feuer-Droge‹ oder ›Feuer-Chemikalie‹ (huoyao) niemals etwas anderes bezeichnet als jene Mischung aus Salpeter, Schwefel und Holzkohle, welche wir als Schießpulver bezeichnen.« Zhou Jiahua in *Ancient China's Technology and Science: Gunpowder and Firearms*, S. 184, erklärt den Begriff *huoyao* damit, daß Salpeter und Schwefel bereits in der Han-Zeit bedeutende Drogen im *Shen Nong Ben Cao Jing* waren, und daß im Sprachgebrauch der chinesischen Alchemisten jedes Produkt oder Reagens als ›Medizin‹ oder ›Droge‹ bezeichnet wurde.

[10] Das *Wu Jing Zong Yao* ist in allen Arbeiten über Schießpulver und Feuerwaffen in China erwähnt. Der Originaltext stammt von 1040, erstmals publiziert wurde der Text 1044. Needham (1985), op.cit., bildet zahlreiche (spätere) Illustrationen zu Explosiv- und Schußwaffen ab.

[11] Zhou, op.cit., S. 189, erwähnt die Verwendung von Kugeln, die in der Yuan-Zeit aus diesen Feuerlanzen abgeschossen wurden.

[12] Abgebildet bei Needham (1985), S. 22, No. 17

[13] Vgl. die Abbildung auf S. 458 in der Cambridge Encyclopedia of China

[14] Vgl. Needham (1985), S. 24

[15] Wang, op.cit., S. 144

[16] Ibid.

[17] *Hanabi – Fireworks of Japan, S. 66.* Diese Geschichte ist aus dem Zuo Zhuan übernommen, wo sie in ähnlicher Form über den letzten Herrscher der Westlichen Zhou-Dynastie, Zhou Yu Wang (reg. 781–770 v. Chr.) geschildert wird. Sui Yangdi fällt genau wie Yu Wang als Letzter seines Hauses einem Schema der chinesischen Geschichtsschreibung zum Opfer: Die Geschichte einer Dynastie wurde jeweils in den frühen Jahren der darauffolgenden Dynastie geschrieben. Um den Machtwechsel zu legitimieren, mußte jedesmal bewiesen werden, daß die letzten Herrscher der vorhergehenden Dynastie das Recht zu herrschen verloren hatten – und ausschweifender Lebenswandel unter Mißachtung der Untertanen war ein geeignetes Argument.

[18] *Hanabi – Fireworks of Japan*, S. 66

[19] Wang, op.cit., S. 144, gibt ein Beispiel des Tang-Dichters Su Wei-dao (tätig im 7. Jh.), in dem die Worte *huoshu* (Feuer-Baum) und *yinhua* (Silberfunkeln, Silberperlen) erscheinen. Während ›Feuer-Baum‹ noch einen mit Laternen behängten Baum bezeichnen kann, meint Wang, so sei *yinhua* ganz sicher eine Bezeichnung für Feuerwerk.

[20] Aus dem Englischen übertragen nach Wang, op.cit., S. 144. Needham (1986) schreibt über diese Stelle im Dongjing Menghualu: »... ›Plötzlich hörte man ein Krachen wie Donner (pi li), das Losgehen der Baozhang (Knallkörper), und dann begann das Feuerwerk (yanhuo).‹ Dieses bestand scheinbar fast ausschließlich aus in seltsame Gewänder gekleideten Tänzern, die sich durch Wolken farbigen Rauch hindurchbewegten, und jeder Akt abgesetzt durch das Ertönen von Krachern... Ganz sicher wurde Schießpulver für die Knallkörper verwendet, aber nicht notwendigerweise für den farbigen Rauch und die Flammen.« (Needham 1986, S. 131)

[21] Wang, op.cit., S. 145.

[22] Needham (1985), S. 24; vgl. dazu auch Needham (1981), S. 47.

[23] Aus: Grueber, *Als Kundschafter des Papstes nach China*, S. 113–114.

[24] Nach *Djin Ping Meh*, Kap. 42, S. 505–527 der dt. Übersetzung.

[25] Eines der seltenen Beispiele ist ein Blatt des Malers Wu Bin (Hofmaler in der Wanli-Periode, 1573–1620), das heute im Palastmuseum Taipei aufgewahrt wird (ohne Abbildung).

[26] Es gibt eine ganze Reihe derartiger Darstellungen von mit Knallkörpern spielenden Kindern. Hier seien nur einige weitere Beispiele genannt:

– The National Palace Museum Newsletter, vol. 15, no. 2 (1983) vorderes Titelbild (Yao Wenhan, tätig ca. 1760): Die ganze Familie versammelt sich im Garten, um das Neue Jahr festlich zu beginnen. Im Vordergrund spielende Knaben mit einem Korb voller Knallkörper.

– Das Titelbild des National Palace Museums Newsletter vol. 16, no. 2, zeigt eine famille rose émail-sur-biscuit-Vase aus der Qianlong-Periode, auf der ebenfalls spielende Kinder mit Knallkörpern dargestellt sind.

– Zwei für den Export nach Europa in Kanton gemalte Bilder eines mit Krachern spielenden Knaben bildet Craig Clunas in seinem Buch *Chinese Watercolours*, S. 50 und 51, ab. Er datiert beide Bilder ins 19. Jahrhundert.

[27] Es ist mir nicht ganz klar, ob die im Chinesischen als *qu mi*, im Englischen als *conundrum* bezeichneten Objekte mit den *box lanterns* identisch sind (conundrum – ›Rätsel‹). Alle mit dieser Bezeichnung bekannten Objekte aus der chinesischen Malerei scheinen eher eine Kombination von Kleinfeuerwerk mit verschiedenen Lampen und Spielobjekten zu sein. Eine *box lantern* jüngeren Datums ist in dem Katalog des Ontario Science Centre (1982) auf S. 11 abgebildet, ein älteres chinesisches Beispiel auf S. 38 des National Palace Museum Monthly No. 11.

[28] Wang Ling (op.cit.) zitiert auf S. 143 die Beschreibung der Vorgänger dieser heute als bianbao bekannten Knallkörperketten: »Dieser Abschnitt, genau wie der folgende, schildert Ereignisse zur Zeit der Südlichen Song-Dynastie und bezieht sich auf Hangzhou, das damals die kaiserliche Hauptstadt war. ›Gegen Jahresende wurden die baozhang-Knallkörper in einer neuen Form hergestellt, so daß sie aussahen wie Früchte, Menschen oder andere Gegenstände. Sie waren durch eine fortlaufende Zündschnur miteinander verbunden. Wenn diese gezündet wurde, explodierte ein Kracher nach dem anderen, ohne Unterbrechung.‹«

Das in Anm. 26 erwähnte Neujahrsbild von Yao Wenhan beweist, daß derartige Ketten auch in der Qing-Zeit sehr beliebt waren: in dem Korb im Vordergrund liegt auch eine der Baozhang-Ketten.

Girmond, Feuerwerk in Japan

[1] Über dieses Ereignis berichten das *Butoku hennen shūsei* (Annalen von Butoku), das *Sunpu-fu seiji roku* (Politische Geschichte der Suruga-Regierung), und das *Kyūchu Hisaku* (Geheime Hofgeschichte). Der Brief, den John Saris an Ieyasu überbrachte, soll heute im British Museum in London aufbewahrt sein. Nach: *Kodansha Encyclopaedia of Japan*, Woll. 7 S. 21–22.

[2] *Hôjô godaiki;* nach: *Hanabi senya ichiya*, S. 20.

[3] Vgl. *Hanabi senya ichiya*, S. 21; man muß sich darunter wohl etwas Ähnliches vorstellen wie in Abb. 10/10, Jin ping mei.

[4] *Mōkô shûrai ekotoba*; dargestellt sind die Ereignisse des Feldzuges von 1281, gemalt wurde das Bild 1292; abgebildet bei Goodrich/ Feng, S. 133.

[5] *Hanabi monogatari*, S. 29 ff.

Andere Autoren betonen allerdings, daß die Japaner die Anwendung von Schießpulver von den Mongolen erlernten. Das stimmt, soweit es eine Übernahme der für unsere Begriffe nicht sehr wirksamen »entflammbaren Geschosse« etc. betrifft. (Wang, op.cit., S. 157–58)

[6] Abgebildet unter Kat. No. 8A und B im Katalog der Shogun-Ausstellung München (1984). Im gleichen Katalog sind auch zwei Vorderlader gezeigt. Ein Beispiel für Gewehre in den Namban-byôbu findet sich im Katalog der »Great Japan Exhibition«, London (1981), No. 10.

[7] *Hanabi senya ichiya* S. 21

[8] Die nachstehende Schilderung ist übernommen aus Andrew J. Markus: *The Carnival of Edo: Misemono Spectacles from Contemporary Accounts*, S. 507–508. Markus gibt neben einer faszinierenden Beschreibung der verschiedenen Attraktionen im Tôkyô der Edo- und Meiji-Zeit auch eine ausführliche Bibliographie, in der weitere Informationen zu u. a. den Feuerwerksveranstaltungen in Edo zu finden sind. (misemono: ›Darbietungen‹ – miseru = zeigen ...)

[9] In dem Band *Hanabi senya ichiya* findet sich auf S. 52 eine Auflistung aller bekannten Feuerwerksveranstaltungen des *Kawabiraki hanabi*.

[10] Einzelne Seiten aus dem *Hanabi hidenshû* sind in *Hanabi monogatari* auf den Seiten 57, 68, 74 und 79 abgebildet, außerdem in *Hanabi senya ichiya* auf S. 20 und 34. (In *Hanabi senya ichiya* sind auf den S. 34–39 einzelne Darstellungen aus gedruckten Büchern der Edo- und Meiji-Zeit abgebildet.).

[11] Ähnliche Feuerwerke scheint es auch bis in neuere Zeit in China gegeben zu haben: »Originell sind die chinesischen Tagesfeuerwerke; aus in die Luft geschossenen Bambusraketen entfalten sich Figuren aus Seidenpapier.« aus: Lübke, *Papier in China*, S. 3

[12] Vgl. Abb. 251 in *Edo jidai*, vol. 21: Awa Hijutso no keiyô, in der verschiedene Typen von Feuerwerk aufgeführt sind, wie sie alljährlich in Awa (alter Name der Präfektur Tokushima auf Shikoku) aufgeführt wurden.

[13] Abgebildet im ›*Shôgun*‹-Katalog, Abb. 206, ›Sommer‹, S. 217. Eine vergleichbare Rolle, anonym, ist in *Edo jidai*, vol. 21, Abb. 327, zu sehen.

[14] *Hanabi monogatari*, S. 58, 84

[15] Vgl. die Auflistung aller bekannten Arbeiten mit Feuerwerk in *Hanabi monogatari*, S. 76–77. Es sollte an dieser Stelle jedoch erwähnt werden, daß nach den Originalen Hiroshiges zahlreiche Nachdrucke entstanden und daß manche Arbeiten seines als Hiroshige II bekannten Schülers und Nachfolgers im Stil von den Drucken des Hiroshige I kaum zu unterscheiden sind...

An dieser Stelle möchte ich Birgit Mayr, Tôkyô, und Professor Kohara Hironobu, Kyôto, für ihre Hilfe bei der Beschaffung von Literatur und Abbildungsmaterial meinen Dank aussprechen. Ohne ihre Mithilfe hätte an dieser Stelle nur ein Bruchteil des jetzt vorhandenen Materials vorgestellt werden können.

Feuerwerk in Literatur und Reisebericht

Europa

Zu: Shakespeare, 1590 (S. 17)
aus: William Shakespeare, *Verlorene Liebesmüh* (Love's Labour's Lost), verfaßt 1590, gedruckt 1598. Zit. n. *Shakespeare's Werke*, Band 7, Berlin, o. J., S. 209 f.

Zu: Merian, 1666 (S. 22)
aus: Hochzeit in Wien, in: *Theatrum Europaeum*, [...] verlegt durch Matthaeum Merian/ Buchhändler und Kupferstecher in Frankfurt. Teil I–XXI, Frankfurt 1635–1738. Zit. n. Fähler, op.cit., S. 237. Der Text erschien in dem von Merian verlegten Werk *Theatrum Europaeum, Oder ausfuhrliche und Warhafftige Beschreibung aller und jeder denckwürdiger Geschichten/ so sich hin und wieder in der Welt/ fürnemblich aber in Europa, und in Teutschlanden/ so wol im Religion- als Prophan-Wesen [...] zugetragen haben,* Teil X, 1665–1671, Frankfurt a. M. 1677. Beschrieben wird ein Feuerwerk am 6. Dezember 1666 aus Anlaß der Hochzeit zwischen Kaiser Leopold I. und der spanischen Prinzessin Margareta in Wien (s. Abb. 6/6). Zwei Jahre lang, von 1666 bis 1668 feierte Wien das Ereignis.

Zu: Graminäus, 1585 (S. 38)
aus: Diederich Graminäus, *Fvrstliche Hochzeit So [...] Wilhelm Hertzog zu Gulich Cleue vund Berg [...] In [...] Dusseldorf gehallten [...] 1585,* Cölln, Anno 1587. (Vergleiche auch Abb. 4/1.1–2). Zit. n. Fähler, *Feuerwerke des Barock*, Stuttgart 1974. Der Chronist Graminäus beschrieb die Festlichkeiten aus Anlaß der Hochzeit des Herzogs von Jülich, Cleve und Berg im Jahre 1585, darunter die drei großen Feuerwerke (Abb. 4/1) auf dem Rhein in Düsseldorf.

Zu: Hans Sachs, 1541 (S. 44)
aus: Hans Sachs, *Kayserlicher mayestat Caroli der V einreyten zu Nürnberg in des heyligen reichs stat, den xvi tag des 1541 jar,* zit. n.: Adalbert von Keller (Hrsg.), *Hans Sachs: Werke*, Tübingen 1870. Im Jahre 1541, auf seiner Reise zum Reichstag nach Regensburg, besuchte Karl V. Nürnberg. Die Stadt feierte das Ereignis unter anderem mit einem großen Feuerwerk (Abb. 4/9), das der Kaiser von einem Fenster der Burg betrachten konnte. Hans Sachs beschrieb das Feuerwerk.

Zu: Saavreda, 1650 (S. 66)
aus: Diego de Saavreda Faxardo, *Ein Abriss Eines Christlich-Politischen Printzens/ in Cl. Sinn-bildern vnd mercklichen Symbolischen Sprüchen.* Amsterdam 1650. Zit. n. Fähler, op.cit., S. 23 f.

Zu: Klaj, 1650 (S. 78)
aus: Johann Klaj, *Geburtstag deß Friedens/ Oder rein Reimteutsche Vorbildung/ wie der großmächtigste Kriegs- und Siegs-Fürst MARS auß dem längstbedrängten und höchstbezwängten Teutschland/ seinen Abzug genommen/ mit Trummeln/ Pfeiffen/ Trompeten/ Heerpaucken/ Musqueten- und Stücken-Salven begleitet/ hingegen die mit vielmalhunderttausend feurigen Seuftzen gewünschte und nunmehrerbetene goldgüldene IRENE mit Zincken/ Posaunen/ Flöten/ Geigen/ Dulcinen/ Orgeln/ Anziehungen der Glocken/ Feyertägen/ Freudenmalen/ Feuerwercken/ Geldaustheilungen und anderen Danckschuldigkeiten begierigst eingeholet und angenommen worden: entworffen von Johann Klaj/ der Hochh, GottesLehr. ergeben und Gekr. Käiserl Poeten.* Nürnberg/ In Verlegung Wolffgang Endters/ 1650. Im Jahre 1650 wurde in Nürnberg der ›Westfälische Friede‹ ratifiziert, begleitet von Festlichkeiten und Feuerwerk. Zit. n. Fähler, op.cit., S. 241 f.

Zu: Birken, 1652 (S. 80)
aus: Sigmund von Birken, *Die Fried-erfreuete Teutonie. Eine Geschichtsschrifft von dem Teutschen Friedensvergleich/ was bey Abhandlung dessen/ in des H. Röm. Reichs Stadt Nürnberg/ nachdem selbiger von Osnabrügg dahin gereiset/ denkwürdiges vorgelauffen; mit allerhand Staats- und Lebenslehren/ Dichtereyen/ auch darein gehörigen Kupffern gezieret, in vier Bücher abgetheilet/ ausgefertigt von Sigismundo Betulio, J. Cult. Caes. P. Nürnberg.* In Verlegung Jeremiä Dümlers/ im 1652. Christjahr. Zit. n. Fähler, op.cit., S. 239 f. Nach langen Verhandlungen wurde am 4. Juni 1650 in Nürnberg der in Münster und Osnabrück ausgehandelte ›Westfälische Friede‹ ratifiziert. Seit 1649 verhandelten und feierten die Delegationen in Nürnberg mit großen Gastmählern und Festlichkeiten. Die schwedische Delegation gab am Tage der Vertragsunterzeichnung, noch bevor unterschrieben wurde, ein großes Feuerwerk (Abb. 6/25); auch die habsburgische Delegation veranstaltete ein Feuerwerk (Abb. 6/23). Zwei Jahre nach den Ereignissen veröffentlichte Birken *Die Fried-erfreuete Teutonie.*

Zu: Pepys, 1661 (S. 90)
aus: Samuel Pepys, *Das Geheime Tagebuch*, 1660–1669, Leipzig 1980, S. 115 (Eintrag vom 23. 4. 1661).

Zu: Casanova, um 1788 (S. 110)
aus: »Dreizehnter Tag« in: Giacomo Casanova Chevalier de Seingalt, *Eduard und Elisabeth oder die Reise in das Innere des Erdballs.* Roman, herausgegeben und eingeleitet von Erich Loos. Erstmals vollständig nach der Originalausgabe aus dem Französischen übersetzt von Erich Sauter, Berlin 1969. In Prag erschien im Jahre 1788 in fünf Bänden die (bis ins 20. Jahrhundert einzige) französische Ausgabe

des von Casanova verfaßten, also nicht aus dem Englischen übersetzten utopischen Romanes: *Icosameron ou Histoire d'Edouard et d'Elisabeth, qui passèrent quatre vingts un ans chez les Mègamicres habitans aborigines du Protocosme dans l'intérieur de notre globe, traduite de l'anglois par Jacques Casanova de Seingalt Vénitien, Docteur dés loix, Bibliothecaire de Monsieur le comte de Waldstein, Seigneur de Dux Chambellan de S.M.J.R.A.* Vielleicht hat der Beginn der französischen Revolution verhindert, daß der Roman eine größere Aufmerksamkeit fand, jedenfalls waren an der Prager Ausgabe nur 156 Subskribenten interessiert. Seit 1785 lebte Casanova als Bibliothekar des Grafen Waldstein auf Schloß Dux. Vielleicht auch aus Enttäuschung über den Mißerfolg seines Romans begann er 1789 mit der Niederschrift seiner berühmteren *Geschichte meines Lebens.*

Zu: Goethe, 1809 (S. 134)
aus: Johann Wolfgang Goethe, *Wahlverwandtschaften*, aus dem 14. und 15. Kapitel. Die *Wahlverwandtschaften* erschienen im Herbst 1809. Zit. n. d. Ausgabe des Insel Verlages, Frankfurt 1980, S. 97 ff.

Zu: Brentano, 1814 (S. 136)
aus: Clemens Brentano, *Die mehreren Wehmüller und ungarischen Nationalgesichte*, in: C. Brentano, *Sämtliche Erzählungen.* München 1984. Entstanden ist die Erzählung wahrscheinlich 1814/15. Sie wurde zum ersten Male in der Berliner Zeitschrift »Der Gesellschafter oder Blätter für Geist und Herz« 1817 veröffentlicht. Der Name des Feuerwerkers Baciochi ist von einem Schwager Napoleons (vom korsischen Hauptmann Bacchiocchi, der 1797 Elisa, die ältere Schwester Napoleons geheiratet hatte) geborgt. Das mißglückte Feuerwerk symbolisiert den Niedergang napoleonischer Macht.

China

Zu: Dongjing Menghualu, 1103 (S. 171)
aus dem *Dongjing Menghualu* (Erinnerungen aus der Östlichen Hauptstadt), populär geschrieben von Meng Yüanlao. Eine Beschreibung von Ereignissen und Geschichten aus der (nördlichen) Song-Zeit (960–1127) und der damaligen Hauptstadt Bianjing (heute: Kaifeng). Aus dem Englischen von Sybille Girmond; in Wang Ling, *On the Invention and Use of Gunpowder.*

Zu: Jin Ping Mei, um 1550 (S. 172)
aus: *Djin Ping Meh* (= Jin Ping Mei Kapitel 42, übersetzt von Otto und Artur Kibat, Verlag Die Waage, Zürich 1968. Das »Jin Ping Mei« (im Deutschen auch ›Kin Ping Meh‹ oder ›Djin Ping Meh‹) entstand zwischen 1522 und 1566. Mit ›Pflaumenblüte in Goldener Vase‹ meint der Verfasser nach Franz Kuhn auch ›schöne Frauen in reichem Haushalt‹. Nach Wolfram Eberhard wird die Pflaume auch mit einem frisch erblühten, aber noch unberührten Mädchen verglichen; und die Decke des Brautbetts heißt ›Pflaumenblütendecke‹. Der Verfasser ist unbekannt. Arthur Waley schreibt das Werk dem Autor Wang Shizhen zu. Eugen Feifel bezweifelt dies mit Hinweis auf Lu Xun's *Brief History of Chinese Fiction*, nach der eine in Peking aufgefundene, frühe Ausgabe im Dialekt der Provinz Shandong geschrieben ist, während Wang aus der Provinz Kiangsu stammt. Die Romanhandlung spielt in der Zeit zwischen 1111 und 1127. Nicht zuletzt wegen seiner erotischen Passagen gilt dieses Meisterwerk der chinesischen Literatur im Westen als einer der berühmtesten klassischen chinesischen Romane; auch in China zählt er zu den vier merk-würdigen Romanen der Ming-Zeit (1368–1644). Der Roman schildert das (durchaus ausschweifende) Leben des Qing Ximen und seiner sechs Frauen. Viele handgeschriebene Ausgaben waren in Umlauf, bevor eine erste gedruckte Ausgabe – wahrscheinlich in Suzhou im Jahre 1609 – erschien. Vgl. Abb. 10/10. Die Umschrift wurde nicht verändert.

Zu: Ripa, 1715 (S. 174)
aus: Fortunato Prandi (Hrsg.), *Memoirs of Father Ripa during Thirteen Years Residence at the Court of Peking and the Service of the Emperor of China.* New York 1846. Aus dem Englischen von Brigitte Luchesi. Matteo Ripa (1682–1746) lebte von 1710 bis 1722 als Missionar, Maler und Kupferstecher in China. Kaiser Kangxi, in dessen Diensten Ripa stand, regierte von 1662–1722. Der »Changchunyuan« (Garten des langen Frühlings), ein kaiserlicher Sommergarten in der Nähe Pekings, an den »Yuanmingyuan« (Garten der vollkommenen Klarheit) anschließend, war Teil eines riesigen kaiserlichen Gartenkomplexes, in dem sich auch einige im 18. Jahrhundert von Europäern errichtete Gebäude befanden.

Zu: Grueber, 1660 (S. 175)
aus: Johannes Grueber, *Als Kundschafter des Papstes nach China (1656–1664).* Stuttgart 1985. Grueber beginnt 1656 seine Reise nach China, das er auf dem Landweg erreichen soll. Er kommt bis Persien und muß dann über Ormuz doch auf dem Seeweg nach Macao reisen. Am 2. August 1659 erreicht er Peking, wo er sich bis zum 16. April 1661 aufhält. Er versucht erneut auf dem nördlichen Landweg zurückzukehren. Am 8. Oktober erreicht er Lhasa, reist dann aber doch über Indien nach Rom, wo er am 20. Februar 1664 eintrifft.

Zu: Unverzagt, 1720 (S. 175)
aus: Johann Georg Unverzagt, *Die Gesandtschaft Ihro Kayserl. Majest. von Groß-Rußland an den Sinesischen Kayser, wie solche Anno 1719 aus St. Petersburg nach der Sinesischen Haupt- und Residentz-Stadt Pekin abgefertiget; bey dessen Erzehlung und anderer Taratarische Völker zugleich beschrieben, und mit einigen Kupfferstücken vorgestellet werden.* Lübeck 1725. Interpunktion und Orthographie wurden gegenüber der Vorlage nicht verändert. Wahrscheinlich ist J. G. Unverzagt identisch mit dem in der Reisebeschreibung des schottischen Arztes John Bell (1691–1780): *Travels from St. Petersburg in Russia to Diverse Parts of Asia*, Glasgow 1763, ›Gregory‹ genannten Priester. Bell und ›Gregory‹ waren Mitglieder der Delegation des russischen Gesandten Ismayloff, welcher 1721 im Auftrage des Zaren nach China reiste.

Japan

Zu: Whitney (S. 201)
aus: Clara Whitney, *Clara's Diary. An American Girl in Meiji Japan*, Tokyo 1979. Clara Whitney kam im August 1875 im Alter von 14 Jahren nach Japan und lebte 25 Jahre in Yokohama. Ihr Vater war Missionar und beauftragt ein ›Commercial College‹ in Yokohama aufzubauen. Aus dem Englischen von Sybille Girmond.

BIBLIOGRAPHIE

Feuerwerk in Europa (seit 1900)

Boiteux, Martine: »Fêtes et traditions espagnoles à Rome au XVIIe siecle«, in: *Barocco Romano e Barocco italiano, Il teatro, l'effimero, l'allegoria,* Rom 1984, S. 117–134.
Brock, A. St. H.: *Pyrotechnics. The history and art of firework making.* London 1922.
Fähler, Eberhard: *Feuerwerke des Barock,* Studien zum öffentlichen Fest und seiner literarischen Deutung vom 16. bis 18. Jahrhundert. Stuttgart 1974.
Feldhaus, F. M.: *Die Technik,* München 1970 (Nachdruck der Ausgabe v. 1914)
Fenton, Edward: »Fireworks«, in: *Metropolitan Museum of Art Bulletin*, 13/2 (1954), S. 50–59
Ferrari, Giulo: *Bellezze architettoniche per le feste delle Chinea in Roma nei secoli XVII e XVIII.* Torino 1925.
Feux d'artifice et illuminations sous l'empire, Ausst.-Kat., Boulogne-Billancourt, Bibliothèque Marmottan, 1977
Les feux d'artifice a Paris du XVIIe au XXe siècle, Ausst.-Kat. Paris, Délégation a l'action artistique de la ville de Paris, 1981 (Rom, Palazzo Braschi, 1982)
Fochi d'allegrezza a Roma dal cinquecento all ottocento, Ausst.-Kat., Rom, Palazzo Braschi, 1982
Gruber, A. C.: *Les grandes fêtes et leurs décors à l'époque de Louis XVI.*, Genf 1972
Lotz, Arthur: *Das Feuerwerk. Seine Geschichte und Bibliographie*, Beiträge zur Kunst- und Kulturgeschichte der Feste und des Theaterwesens in sieben Jahrhunderten. Leipzig 1941.
Massar, Dearborn Massar: »Stefano della Bella's Illustrations for a Fireworks Treatise«, in: *Masterdrawings*, 7, 1969, S. 294–303.
Möseneder, Karl: »Feuerwerk« in: Zentralinstitut für Kunstgeschichte (Hrsg.), *Reallexicon zur deutschen Kunstgeschichte, Lieferung 89.*
Muñoz, Antonio: *Il Museo di Roma*, Rom 1930.
Oechslin, Werner u. Buschow, Anja: *Festarchitektur. Der Architekt als Inszenierungskünstler.* Stuttgart (1984).
Philip, Chris: *A Bibliography of Firework Books*, Works on recreative fireworks from the sixteenth to the twentieth century. Winchester 1985.
Schlick, Johann: *Wasserfeste und Teichtheater des Barock*, Diss. Kiel 1962.
Schmidt-Fölkersamb, Ursula: »Kaiserbesuche und Kaisereinzüge in Nürnberg«, in: *Nürnberg – Kaiser und Reich*, Ausst.-Kat., Nürnberg, Staatsarchiv 1986, S. 112–140.
Schöne, Günter: »Barockes Feuerwerkstheater«, in: *Maske und Kothurn*, 6, 1960, S. 351–362.
Sieber, Siegfried: »Zur Geschichte des Feuerwerks und der Illumination«, in: *Deutsche Geschichtsblätter. Monatsschrift zur Förderung der landesgeschichtlichen Forschung*, 12, 1912, S. 215–228.
Weigert, R. A.: *Les feux d'artifice ordonnés par le bureau de la Ville de Paris*, Paris 1953
Zull, Gertrud: »Die höfischen Feste«, in: *Die Renaissance im deutschen Südwesten*, Ausst.-Kat., Heidelberg 1986, S. 913–925.
Zangheri, Luigi: »Alcune prescisazioni sugli apparati effimeri di Bernini«, in: *Barocco Romano e Barocco Italiano, Il teatro, l'effimero, l'allegoria*, Rom 1984, S. 109–116.

Anmerkung: Hier wird nur eine Auswahl wichtiger ›Feuerwerksliteratur‹ angegeben. Weitere Literaturhinweise, insbesondere zu Werken, die vor 1900 erschienen sind, gibt E. Fähler, *Feuerwerke des Barock* und K. Möseneder, *Feuerwerk.*

Feuerwerk in Japan
Werke in japanischer Sprache

Edo jidai zushi (Historischer Atlas der Edo-Zeit), hrsg. von Akai Tatsurô u. a., Tôkyô: Chikuma Shôbo, 1975.
Eguchi Harutarô: Hanabi Monogatari, Nagoya: Chûnichi Shinbunsha, 1982.
Hanabi – senya ichiya siehe Tokida Seiichirô (Hrsg.).
Hanabi – Shitamachi Sumidagawa: Ryôgoku no hanabi nihyakugojû shûnen kinen shi (Shitamachi und Sumidagawa-Feuerwerk: herausgegeben aus Anlaß des zweihundertundfünfzigjährigen Jubiläums des Ryôgoku-Feuerwerks), Tôkyô: JICC, 1983.
Hosoya Masao: *Hanabi no kagaku* (Feuerwerks-Technologie), Tôkyô: Tôkai Daigaku, 1980 (Nachdruck 1983).
Narazaki Muneshige: *Nikuhitsu Ukiyo-e* (Ukiyo-e-Malerei), Tôkyô: Shibundô, 1987 (*Nihon no Bijutsu* Series, Band 248).
Nihon Hanga Bijutsu Zenshû: The Art of the Japanese Print, Tôkyô: Kodansha.
Ogata Kyôsuke: *Hanabi – hi no geijitsu* (Hanabi – Die Kunst des Feuers), Tôkyô: Iwanami Shoten, 1983.
Tokida Seiichirô (Hrsg.): Hanabi senya ichiya – hitotoki no *yume o motomete* (Hanabi – Tausend Nächte – eine Nacht). (Originalausgabe von *Hanabi – The Fireworks of Japan;* die englische Ausgabe ist stark gekürzt und ohne Abbildungsnachweise etc.) Tokyo: JICC, 1984.

Feuerwerk in Japan
Werke in europäischen Sprachen

Goepper, Roger, *Kunst und Kunsthandwerk Ostasiens*, München: Keyser'sche Verlagsbuchhandlung, 1968.
Goodrich, L. Carrington und Feng, Chia-sheng: »The Early Development of Firearms in China«, in: *ISIS* 36 (1946), S. 114–123. – Nachgedruckt bei Sivin, Nathan (Hrsg.), *Science and Technology in East Asia*, S. 128–138.
The Great Japan Exhibition: siehe Watson, William (Hrsg.).
Hanabi – The Fireworks of Japan. – Tôkyô: JICC, 1986 (stark gekürzte englische Ausgabe von *Habani – senya ichiya*).
Lübke, Anton: »Papier in China«, in: »Papiergeschichte«, 19. Jahrgang, Bd. 1/2 (Juni 1969).
Markus, Andrew J.: »The Carnival of Edo: Misemono Spectacles from Contemporary Accounts«, in: *Harvard Journal of Asiatic Studies*, Vol. 14, No. 2 (1985), S. 499–541.
Papinot, E.: *Historical and Geographical Dictionary of Japan.* Tôkyô: Tuttle, 1979 (Nachdruck).
Roberts, Laurance P.: A Dictionary of Japanese Artists. Tokyo: Weatherhill, 1976.
Shôgun: Kunstschätze und Lebensstil eines japanischen Fürsten der Shôgun-Zeit. – München: Haus der Kunst, 1984 (Katalog).
Sivin, Nathan (Hrsg.): *Science and Technology in East Asia.* New York: Science History Publications, 1977. – (History of Science Series: Reprints from ISIS).
Watson, William (Hrsg.): *The Great Japan Exhibition: Art of the Edo Period 1600–1868.* – London: Royal Academy of Art, 1981.
Whitney, Clara: *Clara's Diary: An American Girl in Meiji Japan.* Tôkyô: Kodansha, 1979.

Feuerwerk in China
Werke in europäischen Sprachen

The Cambridge Encyclopedia of China. siehe Hook, Brian (Hrsg.).
China: Seven Thousand Years of Discovery. China Science and Technology Committee (Hrsg.), Ontario: Ontario Science Centre, 1982.
Clunas, Craig: *Chinese Export Watercolours.* London: Victoria & Albert Museum, 1984.

Djin Ping Meh: *Schlehenblüten in goldener Vase.* Aus dem Chinesischen übersetzt von Otto und Artur Kibat. Zürich: Die Waage, 1968.

Feng, Chia-Sheng: siehe Goodrich, L. Carrington.

Goodrich, L. Carrington und Feng, Chia-sheng: »The Early Development of Firearms in China«, in: *ISIS* 36 (1946), S. 114–123, nachgedruckt bei Sivin, Nathan (Hrsg.): *Science and Technology in East Asia,* S. 128–138.

Grueber, Johannes: *Als Botschafter des Papstes nach China,* Stuttgart: Erdmann, 1985.

Hanabi – The Fireworks of Japan. Tôkyô: JICC, 1986.

Hook, Brian (Hrsg.): *The Cambridge Encyclopedia of China.* Cambridge: The Cambridge University Press, 1982.

Needham, Joseph: »The Epic of Gunpowder and Firearms«, in: *Science in Traditional China: A Comparative Perspective,* Hong Kong: The Chinese University Press, 1981.

Needham, Joseph: *Gunpowder as the Fourth Power, East and West.* Hong Kong: Hong Kong University Press, 1985.

Needham, Joseph: *Science and Civilization in China,* Vol. V, part 7, Cambridge University Press, 1986.

Saso, Michael, S. J.: *Taiwan Feast and Customs.* Hsinchu: Chabanel Language Institute, 1968.

Sivin, Nathan (Hrsg.): *Science and Technology in East Asia.* New York: Science History Publications, 1977. (History of Science Series: Reprints from ISIS).

Wang Ling: »On the Invention and Use of Gunpowder and Firearms in China«, in *ISIS* 37 (1947), S. 160–178. Nachgedruckt in Sivin, Nathan (Hrsg.): *Science and Technology in East Asia,* S. 140–158.

Zhou Jiahua: »Gunpowder and Firearms«, in: *Ancient China's Technology and Science.* Beijing: Guoji Shudian, 1982, S. 184–191.

Feuerwerk in China
Werke in chinesischer und japanischer Sprache

Eguchi Harutarô: *Hanabi Monogatari* (Erzählung vom Feuerwerk). Nagoya. Chûnichi Shinbunsha, 1982.

Hanabi senya ichiya: siehe Tokida Seiichirô (Hrsg.).

Nagasawa Kikuya: *Min-shin-kan e-iri-hon zuroku* (Illustrierter Katalog von Bildbänden aus der Ming- und Qing-Zeit). Tôkyô: Kyûkô Shoin, 1980.

The National Palace Museum Monthly, No. 11 (1984).

The National Palace Museum Newsletter. Vol. 15, No. 2 (Feb./März 1983), Vol. 16, No. 2 (März, 1984), herausgegeben vom Palastmuseum Taipei.

Ogata Kyôsuke: *Hanabi – hi no geijitsu* (Feuerwerk – die Kunst des Feuers). Tôkyô: Iwanami Shoten, 1983.

Tokida Seiichirô (Hrsg.): *Hanabi – senya ichiya: Hitotoki no yume o motomete* (Feuerwerk: Tausend Nächte – eine Nacht). Tôkyô: JICC, 1984 (Originalausgabe von *Hanabi – The Fireworks of Japan;* die englische Ausgabe ist stark gekürzt und ohne Abbildungsnachweise etc.).

Wan Yi u. a. (Hrsg.): *Qingdai gongting shenghuo (Life in the Forbidden City).* Hong Kong: The Commercial Press, 1985.

INHALT